职业教育电工电子技术仿真学习法系列教材
电工电子中高职衔接示范教材

数字电子技术基础与仿真
（Multisim 10）

主　编　牛百齐　毛立云

副主编　王　磊　张　力

主　审　张西忠

电子工业出版社
Publishing House of Electronics Industry
北京·BEIJING

内 容 简 介

本书以项目为单元、工作任务为引领、操作为主线、技能为核心，将仿真技术知识融入教学中；将虚拟仿真技术与真实实验结合，采用"教学做一体化"模式，培养读者分析和解决问题的能力，形成职业技能。

全书共分 9 个项目，分别是认知逻辑函数与 Multisim 10 仿真、逻辑门电路的分析及应用，加法器、数值比较器的分析及应用，编码、译码及数据选择器的分析与应用，触发器的分析及应用，计数器、寄存器的分析及应用，555 定时器的分析及应用，D/A、A/D 转换器分析及应用和数字电路应用与产品制作。

本书可作为职业院校电子、通信、自动化、电气、信息等专业的教材，也可供从事电子电工工作的技术人员参考。

图书在版编目（CIP）数据

数字电子技术基础与仿真：Multisim10/牛百齐，毛立云主编. —北京：电子工业出版社，2016.8
ISBN 978-7-121-29723-6

Ⅰ. ①数… Ⅱ. ①牛… ②毛… Ⅲ. ①电子电路－计算机仿真－应用软件－职业教育－教材
Ⅳ. ①TN702.2

中国版本图书馆 CIP 数据核字（2016）第 200128 号

策划编辑：白　楠
责任编辑：白　楠　　　特约编辑：王　纲
印　　刷：北京盛通数码印刷有限公司
装　　订：北京盛通数码印刷有限公司
出版发行：电子工业出版社
　　　　　北京市海淀区万寿路 173 信箱　邮编　100036
开　　本：787×1 092　1/16　印张：15.75　字数：403.2 千字
版　　次：2016 年 8 月第 1 版
印　　次：2024 年 8 月第 7 次印刷
定　　价：35.00 元

凡所购买电子工业出版社图书有缺损问题，请向购买书店调换。若书店售缺，请与本社发行部联系，联系及邮购电话：（010）88254888，88258888。

质量投诉请发邮件至 zlts@phei.com.cn，盗版侵权举报请发邮件至 dbqq@phei.com.cn。

本书咨询联系方式：010-88254592，bain@phei.com.cn。

前　言

　　为了更好地满足职业教育改革的需要，结合办学定位、岗位需求、学生学业水平等情况，贯彻项目驱动教学理念，以培养学生的综合工作能力为出发点，实现技能型人才的培养目标，编者在总结多年教学改革实践成功经验的基础上，编写了本书。

　　本书以项目为单位组织教学活动，打破传统知识传授方式，变书本知识传授为动手能力培养，体现职业能力为本位的职业教育思想。Multisim 10 仿真软件为该课程教学提供了一种先进的教学手段和方法，使得数字电子技术课程的教学更加生动活泼，实验更加灵活方便。主要特点如下。

　　（1）将仿真技术融入数字电子技术课程的教学过程中，仿真软件采用 NI Multisim 10 版本，该软件为用户提供了丰富的元件库和功能齐全的各类虚拟仪器，可以对各种电路进行全面的仿真分析和设计，可方便地对电路参数进行测试和分析；操作中不消耗实际的元器件，所需元器件的种类和数量不受限制，且具有界面直观，操作方便，易学易用特点。引入仿真技术，丰富了教学手段，大大改进了电子技术课程学习方法，提高了学习效率。

　　（2）以项目任务来构建完整的教学组织形式。教材以项目为单元，工作任务为引领，操作为主线，技能为核心，将仿真技术知识点分解到项目教学中，项目由易到难，循序渐进，符合认知规律。

　　（3）采用"学中做，做中学，教学做一体化"模式，将虚拟仿真技术与真实实验结合，在动手操作实践过程中，全面掌握知识，形成技能。同时。仿真软件借助计算机，可以随时随地、不受限制地学习，特别适合学生自学，使学习过程变得轻松愉快。

　　（4）教材适用面广，书中"*"内容，可供不同层次、不同专业的教学需要选择。

　　全书共分 9 个项目，分别是认知逻辑函数与 Multisim 10 仿真，逻辑门电路的分析及应用，加法器、数值比较器的分析及应用，编码、译码及数据选择器的分析与应用，触发器的分析及应用，计数器、寄存器的分析及应用，555 定时器的分析及应用，D/A、A/D 转换器分析及应用和数字电路应用与产品制作。

　　本书建议教学学时为 60～90 学时，教学时可结合具体专业实际，对教学内容和教学时数进行适当调整。

　　本书在编写过程中，参考了许多专家的著作和资料，得到了许多专家和学者的支持，在此对他们表示衷心的感谢。

　　由于编者水平有限，书中不妥、疏漏或错误之处在所难免，恳请专家、同行批评指正，也希望得到读者的意见和建议。

编　者

目　　录

绪 论

随着计算机技术和微电子技术的发展，数字电子技术已成为当今电子技术的发展潮流，数字化电子产品正在改变我们的生活：数字手机取代模拟手机，高清晰数字电视正逐渐取代模拟制式电视，数字视听设备带给我们美的享受，数码相机可以记忆生活中的美景……这些数字化电子产品都是数字电子技术应用的结果。

数字电路是数字电子设备的基本单元，数字电视和数码相机的信息存储和处理，计算机中的运算器、控制器、寄存器、存储器，数字通信中的编码器、译码器和缓存器等都是依靠数字电路来实现的。随着科学技术的发展，数字电子技术应用将越来越广泛。

1. 模拟信号与数字信号

在电子技术应用中，电信号按其变化规律可以分为两大类：模拟信号和数字信号。模拟信号是在时间和数值上连续变化的信号，例如，电话线中的语音信号就是随时间做连续变化的模拟信号，它的电压信号在正常情况下是连续变化的，不会出现跳变。传输、处理模拟信号的电路称为模拟电路。

数字信号是在时间和数值上都是离散（不连续）的信号，称为数字信号，其高电平和低电平常用 1 和 0 来表示。矩形波、方波信号就是典型的数字信号。传输、处理数字信号的电路称为数字电路。它主要研究输出与输入信号之间的逻辑关系，因此数字电路又称数字逻辑电路。

图 0-1 所示为模拟信号和数字信号的波形。

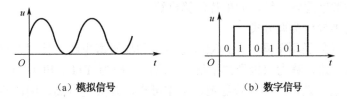

（a）模拟信号　　　　　　　　　（b）数字信号

图 0-1　模拟信号与数字信号

2. 数字电路的特点

数字电路与模拟电路相比主要有以下特点。

① 数字电路利用脉冲信号的有无传递 1 和 0 数字信息，电路工作时只要能可靠地区分 1 和 0 两种状态就可以了，高低电平间容差较大，幅度较小的干扰不足以改变信号的有无状态，

所以，数字电路工作可靠性高，抗干扰能力强。

② 数字电路的基本单元电路比较简单，便于集成制造和系列化生产。产品价格低廉、使用方便、通用性好。

③ 由数字逻辑电路构成的数字系统工作速度快、精度高、功能强、可靠性好。数字电路中的元件处于开关状态，因此功耗较小。

④ 数字电路不仅能完成算术运算，还可以完成逻辑运算，具有逻辑推理和逻辑判断的能力。

由于数字电路具有上述优点，广泛地应用在计算机、数字通信、数字仪表、数控装置等领域。

3. 数字电路的分类

（1）按电路组成结构分类

数字电路按组成的结构可分为分立元件电路和集成电路两大类。分立元件电路由二极管、三极管、电阻、电容等元件组成。集成电路则通过半导体制造工艺将这些元件做在一片芯片上。

分立元件电路由于体积大、可靠性不高，逐渐被数字集成电路取代。

（2）按集成电路规模分类

集成电路按集成度的不同可分为小规模集成电路（SSI）、中规模集成电路（MSI）、大规模集成电路（LSI）和超大规模集成（VLSI）电路。

小规模集成电路（SSI）：它的集成度为 1～10 门/片或 10～100 个元器件/片。一般为一些逻辑单元电路，如逻辑门电路、集成触发器等。

中规模集成电路（MSI）：它的集成度为 10～100 门/片；或 100～1 000 个元器件/片。主要是一些逻辑功能部件，如译码器、编码器、选择器、算术运算器、计数器、寄存器、比较器、转换电路等。

大规模集成电路（LSI）：它的集成度大于 100～10 000 门/片或 1 000～100 000 个元器件/片；主要是数字逻辑系统，如中央控制器、存储器、串并行接口电路等。

超大规模集成（VLSI）电路：它的集成度大于 10 000 门/片或 100 000 个元器件/片以上。主要是高集成度的数字逻辑系统，如单片计算机等。

（3）按使用的半导体类型分类

按电路使用半导体类型不同可分为双极型电路和单极型电路。使用双极型晶体管作为基本器件的数字集成电路，称为双极型数字集成电路，一般为 TTL、ECL、HTL 等集成电路，双极型电路生产工艺成熟，产品参数稳定，工作可靠，开关速度高，因此应用广泛。使用单极型晶体管作为基本器件的数字集成电路，称为单极型数字集成电路，单极型电路有 NMOS、PMOS、CMOS 等集成电路，优点是低功耗，抗干扰能力高。

（4）按电路的逻辑功能分类

按电路的逻辑功能的不同可分为组合逻辑电路和时序逻辑电路。组合逻辑电路没有记忆功能，其输出信号只与当时的输入信号有关，而与电路以前的状态无关；时序逻辑电路具有记忆功能，其输出信号不仅和当时的输入信号有关，而且与电路以前的状态有关。

4. 数字电路的应用

目前，数字电路在数字通信、电子计算机、自动控制、电子测量仪器等方面已得到广泛的应用。

① 数字通信。用数字电路构成的数字通信系统与传统的模拟通信系统相比较，不仅抗干扰能力强，保密性能好、适于多路远程传输，而且还能应用于计算机进行信息处理和控制，实现以计算机为中心的自动交换通信网。

② 电子计算机。以数字电路构成的数字计算机处理信息能力强、运算速度快、工作温度可靠，便于参与过程控制。

③ 自动控制。数字电路构成的自动控制系统具有快速、灵敏、精确等特点，如数控机床、电厂参数的远距离测控、卫星测控等。

④ 电子测量仪。用数字电路构成的测量仪器与模拟测量仪器比较，不仅测量精度高、测试功能强，而且便于进行数据处理，实现测量自动化、智能化。

以上仅概括说明了数字电路的一些应用。实际上，数字电路的应用是广泛的。随着数字电路应用领域的扩大，数字电子技术将更深入地渗透到国民经济各个部门中，并产生越来越深刻的影响。因此，数字电子技术是现代电子工程技术人员必须掌握的一门技术基础知识。

认知逻辑函数与Multisim 10仿真

知识目标

① 理解数制与码制的概念。
② 掌握基本逻辑运算，会分析复合逻辑运算。
③ 掌握逻辑代数的基本定律、规则和常用公式。
④ 熟悉逻辑函数的化简方法。

技能目标

① 掌握数制之间的转换方法。
② 掌握公式法和卡诺图法化简逻辑函数。
③ 熟悉 Multisim 10 仿真软件的基本操作。
④ 掌握虚拟仪器仪表的使用方法。

1.1 任务 1 认知数制与码制

1.1.1 数制

数制就是数的进位制，在日常生活中广泛应用的是十进制，在数字电路和计算机中使用的是二进制、八进制和十六进制等。

1. 十进制

十进制是以 10 为基数的计数体制。在十进制中，有 0、1、2、3、4、5、6、7、8、9 共十个不同的数码，它的进位规律是逢十进一。在十进制数中，数码所处的位置不同，所代表的数值不同。如

$$(386.25)_{10} = 3 \times 10^2 + 8 \times 10^1 + 6 \times 10^0 + 2 \times 10^{-1} + 5 \times 10^{-2}$$

式中，10^2、10^1、10^0 为整数部分百位、十位、个位的权，而 10^{-1}、10^{-2} 为小数部分十分位、百分位的权，它们都是基数 10 的整数幂。

2. 二进制

二进制是以 2 为基数的计数体制，在二进制中，只有 0 和 1 两个数码，它的进位规律是

逢二进一，各位权值是 2 的整数幂。如

$$(1\ 101.11)_2=1\times2^3+1\times2^2+0\times2^1+1\times2^0+1\times2^{-1}+1\times2^{-2}=(13.75)_{10}$$

可见，二进制数变为十进制数只需要按权展开相加即可。

3．八进制

八进制是以 8 为基数的计数体制，在八进制中，有 0、1、2、3、4、5、6、7 共八个不同的数码，它的进位规律是逢八进一，各位权值为基数 8 的整数幂。如

$$(437.25)_8=4\times8^2+3\times8^1+7\times8^0+2\times8^{-1}+5\times8^{-2}$$
$$=256+24+7+0.25+0.078\ 125$$
$$=(287.328\ 125)_{10}$$

式中，8^2、8^1、8^0、8^{-1}、8^{-2} 分别为八进制数各位的权。

4．十六进制

十六进制是以 16 为基数的计数体制。在十六进制中，有 0、1、2、3、4、5、6、7、8、9、A、B、C、D、E、F 十六个不同的数码，其中 A、B、C、D、E、F 分别代表 10、11、12、13、14、15。它们的进位规律是逢十六进一。各位权值为 16 的整数幂。如

$$(3A6.D)_{16}=3\times16^2+10\times16^1+6\times16^0+13\times16^{-1}$$

式中，16^2、16^1、16^0、16^{-1} 分别为十六进制数各位的权。

表 1-1 中列出了二进制、八进制、十进制、十六进制几种不同数制的对照表。

表 1-1 几种不同数制的对照表

十 进 制	二 进 制	八 进 制	十 六 进 制	十 进 制	二 进 制	八 进 制	十 六 进 制
0	0000	0	0	8	1000	10	8
1	0001	1	1	9	1001	11	9
2	0010	2	2	10	1010	12	A
3	0011	3	3	11	1011	13	B
4	0100	4	4	12	1100	14	C
5	0101	5	5	13	1101	15	D
6	0110	6	6	14	1110	16	E
7	0111	7	7	15	1111	17	F

1.1.2 不同数制间的转换

1．非十进制数转换为十进制数

由二进制、八进制、十六进制数转换为十进制数，只要将它们按权展开，求各位数值之和，即可得到对应的十进制数。如

$$(1\ 011.01)_2=1\times2^3+0\times2^2+1\times2^1+1\times2^0+0\times2^{-1}+1\times2^{-2}=8+2+1+0.25=(11.25)_{10}$$
$$(172.01)_8=1\times8^2+7\times8^1+2\times8^0+0\times8^{-1}+1\times8^{-1}=64+56+2+0.012\ 5=(122.012\ 5)_{10}$$
$$(8ED.C7)_{16}=8\times16^2+14\times16^1+13\times16^0+12\times16^{-1}+7\times16^{-2}=(2\ 285.777\ 3)_{10}$$

2. 十进制数转换成非十进制数

十进制数转换为非十进制数时，要将其整数部分和小数部分分别转换，结果合并为目的数制形式。

（1）整数部分的转换

整数部分的转换方法是采用连续"除基取余"，一直除到商数为 0 为止。最先得到的余数为整数部分的最低位。

【例 1-1】 将$(25)_{10}$转换为二进制形式。

解： 采用"除 2 取余"法

$$
\begin{array}{r|l}
2 & 25 \quad\text{----} \quad 1 \quad \text{低位}\\
2 & 12 \quad\text{----} \quad 0\\
2 & 6 \quad\text{----} \quad 0\\
2 & 3 \quad\text{----} \quad 1\\
2 & 1 \quad\text{----} \quad 1 \quad \text{高位}\\
& 0
\end{array}
$$

所以

$$(25)_{10}=(11\ 001)_2$$

（2）小数转换的转换

方法是采用连续"乘基取整"，一直进行到乘积的小数部分为 0 或满足要求的精度为止。最先得到的整数为小数部分的最高位。

【例 1-2】 将$(0.437)_{10}$转换为二进制形式。

解： 采用"乘 2 取整"法

$$0.437\times2=0.874 \qquad 整数部分为 0 \cdots\cdots\text{最高位}$$
$$0.874\times2=1.748 \qquad 整数部分为 1$$
$$0.748\times2=1.496 \qquad 整数部分为 1$$
$$0.496\times2=0.992 \qquad 整数部分为 0$$
$$0.992\times2=1.984 \qquad 整数部分为 1\cdots\cdots\text{最低位}$$

所以

$$(0.437)_{10}=(0.011\ 01)_2$$

如果一个十进制数既有整数部分又有小数部分，可将整数部分和小数部分分别按要求进行等值转换，然后合并就可得到结果。

【例 1-3】 将十进制数$(174.437)_{10}$转换为八进制数和十六进制数。（保留小数点后 5 位）

解： ① 整数部分采用"乘基取余"法，它们的基数分别为 8 和 16。

$$
\begin{array}{r|l}
8 & 174 \quad\text{----} \quad 6\\
8 & 21 \quad\text{----} \quad 5\\
8 & 2 \quad\text{----} \quad 2\\
& 0
\end{array}
\qquad
\begin{array}{r|l}
16 & 174 \quad\text{----} \quad E\\
16 & 10 \quad\text{----} \quad A\\
& 0
\end{array}
$$

所以

$$(174)_{10}=(256)_8=(AE)_{16}$$

② 小数部分采用"乘基取整"法

$$0.437\times8=3.496 \qquad 整数部分为 3$$

$$0.496 \times 8 = 3.968 \qquad 整数部分为 3$$
$$0.968 \times 8 = 7.744 \qquad 整数部分为 7$$
$$0.744 \times 8 = 5.952 \qquad 整数部分为 5$$
$$0.952 \times 8 = 7.616 \qquad 整数部分为 7$$

所以

$$(0.437)_{10} = (0.337\,57)_8$$

$$0.437 \times 16 = 6.992 \qquad 整数部分为 \quad 6$$
$$0.992 \times 16 = 15.872 \qquad 整数部分为 \quad F$$
$$0.872 \times 16 = 13.952 \qquad 整数部分为 \quad D$$
$$0.952 \times 16 = 15.232 \qquad 整数部分为 \quad F$$
$$0.232 \times 16 = 3.712 \qquad 整数部分为 \quad 3$$

所以

$$(0.437)_{10} = (0.6FDF3)_{16}$$

由此可得

$$(174.437)_{10} = (256.33757)_8 = (AE.6FDF3)_{16}$$

3. 二进制与八进制、十六进制间相互转换

（1）二进制转换为八进制、十六进制

二进制数转换成八进制数（或十六进制数）时，其整数部分和小数部分可以同时进行转换。其方法是：以二进制数的小数点为起点，分别向左、向右每三位（或四位）分一组。对于小数部分，最低位一组不足三位（或四位）时，必须在有效位右边补 0，使其足位；然后，把每一组二进制数转换成八进制（或十六进制）数，并保持原排序。对于整数部分，最高位一组不足位时，可在有效位的左边补 0，也可不补。

【例题 1-4】 将$(1011010111.10011)_2$转换为八进制和十六进制数。

解： $\underline{(001\ 011\ 010\ 111.100\ 110)}_2 = (1\ 327.46)_8$

$\underline{(0010\ 1101\ 0111.1001\ 1000)}_2 = (2D7.98)_{16}$

（2）八进制数或十六进制数转换成二进制数

八进制（或十六进制）数转换成二进制数时，只要把八进制（或十六进制）数的每一位数码分别转换成三位（或四位）的二进制数．并保持原排序即可。整数最高位一组左边的 0 及小数最低位一组右边的 0 可以省略。

【例 1-5】 将$(35.24)_8$，$(3AB.18)_{16}$转换为二进制形式。

解： $(35.24)_8 = \underline{(011\ 101.010\ 100)}_2 = (11101.0101)_2$

$(3AB.18)_{16} = \underline{(0011\ 1010\ 1011.0001\ 1000)}_2 = (1110101011.00011)_2$

由上可见，非十进制数转换成十进制数可采用按权展开法，十进制数转换成二进制数时可采用基数乘除法，二进制数与八进制数、十六进制数转换时可采用分组转换法。两个非十进制数之间相互转换时，若它们满足 2 的 n 次幂，则可通过二进制数来进行转换。

1.1.3　码制

在数字系统中，二进制代码常用来表示特定的信息。将若干个二进制代码 0 和 1 按一定规则排列起来，表示某种特定含义的代码，称为二进制代码，或称二进制码。如用一定位数的二进制代码表示数字、文字和字符等。下面介绍几种数字电路中常用的二进制代码。

1. 二–十进制代码

将十进制数的 0～9 十个数字用二进制数表示的代码，称为二–十进制码，又称 BCD 码。

由于 4 位二进制数码有 16 种不同组合，而十进制数只用到其中的 10 种组合，因此二–十进制数代码有多种方案。表 1-2 给出了几种常用的二进制代码。

表 1-2　几种常用的二进制代码

十 进 制 数	8421 码	5421 码	2421 码	余 3 码
0	0000	0000	0000	0011
1	0001	0001	0001	0100
2	0010	0010	0010	0101
3	0011	0011	0011	0110
4	0100	0100	0100	0111
5	0101	1000	1011	1000
6	0110	1001	1100	1001
7	0111	1010	1101	1010
8	1000	1011	1110	1011
9	1001	1100	1111	1100

若某种代码的每一位都有固定的"权值"，则称这种代码为有权代码；否则叫无权代码。所以，判断一种代码是否是有权代码，只须检验这种代码的每个码组的各位是否具有固定的权值。如果发现一种代码中至少有 1 个码组的权值不同，这种代码就是无权码。

（1）8421BCD 码

8421BCD 码是有权码，各位的权值分别为 8、4、2、1。虽然 8421BCD 码的权值与 4 位自然二进制码的权值相同，但二者是两种不同的代码。8421BCD 码只取用了 4 位自然二进制代码的前 10 种组合。

（2）5421BCD 码和 2421BCD 码

5421BCD 码和 2421BCD 码也是有权码，各位的权值分别为 5、4、2、1 和 2、4、2、1。用 4 位二进制数表示 1 位十进制数，每组代码各位加权系数的和为其表示的十进制数。

2421BCD 码是一种自补代码，所谓自补特性是指将任意一个十进制数符 D 的代码的各位取反，正好是与 9 互补（9-D）的那个十进制数符的代码。如将 4 的代码 0100 取反，得到的 1011 正好是 9-4=5 的代码。这种特性称为自补特性，具有自补特性的代码称为自补码。

（3）余 3BCD 码

余 3BCD 码是 8621BCD 码的每个码组加 3（0011）形成的。其中的 0 和 9，1 和 8，2 和 7，3 和 6，4 和 5，各对码组相加均为 1111，余 3BCD 码也是自补代码，简称余 3 码。余 3 码各位无固定权值，故属于无权码。

【例 1-6】 分别将十进制数$(753)_{10}$转换为 8421BCD 码、5421BCD 和余 3BCD 码。

解： $(753)_{10}=(011101010011)_{8421BCD}$

$(753)_{10}=(101010000011)_{5421BCD}$

$(753)_{10}=(101010000110)_{余3BCD}$

2. 可靠性代码

代码在形成和传输过程中难免要产生错误，为了使代码形成时不易出差错或出错时容易发现并校正，须采用可靠性编码。常用的可靠性编码有格雷码、奇偶校验码等，下面分别介绍。

（1）格雷码

格雷码是一种典型的循环码，属于无权码，它有许多形式（如余3循环码等）。循环码有两个特点：一个是相邻性，是指任意两个相邻代码仅有一位数码不同；另一个是循环性，是指首尾的两个代码也具有相邻性。因为格雷码的这些特性可以减少代码变化时产生的错误，所以它是一种可靠性较高的代码。在自动化控制中生产设备多采用格雷码，如光电话码器，它可将光电读取头和代码盘之间的位移转换成相应的代码，以控制机械运动的行程和速度。

使用二进制数虽然直观、简单，但对码盘的制作和安装要求十分严格，否则易出错。例如，当二进制码盘从0111变化为1000时，4位二进制数码必须同时变化，若最高位光电转换稍微早一些，就会出现错码1111，这是不允许的。而采用格雷码码盘时，从0100变化为1100只有最高位变化，从而有效避免了由于安装和制作误差所造成的错码。

十进制数0～15的4位二进制格雷码见表1-3，显然它符合循环码的两个特点。

表1-3　4位二进制格雷码

十 进 制 数	格 雷 码	十 进 制 数	格 雷 码
0	0000	8	1100
1	0001	9	1101
2	0011	10	1111
3	0010	11	1110
4	0110	12	1010
5	0111	13	1011
6	0101	14	1001
7	0100	15	1000

（2）奇偶校验码

奇偶校验码是最简单的检错码，它能够检测出传输码组中的奇数个码元错误。

奇偶校验码的编码方法：在信息码组中增加1位奇偶校验位，使得增加校验位后的整个码组具有奇数个1或偶数个1的特点。如果每个码组中1的个数为奇数，则称为奇校验码；如果每个码组中1的个数为偶数，则称为偶校验码。

例如，十进制数5的8421BCD码0101增加校验位后，奇校验码是10101，偶校验码是00101，其中最高位分别为奇校验位1和偶校验位0。

思考与练习

1-1-1　简述二进制、八进制、十六进制数如何转换成十进制数。

1-1-2　简述十进制数如何转成二进制、八进制、十六进制数。

1-1-3　什么是 BCD 码，什么是 8421BCD 码？

1-1-4　什么是格雷码？什么是奇偶校验码？为什么说它们是可靠性代码？

1.2　任务2　逻辑运算的分析

在数字电路中，1位二进制数码的 0 和 1 不仅可以表示数量的大小，而且还可以表示两种不同的逻辑状态。例如，可以用1和0分别表示一件事情的有和无，或者表示电路的通和断、电灯的亮和灭等。这种只有两种对立逻辑状态的逻辑关系称为二值逻辑。

所谓"逻辑"，就是指事物间的因果关系。当两个二进制数码表示不同的逻辑状态时，它们之间可以按照指定的某种因果关系进行推理运算，这种运算就称为逻辑运算。逻辑代数（又称布尔代数）是按一定的逻辑规律进行运算的代数，是分析和设计数字电路最基本的数学工具。逻辑代数虽然和普通代数一样也用字母表示变量，但逻辑代数中逻辑变量的取值只有1和0两个值，且0和1不表示数量的大小，只表示两种对立的逻辑状态。

在逻辑代数中，有三种基本逻辑运算关系：与逻辑运算、或逻辑运算和非逻辑运算。

1.2.1　基本逻辑运算

1. 与逻辑运算

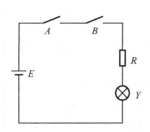

图 1-1　与逻辑电路示意图

当决定某一事件的所有条件都满足，该事件才发生，这种因果关系叫与逻辑关系，也称与运算或者逻辑乘。

与运算对应的逻辑电路可以用两个串联开关 A、B 控制电灯 Y 的亮和灭来示意，如图 1-1 所示。若用 1 代表开关闭合和灯亮。用 0 代表开关断开和灯灭，电路的功能可以描述为：只有当 A、B 两个开关都闭合（$A=1$、$B=1$）时，电灯 Y 才亮（$Y=1$），否则，灯就灭。这种灯的亮与灭和开关的通与断之间的逻辑关系就是与逻辑。其对应关系见表 1-4，这种表格叫真值表。

表 1-4　与逻辑真值表

A	B	Y
0	0	0
0	1	0
1	0	0
1	1	1

所谓真值表，就是将输入变量的所有可能的取值组合对应的输出变量值一一列出来的表

格。若输入有 n 个变量，则有 2^n 种取值组合存在，输出对应地有 2^n 个值。在逻辑分析中，真值表是描述逻辑功能的一种重要形式。

由真值表可以将与门电路的逻辑功能归纳为："有 0 出 0，全 1 出 1"。

Y 和 A、B 间的关系可以用下式表示

$$Y = A \cdot B \tag{1-1}$$

此逻辑表达式读作"Y 等于 A 与 B"，为了简便，有时把符号"$\cdot$"省掉，写成 $Y = AB$。

对于多变量的与运算可以用下式表示

$$Y = ABC\cdots$$

在数字电路中，常把能够实现与运算逻辑功能的电路叫与门，其逻辑符号如图 1-2 所示。

2. 或逻辑运算

决定某一事件的所有条件中，只要满足一个条件，则该事件就发生，这种因果关系称为或逻辑关系，也称或运算或者逻辑加。

或运算对应的逻辑电路可以用两个并联开关 A、B 控制电灯 Y 的亮和灭来示意，如图 1-3 所示。若仍用 1 代表开关闭合和灯亮，用 0 代表开关断开和灯灭，电路的功能可以描述为：只要 A、B 两个开关中至少有一个闭合时，电灯 Y 就亮；否则，灯就灭。其真值表见表 1-5。

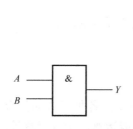

图 1-2　与门逻辑符号

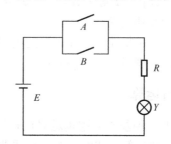

图 1-3　或逻辑电路示意图

表 1-5　或逻辑真值表

A	B	Y
0	0	0
0	1	1
1	0	1
1	1	1

或运算的逻辑表达式为

$$Y = A + B \tag{1-2}$$

对于多变量的或运算可用下式表示

$$Y = A + B + C + \cdots$$

在数字电路中，把能实现或运算的电路称为或门，其逻辑符号如图 1-4 所示。

或门的逻辑功能可归纳为："有 1 出 1，全 0 出 0"。

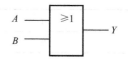

图 1-4　或门的逻辑符号

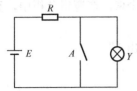

图 1-5　非门逻辑电路示意图

3. 非逻辑运算

非运算表示这样的逻辑关系，当某一条件具备了，事件便不会发生，而当此条件不具备时，事件一定发生。

非运算对应的逻辑关系可以用图 1-5 所示电路来示意。若仍用 1 代表开关闭合和灯亮，用 0 代表开关断开和灯灭，电路的功能可以描述为：若开关 A 闭合，灯 Y 就灭；反之，灯就亮。其真值表见表 1-6。

表 1-6　非逻辑真值表

A	Y
0	1
1	0

由该表可知，Y 和 A 之间的逻辑关系为："有 0 出 1，有 1 出 0"。

Y 和 A 之间的关系可用下式表示

$$Y = \overline{A} \tag{1-3}$$

此逻辑表达式读作"Y 等于 A 非"。通常称 A 为原变量，$\overline{A}$ 为反变量，二者共同称为互补变量。

在数字电路中，常把能完成非运算的电路叫非门或者反相器，非门只有一个输入端，其逻辑符号如图 1-6 所示。

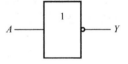

图 1-6　非门逻辑符号

1.2.2　复合逻辑运算

将与、或、非三种基本的逻辑运算进行组合，可以得到各种形式的复合逻辑运算，常见的复合运算有：与非运算、或非运算、与或非运算、异或运算、同或运算等。

当这三种基本逻辑运算组合同时出现在一个逻辑表达式中时，要注意三者的优先次序是：非、与、或。例如，逻辑函数 $Y = A\overline{B} + C$ 中，B 变量先"非"，然后再和变量 A 相"与"，相与的结果再和变量 C 相"或"，最后得到 Y。

1. 与非逻辑运算

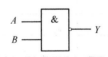

图 1-7　与非门逻辑符号

与非运算是与运算和非运算的复合运算。先进行与运算再进行非运算，其表达式为

$$Y = \overline{A \cdot B} \tag{1-4}$$

实现与非逻辑运算的电路叫与非门，其逻辑符号如图 1-7 所示。与非逻辑运算的真值表见表 1-7。

表 1-7　与非逻辑运算真值表

A	B	Y
0	0	1
0	1	1

A	B	Y
1	0	1
1	1	0

与非门的逻辑功能可归纳为："有 0 出 1，全 1 出 0"。

实际应用的与非门的输入端可以有多个。

2. 或非逻辑运算

或非运算是或运算和非运算的复合运算。先进行或运算，后进行非运算，其表达式为

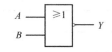

图 1-8　或非门逻辑符号

$$Y = \overline{A + B} \qquad (1\text{-}5)$$

实现或非逻辑运算的电路叫或非门，其逻辑符号如图 1-8 所示。

或非逻辑运算的真值表见表 1-8。

表 1-8　或非逻辑运算真值表

A	B	Y
0	0	1
0	1	0
1	0	0
1	1	0

或非门的逻辑功能可归纳为："有 1 出 0，全 0 出 1"。

实际应用的或非门的输入端可以有多个。

3. 与或非逻辑运算

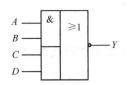

图 1-9　与或非门逻辑符号

与或非逻辑运算是与、或、非三种基本逻辑的复合运算。先进行与运算，再进行或运算，最后进行非运算，其表达式为

$$Y = \overline{AB + CD} \qquad (1\text{-}6)$$

实现与或非逻辑运算的电路叫与或非门，其逻辑符号如图 1-9 所示。

与或非逻辑运算的真值表见表 1-9。

表 1-9　与或非运算的真值表

输　入				输　出
A	B	C	D	Y
0	0	0	0	1
0	0	0	1	1
0	0	1	0	1
0	0	1	1	0

输　入				输　出
A	B	C	D	Y
0	1	0	0	1
0	1	0	1	1
0	1	1	0	1
0	1	1	1	0
1	0	0	0	1
1	0	0	1	1
1	0	1	0	1
1	0	1	1	0
1	1	0	0	0
1	1	0	1	0
1	1	1	0	0
1	1	1	1	0

与或非运算的逻辑功能是：只要 A、B 或 C、D 中有一组全为 1，输出就为 0，否则输出为 1。

思考与练习

1-2-1　三种基本逻辑运算分别是什么？写出它们的逻辑表达式并画出逻辑符号。

1-2-2　常用的复合逻辑运算有哪些？写出它们的逻辑表达式并画出逻辑符号。

1.3　任务 3　化简逻辑函数

1.3.1　逻辑运算的基本规律

根据基本逻辑运算规则和逻辑变量的取值只能是 0 和 1 的特点，可得出逻辑代数中的一些基本规律。

1. 基本运算公式

0-1 律	$A \cdot 0 = 0$	$A + 1 = 1$
自等律	$A \cdot 1 = A$	$A + 0 = A$
重叠律	$A \cdot A = A$	$A + A = A$
互补率	$A \cdot \overline{A} = 0$	$A + \overline{A} = 1$
交换律	$A \cdot B = B \cdot A$	$A + B = B + A$
结合律	$A \cdot (B \cdot C) = (A \cdot B) \cdot C$	$A + (B + C) = (A + B) + C$
分配律	$A \cdot (B + C) = AB + AC$	$A + B \cdot C = (A + B)(A + C)$
吸收律	$A(A + B) = A$	$A + AB = A$

$$A + \overline{A}B = A + B \qquad A \cdot B + \overline{A}C + B \cdot C = A \cdot B + \overline{A}C$$

反演律（摩根定律） $\qquad \overline{AB} = \overline{A} + \overline{B} \qquad\qquad \overline{A + B} = \overline{A} \cdot \overline{B}$

还原律 $\qquad\qquad\qquad \overline{\overline{A}} = A$

以上这些基本公式可以用真值表进行证明。例如，要证明反演律（也称摩根定理），可将变量 A、B 的各种取值分别代入等式两边，其真值表见表 1-10。从真值表可以看出，等式两边的逻辑值完全对应相等，所以反演律成立。

表 1-10 $\overline{A \cdot B} = \overline{A} + \overline{B}$ 的证明

A	B	$\overline{A \cdot B}$	$\overline{A} + \overline{B}$
0	0	1	1
0	1	1	1
1	0	1	1
1	1	0	0

2. 逻辑代数运算规则

逻辑代数的运算优先顺序是：先算括号，再算非运算，然后是与运算，最后是或运算。逻辑代数运算的规则如下。

（1）代入规则

在逻辑等式中，如果将等式两边某一变量都代之以一个逻辑函数，则等式仍然成立。

例如，已知 $\overline{A \cdot B} = \overline{A} + \overline{B}$。若用 $Z = A \cdot C$ 代替等式中的 A，根据代入规则，等式仍然成立，即

$$\overline{AC \cdot B} = \overline{A \cdot C} + \overline{B} = \overline{A} + \overline{C} + \overline{B}$$

（2）反演规则

已知函数 Y，欲求其反函数 $\overline{Y}$ 时，只要将 Y 式中所有"·"换成"+"，"+"换成"·"，0换成1，1换成0，原变量换成其反变量，反变量换成其原变量，所得到的表达式就是 $\overline{Y}$ 的表达式。

利用反演规则可以比较容易地求出一个逻辑函数的反函数。

在变换过程中应注意，两个以上变量的公用的非号保持不变。运算的优先顺序为：先算括号，然后算逻辑乘，最后算逻辑加。

【例 1-7】 求 $Y = A + B + \overline{C} + D + \overline{\overline{E}} + (G \cdot H)$ 的反函数

解： $\overline{Y} = \overline{A} \cdot \overline{B} \cdot C \cdot \overline{D} \cdot \overline{\overline{E}} \cdot (\overline{G} + \overline{H})$

（3）对偶规则

已知逻辑函数 Y，求它的对偶函数 Y' 时，可通过将"·"变为"+"，"+"变为"·"，"0"换成"1"，"1"换成"0"得到。

若两个逻辑函数相等，则它们的对偶式也相等，若两个逻辑函数的对偶式相等，那么这两个逻辑函数也相等。

【例 1-8】 求 $Y = A \cdot B + \overline{A}C + B \cdot C$ 的对偶式。

解： $Y' = (A + B) \cdot (\overline{A} + C) \cdot (B + C)$

3. 逻辑函数的表示方法

逻辑函数的表示方法有逻辑表达式、真值表、卡诺图、逻辑图、波形图五种方法。

（1）逻辑表达式

用与、或、非等逻辑运算表示逻辑函数的各变量之间关系的代数式，称为逻辑表达式。例 $Y = A + B \cdot C$。

（2）真值表

前述中已经用到真值表，并给出了真值表的定义。在真值表中，每个输入变量只有 0 和 1 两种取值，n 个变量就有 2^n 个不同的取值组合，而每种组合都有对应的输出逻辑值。一个确定的逻辑函数只有一个逻辑真值表。当函数变量较多时，一般列出简化的特性真值表。

（3）卡诺图

如果把各种输入变量的取值组合下的输出函数值填入一种特殊的（按照逻辑相邻性划分的）方格图中，即得到了逻辑函数的卡诺图。

（4）逻辑图

用逻辑符号表示逻辑函数表达式中各个变量之间的运算关系，得到的电路图形，叫逻辑电路图，简称逻辑图。如 $Y = AB + BC$ 的逻辑图如图 1-10 所示。

（5）波形图

波形图是逻辑函数输入变量每一种可能出现的取值与对应的输出值按时间顺序依次排列的图形，也称时序图。

波形图可通过实验观察，在逻辑分析和一些计算机仿真软件中，常用这种方法分析结果。图 1-11 为逻辑函数 $Y = AB + BC$ 波形图。

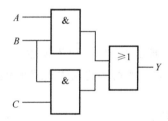

图 1-10　$Y = AB + BC$ 逻辑图

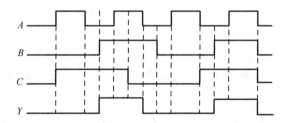

图 1-11　逻辑函数 $Y = AB + BC$ 波形图

逻辑函数的各种表示方法可以相互转换。根据真值表可以得到逻辑表达式，由逻辑表达式可以得到逻辑图，由逻辑图也可以反过来得到表达式。

4. 逻辑函数表达式

逻辑表达式越简单，实现它的电路也越简单，电路工作也较稳定可靠。

1）逻辑函数表达式的表示形式

一个逻辑函数的表达式可以有以下 5 种表示形式：

与-或表达式，例如 $Y = AB + \overline{B}C$

或-与表达式，例如 $Y = (A + C) \cdot (B + C)$

与非-与非表达式，例如 $Y = \overline{\overline{AB} \cdot \overline{AC}}$

或非-或非表达式，例如 $Y = \overline{\overline{A+B} + \overline{A+\overline{C}}}$

与或非表达式，例如 $Y = \overline{A \cdot \overline{B} + A\overline{C}}$

利用逻辑代数的基本定律，可以实现上述 5 种逻辑函数表达式之间的变换。

2）逻辑函数的最简与或表达式

逻辑函数的最简与或表达式的特点：

① 乘积项个数最少。

② 每个乘积项中的变量个数也最少。

最简与或表达式的结果不是唯一的，可以从函数式的公式化简和卡诺图化简中得到验证。

3）逻辑函数的最小项表达式

（1）最小项的定义

在 n 个变量的逻辑函数中，如乘积项中包含了全部变量，并且每个变量在该乘积项中以原变量或以反变量只出现一次，则该乘积项就定义为逻辑函数的最小项。n 个变量的全部最小项共有 2^n 个。

如三变量 A、B、C 共有 $2^3=8$ 个最小项：$\overline{A}\overline{B}\overline{C}$、$\overline{A}\overline{B}C$、$\overline{A}B\overline{C}$、$\overline{A}BC$、$A\overline{B}\overline{C}$、$A\overline{B}C$、$A B\overline{C}$、$ABC$。

（2）最小项的编号

为了书写方便，用 m 表示最小项，其下标为最小项的编号。编号的方法是：最小项中的原变量取 1，反变量取 0，则最小项取值为一组二进制数，其对应的十进制数便为该最小项的编号。如三变量最小项 $\overline{A}B\overline{C}$ 对应的变量取值为 010，它对应的十进制数为 2，因此，最小项 $\overline{A}B\overline{C}$ 的编号为 m_2。其余最小项的编号依次类推。

（3）逻辑函数的最小项表达式

如一个与或逻辑表达式中的每一个与项都是最小项，则该逻辑表达式称为标准与或式，又称最小项表达式。任何一种形式的逻辑表达式都可以利用基本定律和配项法变换为标准与或式，并且标准与或式是唯一的。

【例 1-9】 将逻辑函数 $Y = AB + AC + BC$ 变换为最小项表达式。

解：（1）利用 $A + \overline{A} = 1$ 的形式作配项，补充缺少的变量：

$$Y = AB(C + \overline{C}) + A(B + \overline{B})C + (A + \overline{A})BC$$

$$= ABC + AB\overline{C} + ABC + A\overline{B}C + ABC + \overline{A}BC$$

② 利用 $A + A = 1$ 的形式合并相同的最小项：

$$Y = AB\overline{C} + A\overline{B}C + \overline{A}BC + ABC$$

$$= m_3 + m_5 + m_6 + m_7$$

$$= \sum m(3,5,6,7)$$

1.3.2 公式法化简逻辑函数

运用逻辑代数的基本定律和公式对逻辑函数式进行化简的方法称为代数化简法，基本方法有以下几种。

1. 并项法

运用基本公式 $A + \bar{A} = 1$，将两项合并为一项，同时消去一个变量。如

$$Y = \bar{A}BC + ABC + B\bar{C} = (\bar{A} + A)BC + B\bar{C}$$
$$= B(C + \bar{C}) = B$$

2. 吸收法

运用吸收律 $A + AB = A$ 和 $AB + \bar{A}C + BC = AB + \bar{A}C$，消去多余项。如

① $Y = AB + AB(C + D) = AB$

② $Y = ABC + \bar{A}D + \bar{C}D + BD$

$\quad = ABC + (\bar{A} + \bar{C})D + BD$

$\quad = ABC + \overline{AC}D + BD$

$\quad = ABC + \overline{AC}D$

$\quad = ABC + \bar{A}D + \bar{C}D$

3. 消去法

利用 $A + \bar{A}B = A + B$ 消去多余因子。如

$$Y = AB + \bar{A}C + \bar{B}C = AB + (\bar{A} + \bar{B})C$$
$$= AB + \overline{AB}C$$
$$= AB + C$$

4. 配项法

在不能直接运用公式、定律化简时，可通过乘 $A + \bar{A} = 1$ 或 $A \cdot \bar{A} = 0$ 进行配项后再化简。如

$$Y = A\bar{C} + \bar{B}C + \bar{A}C + B\bar{C} = A\bar{C}(B + \bar{B}) + \bar{B}C + \bar{A}C + B\bar{C}(A + \bar{A})$$
$$= AB\bar{C} + A\bar{B}\bar{C} + \bar{B}C + \bar{A}C + AB\bar{C} + \bar{A}B\bar{C}$$
$$= B\bar{C}(1 + A) + \bar{A}C(1 + B) + A\bar{B}(\bar{C} + C)$$
$$= B\bar{C} + \bar{A}C + A\bar{B}$$

在实际化简逻辑函数时，需要灵活运用上述几种方法，才能得到最简与或表达式。

【例 1-10】 化简逻辑函数式 $Y = AD + A\bar{D} + AB + \bar{A}C + \bar{C}D + A\bar{B}EF$

解： ① 运用 $A + \bar{A} = 1$，将 $AD + A\bar{D}$ 合并，得

$$Y = A + AB + \bar{A}C + \bar{C}D + A\bar{B}EF$$

② 运用 $A + AB = A$，消去含有 A 因子的乘积项，得

$$Y = A + \bar{A}C + \bar{C}D$$

③ 运用 $A + \bar{A}B = A + B$，消去 $\bar{A}C$ 中的 $\bar{A}$，$\bar{C}D$ 中的 $\bar{C}$，得

$$Y = A + C + D$$

1.3.3 卡诺图法化简逻辑函数

1. 相邻最小项

如果两个最小项中只有一个变量为互反变量，其余变量均相同时，则这两个最小项为逻辑相邻，并把它们称为相邻最小项，简称相邻项。例如，三变量最小项 ABC 和 $AB\overline{C}$，其中的 C 和 $\overline{C}$ 为互反变量，其余变量都相同，所以它们是相邻最小项。显然，两个相邻最小项可以合并为一项，同时消去互反变量，如 $ABC+AB\overline{C}=AB(C+\overline{C})=AB$。合并结果为两个最小项的共有变量。

2. 卡诺图

卡诺图又称最小项方格图。用 2^n 个小方格表示 n 个变量的 2^n 个最小项，并且使相邻最小项在几何位置上也相邻，按这样的相邻要求排列起来的方格图叫做 n 个变量最小项卡诺图，这样的相邻原则又称卡诺图的相邻性。下面介绍 2～4 个变量最小项卡诺图的作法。

（1）二变量卡诺图

设两个变量为 A 和 B，则全部 4 个最小项为 $\overline{A}\,\overline{B}$、$\overline{A}B$、$A\overline{B}$、$AB$，分别记为 m_0、m_1、m_2、m_3。按相邻性作出二变量卡诺图，如图 1-12 所示。

A \ B	$\overline{B}$	B
$\overline{A}$	m_0 $\overline{A}\,\overline{B}$	m_1 $\overline{A}B$
A	m_2 $A\overline{B}$	m_3 AB

（a）方格内标最小项

A \ B	0	1
0	00	01
1	10	11

（b）方格内标最小项取值

A \ B	0	1
0	0	1
1	2	3

（c）方格内标最小项编号

图 1-12 二变量卡诺图

（2）三变量卡诺图

设三个变量为 A、B、C，全部最小项有 $2^3=8$ 个，卡诺图由 8 个方格组成，按相邻性安放最小项可画出三变量卡诺图，如图 1-13 所示。

A \ BC	$\overline{B}\,\overline{C}$	$\overline{B}C$	BC	$B\overline{C}$
$\overline{A}$	m_0 $\overline{A}\,\overline{B}\,\overline{C}$	m_1 $\overline{A}\,\overline{B}C$	m_3 $\overline{A}BC$	m_2 $\overline{A}B\overline{C}$
A	m_4 $A\overline{B}\,\overline{C}$	m_5 $A\overline{B}C$	m_7 ABC	m_6 $AB\overline{C}$

（a）方格内标最小项

A \ BC	00	01	11	10
0	0	1	3	2
1	4	5	7	6

（b）方格内标最小项编号

图 1-13 三变量卡诺图

应当注意，图中变量 BC 的取值不是按自然二进制码（00、01、10、11）排列的，而是按格雷码（00、01、11、10）的顺序排列的，这样才能保证卡诺图中最小项在几何位置上相邻。

（3）四变量卡诺图

设四变量为 A、B、C、D，全部最小项有 $2^4=16$ 个，卡诺图由 16 个方格组成，按相邻性安放最小项可画出四变量卡诺图，如图 1-14 所示。

AB＼CD	$\overline{CD}$	$\overline{C}D$	CD	$C\overline{D}$
$\overline{A}\,\overline{B}$	m_0	m_1	m_3	m_2
$\overline{A}B$	m_4	m_5	m_7	m_6
AB	m_{12}	m_{13}	m_{15}	m_{14}
$A\overline{B}$	m_8	m_9	m_{11}	m_{10}

（a）方格内标最小项

AB＼CD	00	01	11	10
00	0	1	3	2
01	4	5	7	6
11	12	13	15	14
10	8	9	11	10

（b）方格内标最小项编号

图 1-14　四变量卡诺图

图 1-14 中的横向变量 AB 和纵向变量 CD 都是按格雷码顺序排列的，保证了最小项在卡诺图中的循环相邻性，即同一行最左方格与最右方格相邻，同一列最上方格和最下方格也相邻。

对于五变量及以上的卡诺图，由于复杂，在逻辑函数化简中很少使用，这里不再介绍。

3. 用卡诺图表示逻辑函数

在具体填写一个逻辑函数的卡诺图时，将逻辑函数表达式或其真值表所确定的最小项，在其对应卡诺图的小方格内填入函数值 1；表达式中没出现的最小项或真值表中函数值为 0 的最小项所对应的小方格内填入函数值 0。为了简明起见，小方格内的函数值为 0 时，常保留成空白，什么也不填。

AB＼CD	00	01	11	10
00	1	1		
01	1	1		1
11	1	1	1	
10		1		

图 1-15　例 1-11 图

【例 1-11】 画出逻辑函数 $Y(ABCD) = \sum m(0,1,4,5,6,9,12,13,15)$ 的卡诺图。

解：这是一个四变量的逻辑函数，首先要画出四变量卡诺图的一般形式，然后在最小项编号为 0，1，4，5，6，9，12，13，15 的小方格内填入 1，其余小方格内填入 0 或空着，即得到了该逻辑函数的卡诺图，如图 1-15 所示。

【例 1-12】 画出逻辑函数 $Y = AB + BC + CA$ 的卡诺图。

解：首先将函数 Y 写成标准与或式：

$$Y = AB + BC + CA = AB(C + \overline{C}) + BC(A + \overline{A}) + CA(B + \overline{B})$$
$$= \overline{A}BC + A\overline{B}C + AB\overline{C} + ABC$$
$$= \sum m(3,5,6,7)$$

再画出三变量卡诺图的一般形式，按照上例题同样的方法即可得到 Y 的卡诺图，如图 1-16 所示。

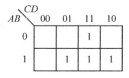

AB＼CD	00	01	11	10
0			1	
1		1	1	1

图 1-16　例 1-12 图

4. 用卡诺图化简逻辑函数

用卡诺图化简逻辑函数的原理是利用卡诺图的相邻性，找出逻辑函数的相邻最小项加以合并，消去互反变量，以达到简化目的。

（1）最小项合并规律

① 只有相邻最小项才能合并。

② 两相邻最小项可以合并为一个与项，同时消去一个变量。四个相邻最小项合并为一个与项，同时消去两个变量。2^n个相邻最小项合并为一个与项，同时消去n个变量。

③ 合并相邻最小项时，消去的是相邻最小项中互反变量，保留的是相邻最小项中的共有变量，并且合并的相邻最小项越多，消去的变量也越多，化简后的与项就越简单。

（2）用卡诺图化简逻辑函数的原则

用卡诺图化简逻辑函数画包围圈合并相邻项时，应注意以下原则：

① 每个包围圈内相邻1方格的个数一定是2^n个方格，即只能按1、2、4、8、16个1方格的数目画包围圈。

② 同一个1方格可以被不同的包围圈重复包围多次，但新增的包围圈中必须有原先没有被圈过的1方格。

③ 包围圈中的相邻1方格的个数尽量多，这样可消去的变量多。

④ 包围圈的个数尽量少，这样得到的逻辑函数的与项少。

⑤ 注意卡诺图的循环邻接特性。同一行最左与最右方格中的最小项相邻，同一列的最上与最下方格中的最小项相邻。

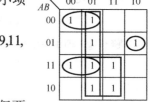

图 1-17　例 1-13 图

【例 1-13】　试用卡诺图化简逻辑函数$Y(ABCD)=\sum m(0,1,5,6,9,11,12,13,15)$。

解：① 画出卡诺图如图1-17所示。

② 化简卡诺图。化简卡诺图时，一般先圈独立的1方格，再圈仅两个相邻的1方格，再圈仅4个相邻的1方格，依次类推。可得图1-17。

③ 合并包围圈的最小项，写出最简与或表达式。

$$Y = \overline{A}\,\overline{B}\,\overline{C}\overline{D} + \overline{A}\,\overline{B}C + AB\overline{C} + CD + AD$$

【例 1-14】　试用卡诺图化简逻辑函数$Y = \overline{A}BCD + \overline{A}B\overline{C}\overline{D} + \overline{A}CD + ABC + BD$。

解：① 画逻辑函数卡诺图，如图1-18所示。

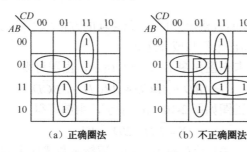

（a）正确圈法　　　　（b）不正确圈法

图 1-18　例 1-14 图

② 合并相邻最小项。注意由少到多画包围圈。

③ 写出逻辑函数的最简与或表达式：

$$Y = \overline{A}B\overline{C} + \overline{A}CD + A\overline{C}D + ABC$$

如在该例题中先圈4个相邻的1方格，再圈两个相邻的1方格，便会多出一个包围圈，如图1-18（b）所示，这样就不能得到最简与或表达式。

5. 用卡诺图化简具有无关项的逻辑函数

（1）约束项、任意项和无关项

在许多实际问题中，有些变量取值组合是不可能出现的，这些取值组合对应的最小项称为约束项。例如在8421BCD码中，1010～1111这六种组合是不使用的代码，它不会出现，是受到约束的。因此，这六种组合对应最小项为约束项。而在有的情况下，逻辑函数在某些变量取值组合出现时，对逻辑函数值并没有影响，其值可以为0，也可以为1，这些变量取值组合对应的最小项称为任意项。约束项和任意项统称无关项。合理利用无关项，可以使逻辑函数得到进一步简化。

（2）利用无关项化简逻辑函数

在逻辑函数中，无关项用"d"表示，在卡诺图相应的方格中填入"×"或"ϕ"。根据需要，无关项可以当做1方格，也可以当做0方格，以使化简的逻辑函数式为最简式为准。

【例1-15】 用卡诺图化简以下逻辑函数式为最简与或表达式：

$$Y(ABCD) = \sum m(3,6,8,10,13) + \sum d(0,2,5,7,12,15)$$

解：① 画卡诺图，如图1-19所示。

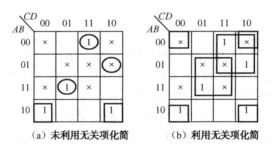

（a）未利用无关项化简　　　　（b）利用无关项化简

图1-19　例1-15卡诺图

② 填卡诺图。有最小项的方格填"1"，无关项的方格填"×"。

③ 合并相邻最小项，写出最简与或表达式。

未利用无关项化简时的卡诺图如图1-19（a）所示，由图可得

$$Y = \overline{ABD} + \overline{ABCD} + \overline{ABCD} + AB\overline{CD}$$

利用无关项化简时的卡诺图如图2-10（b）所示，由图可得

$$Y = \overline{BD} + BD + \overline{AC}$$

由上例可以看出，利用无关项化简时所得到的逻辑函数式比未利用时要简单得多。因此，化简逻辑函数时应充分利用无关项。应当指出，无关项是为化简其相邻1方格服务的，当化简1方格须用到相邻无关项时，则无关项作1处理，不要再为余下的无关项画包围圈化简。

【例1-16】 将含有约束项的逻辑函数化简为最简与或表达式：

$$\begin{cases} Y(ABCD) = \sum m(1,5,6,7,8) \\ AB + AC = 0 \end{cases}$$

解：上述联立方程中的约束条件 $AB + AC = 0$ 表示 $AB + AC$ 对应的最小项是约束项，是不允许出现的。

① 画卡诺图，如图1-20所示。

② 填卡诺图。有最小项的方格填"1"，无关项的方格填"×"。

③ 合并相邻最小项，写出最简与或表达式：

$$Y = A\overline{D} + BC + \overline{A}CD$$

思考与练习

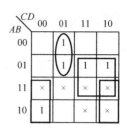

图 1-20 例 1-16 图

1-3-1 逻辑函数表示方法有哪几种？

1-3-2 什么是最小项？最小项如何进行编号？

1-3-3 什么是卡诺图？画卡诺图应遵循什么规则？

1-3-4 什么是约束项、任意项和无关项？

1-3-5 怎样化简具有无关项的卡诺图？

1.4 任务4 认知 Multisim 10 仿真软件

Multisim 10 是 National Instruments 公司（美国国家仪器有限公司）于 2007 年 3 月推出的 NI Circuit Design Suit 10 中的一个重要组成部分，其前身为 EWB（Electronics Work-bench）。Multisim 是一种交互式电路模拟软件，是一种 EDA 工具，它为用户提供了丰富的元件库和功能齐全的各类虚拟仪器，主要用于对各种电路进行全面的仿真分析和设计。

Multisim 提供了集成化的设计环境，能完成原理图的设计输入、电路仿真分析、电路功能测试等工作。当需要改变电路参数或电路结构仿真时，可以清楚地观察到各种变化电路对性能的影响。用 Multisim 进行电路的仿真，实验成本低、速度快、效率高。

Multisim 10 包含了数量众多的元器件库和标准化的仿真仪器库，用户还可以自己添加新元件，操作简单，分析和仿真功能十分强大。熟练使用该软件可以大大缩短产品研发的时间，对电路的强化、相关课程实验教学有十分重要的意义。EDA 的出现大大改进了电工、电子学习方法，提高了学习效率。下面简单介绍 Multisim 10 的基本功能及操作。

1. Multisim 10 的主界面

单击【开始】→【程序】→【National Instruments】→【Circuit Design Suite 10.0】→【Multisim】，启动 Multisim 10，这时会自动打开一个新文件，进入 Multisim 10 的主界面，如图1-21所示。

从图 1-21 可以看出，Multisim 的主窗口如同一个实际的电子实验台。屏幕中央区域最大的窗口就是电路工作区，在电路工作区上可将各种电子元器件和测试仪器仪表连接成实验电路。电路工作窗口上方是菜单栏、工具栏、元器件栏。从菜单栏可以选择电路连接、实验所需的各种命令。工具栏包含了常用的操作命令按钮。通过鼠标器操作即可方便地使用各种命令和实验设备。元器件栏存放着各种电子元器件，电路工作窗口右边是仪器仪表栏。仪器仪表栏存放着各种测试仪器仪表，用鼠标操作可以很方便地从元器件和仪器库中，提取实验所需的各种元器件及仪器、仪表到电路工作窗口并连接成实验电路。按下电路工作窗口的仿真开关，可以进行电路仿真，"启动/停止"开关或"暂停/恢复"按钮可以方便地控制实验的进程。

1）菜单栏

菜单中提供了本软件几乎所有的功能命令。如图1-22所示，主要用于文件的创建、管理、编辑及电路仿真软件的各种操作命令。

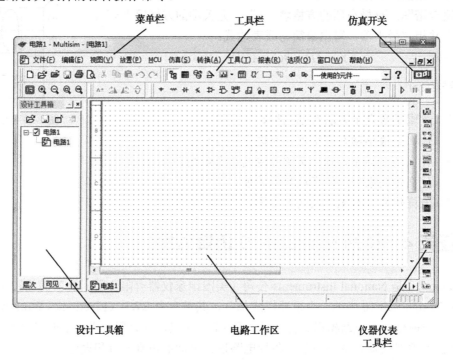

图 1-21　Multisim 10 的主界面

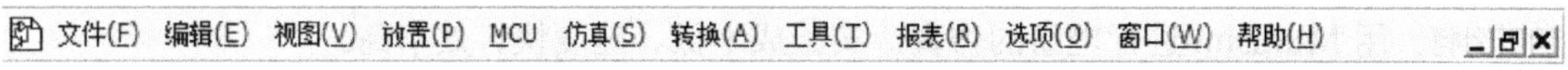

图 1-22　Multisim 10 的菜单栏

文件菜单：提供文件操作命令，如打开、保存和打印等，对电路文件进行管理。

编辑菜单：在电路绘制过程中，提供对电路和元件进行剪切、粘贴、旋转等操作命令，进行编辑工作。

视图菜单：用来显示或隐藏电路窗口中的某些内容，如电路图的放大/缩小、工具栏栅格、纸张边界等。

放置菜单：提供在电路工作窗口内放置元件、连接点、总线和文字等命令。

MCU（单片机）菜单：提供在电路工作窗口内 MCU 的调试操作命令。

仿真菜单：提供电路仿真设置与操作命令，用于电路仿真的设置与操作。

工具菜单：提供元件和电路编辑或管理命令，用来编辑或管理元器件库或元器件命令。

报表菜单：用来产生当前电路的各种报表。

选项菜单：用于定制软件界面和某些功能的设置。

窗口菜单：用于控制 Multisim 10 窗口的显示。

帮助菜单：为用户提供在线帮助和指导。

2）工具栏

Multisim10 常用工具栏如图 1-23 所示，工具栏各图标名称及功能说明如下。

图 1-23　Multisim10 常用工具栏

新建：清除电路工作区，准备生成新电路。

打开：打开电路文件。

存盘：保存电路文件。

打印：打印电路文件。

剪切：剪切至剪贴板。

复制：复制至剪贴板。

粘贴：从剪贴板粘贴。

旋转：旋转元器件。

全屏：电路工作区全屏。

放大：将电路图放大一定比例。

缩小：将电路图缩小一定比例。

放大面积：放大电路工作区面积。

适当放大：放大到适合的页面。

文件列表：显示或隐藏设计电路文件列表。

电子表：显示或隐藏电子数据表。

数据库管理：元器件数据库管理。

元件编辑器：编辑元件。

图形编辑/分析：图形编辑器和电路分析方法选择。

后处理器：对仿真结果进一步操作。

电气规则校验：校验电气规则。

区域选择：选择电路工作区区域。

3）元器件库

Multisim10 提供了丰富的元器件库，用鼠标左键单击元器件库栏的某一个图标即可打开该元件库。元器件库栏图标如图 1-24 所示。

图 1-24　元器件库栏图标

（1）电源/信号源库

电源/信号源库包含有接地端、直流电压源（电池）、正弦交流电压源、方波（时钟）电压源、压控方波电压源等多种电源与信号源。

（2）基本器件库

基本器件库包含有电阻、电容等多种元件。基本器件库中的虚拟元器件的参数是可以任意设置的，非虚拟元器件的参数是固定的，但是可以选择。

（3）二极管库

二极管库包含有二极管、可控硅等多种器件。二极管库中的虚拟器件的参数是可以任意设置的，非虚拟元器件的参数是固定的，但是可以选择。

（4）晶体管库 ✚

晶体管库包含有晶体管、FET 等多种器件。晶体管库中的虚拟器件的参数是可以任意设置的，非虚拟元器件的参数是固定的，但是是可以选择的。

（5）模拟集成电路库 ⇗

模拟集成电路库包含有多种运算放大器。模拟集成电路库中的虚拟器件的参数是可以任意设置的，非虚拟元器件的参数是固定的，但是是可以选择的。

（6）TTL 数字集成电路库 ⇗

TTL 数字集成电路库包含有 74×× 系列和 74LS×× 系列等 74 系列数字电路器件。

（7）CMOS 数字集成电路库 ⇟

CMOS 数字集成电路库包含有 40×× 系列和 74HC×× 系列多种 CMOS 数字集成电路系列器件。

（8）数字器件库 ⏁

数字器件库包含有 DSP、FPGA、CPLD、VHDL 等多种器件。

（9）数模混合集成电路库 ⏀

数模混合集成电路库包含有 ADC/DAC、555 定时器等多种数模混合集成电路器件。

（10）指示器件库 ▤

指示器件库包含有电压表、电流表、七段数码管等多种器件。

（11）电源器件库 ▭

电源器件库包含有三端稳压器、PWM 控制器等多种电源器件。

（12）其他器件库 MISC

其他器件库包含有晶体、滤波器等多种器件。

（13）键盘显示器件库 ▦

键盘显示器库包含有键盘、LCD 等多种器件。

（14）射频元器件库 Ψ

射频元器件库包含有射频晶体管、射频 FET、微带线等多种射频元器件。

（15）机电类器件库 ⏚

机电类器件库包含有开关、继电器等多种机电类器件。

（16）微控制器库 ▤

微控制器件库包含有 8051、PIC 等多种微控制器。

4）Multisim 仪器仪表库

仪器仪表库的图标及功能如图 1-25 所示。

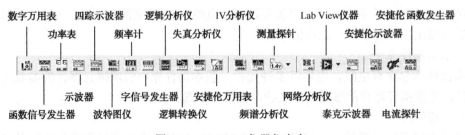

图 1-25 Multisim 仪器仪表库

5）设计工具箱

设计工具箱视窗一般位于窗口的底部，如图1-26所示，利用该工具箱，可以把有关电路设计的原理图、PCB图、相关文件、电路的各种统计报告分类进行管理，还可以观察分层电路的层次结构。

图1-26　设计工具箱视窗

思考与练习

1-4-1　Multisim 10仿真软件有什么优点？

1-4-2　Multisim 10元器件库包含的主要元器件有哪些？

1-4-3　Multisim 10仪器仪表库包含的主要仪器仪表有哪些？

操作训练1　Multisim 10仿真软件基本操作

1. 训练目的

① 熟悉Multisim 10仿真软件的基本操作。

② 学会编辑电路原理图。

2. 训练内容

1）创建电路文件

运行Multisim 10系统，这时会自动打开一个名为"电路1"的空白文件，也可以通过菜单栏中【文件】→【新建】命令新建一个电路文件，该文件可以在保存时重新命名。

2）定制工作界面

在创建一个电路之前，可以根据自己不同的喜好，通过【选项】菜单命令进行工作界面设置，如元件颜色、字体、线宽、标题栏、电路图尺寸、符号标准、缩放比例等。打开【选项】菜单，出现子菜单如图1-27所示。

（1）Global Preferences（首选项）

【首选项】对话框的设置是对Multisim界面的整体改变，下次再启动时按照改变后的界面运行。

图1-27　【选项】菜单

执行【选项】→【Global Preferences】，弹出如图1-28所示的对话框，包括"路径"、"保存"、"零件"和"常规"4个选项卡。在该对话框中对电路的总体参数进行设置。

① "零件"选项卡中，可以选择元器件放置方式，如选择一次放置一个元器件，连续放置元器件等。

② 在符号标准区域选择元器件符号标准。

ANSL：设定采用美国标准元器件符号。

DIN：设定采用欧洲标准元器件符号。

我国采用的元器件符号标准与欧洲接近。

③ 选择相移方向，左移（Shift left）或者右移（Shift right）。

④ 数字仿真设置。

选择数字仿真设置，理想即为理想状态仿真，可以获得较高速度的仿真；Real（more accurate simulation-requires power and digital ground）为真实状态仿真。

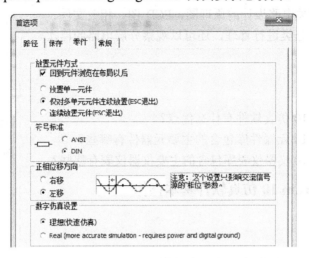

图 1-28 "首选项"对话框

（2）Sheet Properties（表单属性）

表单属性用于设置与电路图显示方式有关的一些选项。执行【选项】→【Sheet Properties】，弹出如图 1-29 所示【表单属性】对话框，它有 6 个选项卡，基本包括了所有 Multisim 10 电路图工作区设置的选项。

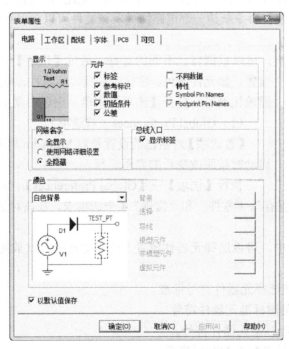

图 1-29 工作页面设置

① "电路"选项卡可选择电路各种参数，如选择是否显示元器件的标志，是否显示元器

件编号，是否显示元器件数值等。"颜色"选项区中的6个按钮用来选择电路工作区的背景、元器件、导线等的颜色。

② "工作区"：可以设置电路工作区显示方式的控制、图纸的大小和方向等。

③ "配线"：用来设置连接线的宽度和总线连接方式。

④ "字体"：可以设置字体、选择字体的应用项目及应用范围等。

⑤ "PCB"：选择与制作电路板相关的选项，如地、单位、信号层等。

⑥ "可见"：设置电路层是否显示，还可以添加注释层。

3）选择元器件

① 选用元器件时，首先在元器件库栏中用鼠标单击包含该元器件的图标，打开该元器件库。如选择基本元件库，单击图标 ，出现基本元件库对话框，如图1-30所示。

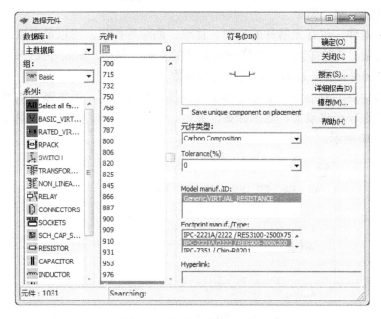

图1-30　基本元件库对话框

② 然后在元器件库的对话框中用鼠标单击将该元器件选中，如选择电阻元件，单击"确定"，在设计窗口，可以看到光标上黏附着一个电阻符号，如图1-31所示，用鼠标移动该元器件到电路工作区的适当位置，单击鼠标左键，放置元件。

4）编辑元器件

（1）选中元器件

在连接电路时，要对元器件进行移动、旋转、删除、设置参数等操作。这就需要先选中该元器件。要选中某个元器件可使用鼠标的左键单击该元器件。被选中的元器件的四周出现4个黑色小方块（电路工作区为白底），便于识别。对选中的元器件可以进行移动、旋转、删除、设置参数等操作。用鼠标拖曳形成一个矩形区域，可以同时选中在该矩形区域内包围的一组元器件。

图1-31　放置元件

要取消某一个元器件的选中状态，只要单击电路工作区的空白部分即可。

（2）元器件的移动

用鼠标的左键单击该元器件（左键不松手），拖曳该元器件即可移动该元器件。要移动一组元器件，必须先用前述的矩形区域方法选中这些元器件，然后用鼠标左键拖曳其中的任意一个元器件，则所有选中的部分就会一起移动。元器件被移动后，与其相连接的导线就会自动重新排列。选中元器件后，也可使用箭头键使之做微小的移动。

（3）元器件的旋转与反转

对元器件进行旋转或反转操作，需要先选中该元器件，然后单击鼠标右键或者选择"编辑"菜单，选择菜单中的"方向"，其子菜单包括"水平镜像"、"垂直镜像"、"顺时针旋转90度"和"逆时针旋转90度"四种命令，也可使用Ctrl键实现旋转操作。Ctrl键的定义标在菜单命令的旁边。还可以直接使用工具栏中的相应图标操作。

（4）元器件的复制、删除

对选中的元器件，进行元器件的复制、移动、删除等操作，可以单击鼠标右键或者使用剪切、复制和粘贴、删除等菜单命令实现元器件的复制、移动、删除等操作。

（5）设置元器件标签、编号、数值、模型参数

在选中元器件后，双击该元器件会弹出元器件特性对话框，可供输入数据。元器件特性对话框具有多种选项可供设置，包括标签、显示、参数、故障、引脚、变量等内容。电阻特性对话框如图1-32所示。

图1-32　电阻特性对话框

5）导线的操作

（1）导线的连接

在两个元器件之间，首先将鼠标指向一个元器件的端点使其出现一个小圆点，按下鼠标

左键并拖曳出一根导线，拉住导线并指向另一个元器件的端点使其出现小圆点，释放鼠标左键，则导线连接完成。

连接完成后，导线将自动选择合适的走向，不会与其他元器件或仪器发生交叉。

（2）连线的删除与改动

将鼠标指向元器件与导线的连接点，出现一个圆点，按下左键拖曳该圆点使导线离开元器件端点，释放左键，导线自动消失，完成连线的删除。也可以将拖曳移开的导线连至另一个接点，实现连线的改动。

（3）改变导线的颜色

在复杂的电路中，可以将导线设置为不同的颜色。要改变导线的颜色，用鼠标指向该导线，单击右键可以出现菜单，选择 Change Color 选项，出现颜色选择框，然后选择合适的颜色即可。

（4）在导线中插入元器件

将元器件直接拖曳放置在导线上，然后释放即可在电路中插入元器件。

（5）从电路删除元器件

选中该元器件，选择【编辑】→【删除】即可，或者单击右键可以出现菜单，选择"删除"即可。

（6）"连接点"的使用

"连接点"是一个小圆点，选择【放置】→【节点】，可以放置节点。一个"连接点"最多可以连接来自四个方向的导线。可以直接将【连接点】插入连线中。

（7）节点编号

在连接电路时，Multisim 自动为每个节点分配一个编号。是否显示节点编号可在 Sheet Properties 对话框的"电路"选项卡中设置。选择"参考标识"选项，可以选择是否显示连接线的节点编号。

6）在电路工作区内输入文字

为加强对电路图的理解，在电路图中的某些部分添加适当的文字注释有时是必要的。在 Multisim 的电路工作区内可以输入中英文文字，其基本步骤如下。

（1）启动"文本"命令

启动"放置"菜单中的"文本"命令，然后用鼠标单击需要放置文字的位置，可以在该处放置一个文字块，注意：如果电路窗口背景为白色，则文字输入框的黑边框是不可见的。

（2）输入文字

在文字输入框中输入所需要的文字，文字输入框会随文字的多少会自动缩放。文字输入完毕后，用鼠标单击文字输入框以外的地方，文字输入框会自动消失。

（3）改变文字的字体

如果需要改变文字的颜色，可以用鼠标指向该文字块，单击鼠标右键弹出快捷菜单，选取"Pen Color"命令，在"颜色"对话框中选择文字颜色。注意：选择 Font 可改动文字的字体和大小。

（4）移动文字

如果需要移动文字，用鼠标指针指向文字，按住鼠标左键，移动到目的地后放开左键即可完成文字移动。

（5）删除文字

如果需要删除文字，则先选取该文字块，单击右键打开快捷菜单，选取"删除"命令即可删除文字。

3. 电路仿真测试

要求用仿真软件创建如图 1-33 所示的开关控制指示灯电路，并对电路进行仿真测试。具体步骤如下。

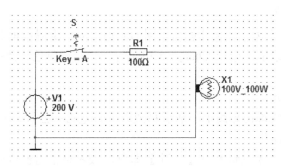

图 1-33　开关控制指示灯电路

① 创建电路文件。

运行 Multisim 10 系统，打开一个名为"电路 1"的空白文件。

② 定制工作界面。

执行【选项】→【Global　Preferences】，在"零件"选项卡符号标准区域选择元器件符号标准"DIN"，如图 1-34 所示。执行【选项】→【Sheet Properties】，在"工作区"选项卡中选择图纸大小为"A4"，方向为"横向"，如图 1-35 所示。完成设置后单击"确定"关闭对话框。

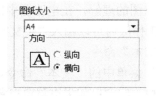

图 1-34　选择符号标准　　　　　　图 1-35　选择图纸大小、方向

③ 移动光标到基本元件库，单击图标 ⏛，弹出选择元件对话框，选择"RESISTOR"元件系列，在元件列表中找到"100"，单击"确定"，如图 1-36 所示。返回到设计窗口，将电阻元件放置到合适位置。

④ 移动光标到指示元件库，单击图标 ⊡，弹出选择元件对话框，选择"LAMP"元件系列，在元件列表中找到"100V_100W"，单击"确定"，返回到设计窗口，将指示灯元件放置到合适位置。单击工具栏中 图标，将指示灯顺时针旋转 90°，如图 1-37 所示。

⑤ 移动光标到信号源库，单击图标 ✛，弹出选择元件对话框，选择"PORWER_SOURCES"元件系列，在元件列表中找到"DC_PORWER"，单击"确定"。返回到设计窗口，将直流电

源放置到合适位置。选择模拟接地元件"Ground"放置到电路原理图中。双击电源图标，在弹出对话框中，设置参数选项"Voitage"为200V，如图1-38所示，单击"确定"。

图1-36　选择电阻

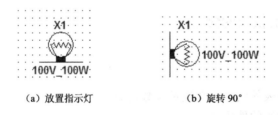

（a）放置指示灯　　　　　　　（b）旋转90°

图1-37　选择指示灯

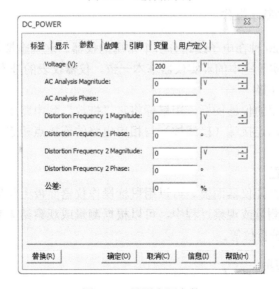

图1-38　设置电源参数

⑥ 移动光标到基本元件库，单击图标 <small>〜</small>，弹出选择元件对话框，选择"SWITCH"元件系列，在元件列表中找到"DIPSWI"，单击"确定"。返回到设计窗口，将开关元件放置到合适位置。双击开关元件图标，在弹出对话框中，设置参数选项"参考标识"为 S，参数"Key for Swith"为 A，单击"确定"。

⑦ 按图 1-33 所示完成电路连接。

⑧ 单击仿真开关 <small>［▣］</small>，键盘上 A 键可以控制开关的闭合与断开，当开关闭合时，可以看到指示灯亮，如图 1-39 所示，断开开关，指示灯熄灭。

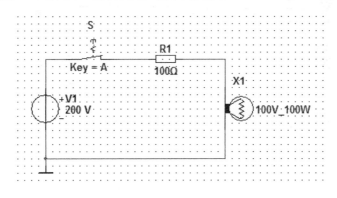

图 1-39　开关闭合指示灯亮

操作训练 2　虚拟仪器仪表的使用

1. 训练目的

① 熟悉虚拟仪器仪表的图标、面板及参数设置。
② 掌握虚拟仪器仪表的使用。

2. 虚拟仪器仪表的基本操作

Multisim 中提供了 20 种在电子线路分析中常用的仪器。这些虚拟仪器仪表的参数设置、使用方法和外观设计与实验室中的真实仪器基本一致。仪器仪表的基本操作如下。

（1）仪器的选用与连接

从仪器库中将所选用的仪器图标，用鼠标将它"拖放"到电路工作区即可，类似元器件的拖放。将仪器图标上的连接端（接线柱）与相应电路的连接点相连，连线过程类似元器件的连线。

（2）仪器参数的设置

双击仪器图标即可打开仪器面板。可以用鼠标操作仪器面板上相应按钮及设置参数设置对话窗口中的数据。在测量或观察过程中，可以根据测量或观察结果来改变仪器仪表参数的设置，如示波器、逻辑分析仪等。

3. 数字万用表的使用

数字万用表又称数字多用表，同实验室使用的数字万用表一样，是一种比较常用的仪器。

它可以用来测量交直流电压、交直流电流、电阻及电路中两点之间的分贝损耗。与现实万用表相比，其优势在于能自动调整量程。

数字万用表图标如图1-40（a）所示。用鼠标双击数字万用表图标，可以放大数字万用表面板，如图1-40（b）所示。用鼠标单击数字万用表面板上的设置按钮，则弹出参数设置对话框，可以设置数字万用表的电流表内阻、电压表内阻、欧姆表电流及测量范围等参数。参数设置对话框如图1-41所示。

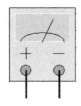

（a）万用表图标

（b）数字万用表面板图

图1-40 数字万用表

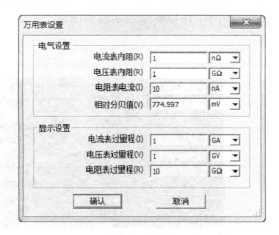

图1-41 数字万用表参数设置对话框

（1）数字万用表的使用步骤

① 单击数字万用表工具栏按钮，将其图标放置在电路工作区，双击图标打开仪器面板。

② 按照要求将仪器与电路相连接，并从界面中选择所用的选项（如电阻、电压、电流等）。

③ 单击面板上的设置按钮，设置数字万用表的内部参数。

（2）使用中注意

数字万用表图标中的"+"、"−"两个端子与待测设备连接，测量电阻和电压时，应与待测的端点并联，测量电流时应串联在电路中。

（3）数字万用表应用示例

① 按图1-42（a）所示设计电路。

② 设置两万用表为直流电压表，单击仿真开关进行仿真，观察万用表指示数值，如图1-42（b）所示。

③ 根据所学知识计算电阻 R_1 和 R_2 上的电压，与测量电压值比较。

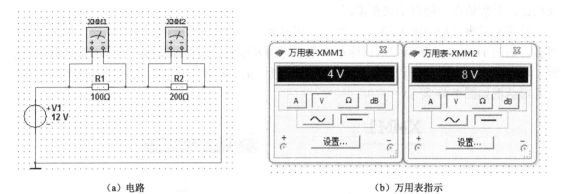

（a）电路　　　　　　　　　　　　　　　　　　　（b）万用表指示

图 1-42　万用表测量电压电路

4. 两通道示波器

示波器是用来显示电信号波形的形状、大小、频率等参数的仪器。两通道示波器是一种双踪示波器，图标如图 1-43（a）所示，用鼠标双击示波器图标，弹出示波器的面板图如图 1-43（b）所示。

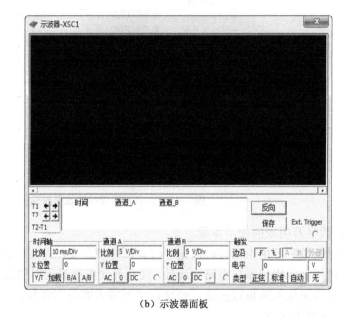

（a）图标　　　　　　　　　　　　　　　　　　　（b）示波器面板

图 1-43　示波器

该仪器的图标上共有 6 个端子，分别为 A 通道的正负端、B 通道的正负端和外触发的正负端。连接时注意：

① A、B 两个通道的正端分别只需要一根导线与待测点相连接，测量该点与地之间的波形。

② 若须测量器件两端的信号波形，只须将 A 或 B 通道的正负端与器件的两端相连即可。

1）示波器面板设置

两通道示波器面板各按键的作用、调整及参数的设置与实际的示波器类似，介绍如下。

（1）时间轴选项区域：用来设置 X 轴方向扫描线和扫描速率。

比例：选择 X 轴方向每一时刻代表的时间。单击该栏会出现一对上下翻转箭头，可根据信号频率的高低，选择合适的扫描时间。通常，时基的调整与输入信号的频率成反比，输入信号的频率越高，时基就越小。

X 位置：X 轴位置控制 X 轴的起始点。当 X 的位置调到 0 时，信号从显示器的左边缘开始，正值使起始点右移，负值使起始点左移。X 位置的调节范围为-5.00～+5.00。

工作方式：显示选择示波器的显示方式，可以从幅度/时间（Y/T）切换到 A 通道/B 通道（A/B）、B 通道/ A 通道（B/A）或加载方式。

①Y/T 方式：X 轴显示时间，Y 轴显示电压值。

②A/B、B/A 方式：X 轴与 Y 轴都显示电压值。

③加载方式：X 轴显示时间，Y 轴显示 A 通道、B 通道的输入电压之和。

（2）通道 A 选项区域：用来设置 A 通道输入信号在 Y 轴的显示刻度。

比例：表示 A 通道输入信号的每格电压值，单击该栏会出现一对上下翻转箭头，可根据所测信号大小选择合适的显示比例。

Y 轴位置：Y 轴位置控制 Y 轴的起始点。当 Y 的位置调到 0 时，Y 轴的起始点与 X 轴重合，如果将 Y 轴位置增加到 1.00，Y 轴原点位置从 X 轴向上移一大格，若将 Y 轴位置减小到-1.00，Y 轴原点位置从 X 轴向下移一大格。Y 轴位置的调节范围为-3.00～+3.00。改变 A、B 通道的 Y 轴位置有助于比较或分辨两通道的波形。

工作方式：Y 轴输入方式即信号输入的耦合方式。当用 AC 耦合时，示波器显示信号的交流分量。当用 DC 耦合时，显示的是信号的 AC 和 DC 分量之和。当用 0 耦合时，在 Y 轴设置的原点位置显示一条水平直线。

（3）通道 B 选项区域：用来设置 B 通道输入信号在 Y 轴的显示刻度。其设置方式与通道 A 选项区域相同。

（4）触发选项区域：用来设置示波器的触发方式。

边沿：表示输入信号的触发边沿，可选择上升沿或下降沿触发。

电平：用于选择触发电平的电压大小（阈值电压）。

类型：正弦表示单脉冲触发方式，标准表示常态触发方式；自动表示自动触发方式。

（5）波形参数测量区：波形参数测量区用来显示两个游标所测得的显示波形的数据。

在屏幕上有 T1、T2 两条可以左右移动的游标，游标的上方注有 1、2 的三角形标志，用于读取所显示波形的具体数值，并将显示在屏幕下方的测量数据显示区。数据区显示游标所在的刻度，两游标的时间差，通道 A、B 输入信号在游标处的信号幅度。通过这些操作可以测量信号的幅度、周期、脉冲信号的宽度、上升时间及下降时间等参数。

要显示波形读数的精确值时，可用鼠标将垂直光标拖到需要读取数据的位置。显示屏幕下方的方框内，显示光标与波形垂直相交点处的时间和电压值，以及两光标位置之间的时间、电压的差值。也可以单击仿真开关"暂停"按钮，使波形暂停，读取精确值。

用鼠标单击"反向"按钮可改变示波器屏幕的背景颜色。用鼠标单击"保存"按钮可将显示的波形保存起来。

2）示波器的使用示例

① 按图1-44所示设计电路。通道A显示电源输出波形，通道B显示R2两端电压波形。

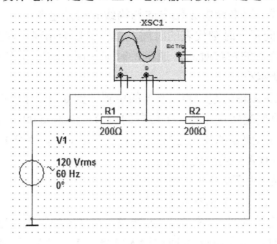

图1-44　示波器测量电路

② 在示波器B通道的连线上单击鼠标右键，在弹出的快捷菜单中，选择"图块颜色"，在弹出的"图块颜色"对话框中，选择蓝色，单击"确定"。则B通道波形显示为蓝色。

③ 单击仿真开关进行仿真，双击功率表图标，打开功率表面板，观察示波器显示波形，如图1-45所示。

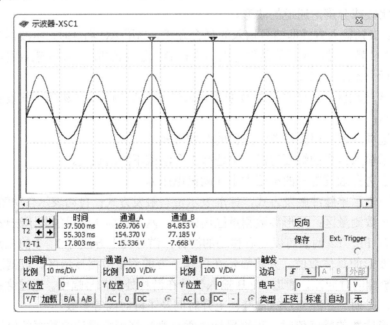

图1-45　示波器显示波形

④ 在示波器窗口调整时间轴的比例，设置扫描时间，调整通道A、B的"比例"，显示每格显示电压值。拖动两个游标到合适位置，在波形参数测量区显示两游标所测得的显示波形数据。

测量结果：T1 时刻测得的电压值为 169.706V 和 84.853V，T2 时刻测得的电压值为 154.370V 和 77.185V，T2 和 T1 的间隔时间为 17.803ms。

5. 函数信号发生器

函数信号发生器是可提供正弦波、三角波、方波三种不同波形的信号的电压信号源，在电路实验中广泛使用。

函数信号发生器图标如图 1-46（a）所示，用鼠标双击函数信号发生器图标，打开函数信号发生器的面板，如图 1-46（b）所示。

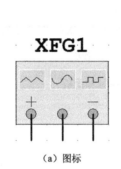

（a）图标　　　　　　　　（b）功率表面板

图 1-46　函数信号发生器

函数信号发生器其输出波形、工作频率、占空比、幅度和直流偏置，可用鼠标选择波形选择按钮和在各窗口设置相应的参数来实现。频率设置范围为 1Hz～999THz，占空比调整值为 1%～99%，幅度设置范围为 1μV～999kV，偏移设置范围为-999kV～999kV。

该仪器与待测设备连接时应注意：

① 连接"+"和"Common"端子，输出信号为正极性信号，幅值等于信号发生器的有效值。

② 连接"-"和"Common"端子，输出信号为负极性信号，幅值等于信号发生器的有效值。

③ 连接"+"和"-"端子，输出信号的幅值等于信号发生器的有效值的两倍。

④ 同时连接"+"、"Common"和"-"端子，且把"Common"端子接地，则输出的两个信号幅度相等、极性相反。

6. 字信号发生器

字信号发生器是一个能产生 32 位（路）同步逻辑信号的仪器，常用于数字电路的连接测试。字信号发生器的图标和面板如图 1-47 所示。

1）字信号发生器的连接

字信号发生器图标如图 1-47（a）所示，它的左侧有 0～15 共 16 个端子，右侧有 16～31 共 16 个端子，它们是字信号发生器所产生的 32 位数字信号的输出端。字信号发生器图标的底部有两个端子，其中 R 端子输出仪器已准备好的标志信号，T 端子为外触发信号输入端。

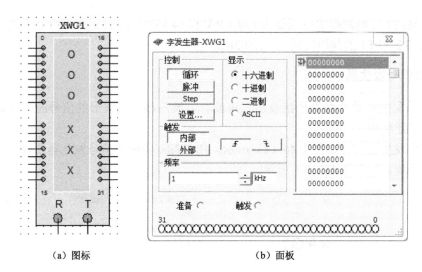

（a）图标　　　　　　　　　　　　（b）面板

图 1-47　字信号发生器的图标和面板

2）字信号发生器的面板

（1）控制区

控制区用于设置字信号发生器输出信号的格式。

循环：表示字信号在设置的地址初值到终值之间周而复始地以设定频率输出。

脉冲：表示字信号发生器从初始值开始，逐条输出直至终值为止。

Step：表示每单击鼠标一次就输出一条字信号，即单步模式。

设置：单击此按钮，弹出如图 1-48 所示的设置对话框。该对话框主要用于设置和保存字信号变化的规律或调用以前字信号变化规律的文件。各选项的具体功能如下。

图 1-48　设置对话框

① 不改变：保持原有的设置不变。

② 加载：加载以前设置字信号的文件。

③ 保存：保存当前字信号文件。

④ 清除缓冲区：清除字信号缓冲区的内容。

⑤ 加计数：表示字信号缓冲区的内容按逐个"+1"的方式编码。

⑥ 减计数：表示字信号缓冲区的内容按逐个"−1"的方式编码。

⑦ 右移：表示字信号缓冲区的内容按右移的方式编码。

⑧ 左移：表示字信号缓冲区的内容按左移方式编码。

⑨ "显示类型"区用于选择输出字信号的格式是十六进制（Hex）还是十进制（Dec）。

（2）显示区

其用于选择字信号的显示方式，有十六进制、十进制、二进制和 ASCII 码等几种显示方式。

用鼠标单击某一条数字信号的左侧，弹出如图 1-49 所示的控制字输出菜单，具体功能有设置指针、设置断点、设置起始位、设置最末位等。当字信号发生器发字信号时，输出的每一位值都会在字信号发生器面板的底部显示出来。

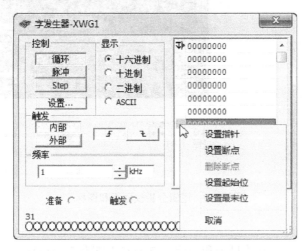

图 1-49　控制字输出菜单

（3）触发区

其用于设置触发方式，有内部触发方式和外部触发方式两种。选择 ⨍ 为上升沿触发，⤴ 为下降沿触发。

（4）频率区

用于设置输出字信号的频率，选择范围为 1Hz～1 000MHz。

7. 逻辑分析仪

逻辑分析仪可以同步记录和显示 16 路逻辑信号，常用于数字逻辑电路的时序分析和大型数字系统的故障分析。逻辑分析仪的图标和面板如图 1-50 所示。

1）逻辑分析仪的连接

逻辑分析仪的图标如图 1-50（a）所示，逻辑分析仪图标的左侧有 16 个信号输入端，用于接入被测信号，图标的底部有 3 个端子，C 端是外部时钟输入端，Q 端子是时钟控制输入端，T 端子是触发控制输入端。

2）逻辑分析仪的面板

逻辑分析仪的面板如图 1-50（b）所示。

（1）波形显示区

波形显示区用于显示 16 路输入信号的波形，所显示的波形的颜色与该输入信号的连线颜色相同，左侧有 16 个小圆圈分别代表 16 个输入端，如某个输入端接入被测信号，则该小圆圈内出现一个黑点。

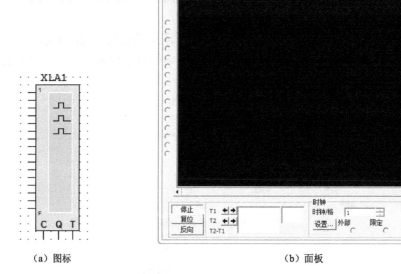

（a）图标　　　　　　　　　　　　　（b）面板

图 1-50　逻辑分析仪面板和图标

（2）显示控制区

显示控制区用于控制波形的显示和清除。它的左下部有 3 个按钮，其功能如下。

停止：若逻辑分析仪没有被触发，单击该按钮表示放弃已存储的数据；若逻辑分析仪已经被触发并且显示了波形，单击该按钮表示停止逻辑分析仪的波形继续显示，但整个电路的仿真仍然继续。

复位：清除逻辑分析仪已经显示的波形，并为满足触发条件后数据波形的显示做好准备。

反向：设置逻辑分析仪波形显示区的背景色。

（3）游标控制区

游标控制区主要用于读取游标 T1、T2 所在位置的时刻。移动 T1，T2 右侧的左、右箭头，可以改变 T1，T2 在波形显示区的位置，从而显示 T1，T2 所在位置的时刻，并计算出 T1，T2 的时间差。

（4）时钟控制区

通过"时钟/格"可以设置波形显示区每个水平刻度所显示时钟脉冲的个数。单击"设置"按钮，弹出"时钟设置"对话框，如图 1-51 所示。

（5）触发控制区

触发控制区用于设置触发的方式。单击触发控制区的"设置"按钮，弹出"触发设置"对话框，如图 1-52 所示。

"触发时钟边沿"区用于选择触发脉冲沿，"正"表示上升沿触发，"负"表示下降沿触发，"两者"表示上升沿或下降沿都触发。在"触发限制"下拉列表框中可以选择触发限制字。触发模式区用于设置触发样本，一共可以设置 3 个样本，并可以在"混合触发"下拉列表框中选择组合的样本。

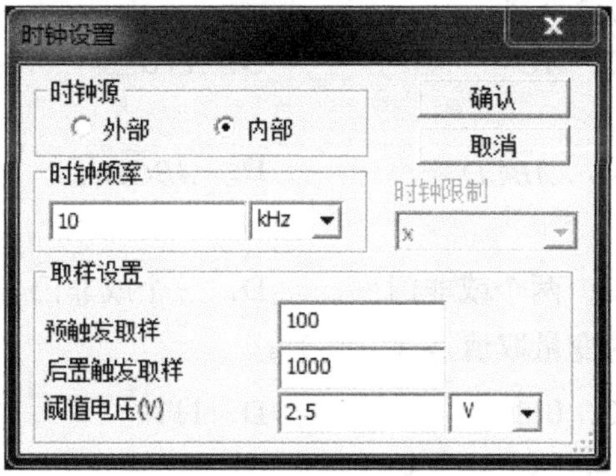

图 1-51　时钟设置对话框

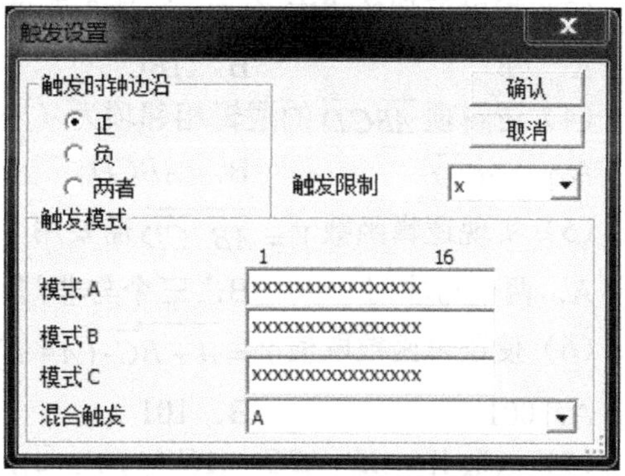

图 1-52　触发设置对话框

习题 1

1．填空题

（1）二进制数是以_____为基数的计数体制，十进制数是以_____为基数的计数体制，十六进制以_____为计数体制。

（2）十进制数转换为二进制数的方法是：整数部分用_____，小数部分用_____法。

（3）二进制数转换为十进制数的方法是_____。

（4）逻辑代数中三条重要的规则是_____、_____、_____。

（5）化简逻辑函数的主要方法有_____、_____。

（6）逻辑函数的表示方法主要有_____、_____、_____、_____和_____。

（7）逻辑函数中的任意两个最小项之积为_____。

（8）由 n 个变量构成的逻辑函数的全部最小项有_____个，4变量的卡诺图由_____个小方格组成。

2．判断题

（1）一个 n 为二进制数，最高位的权值是 2^{n-1}。（　　　）

（2）十进制数 45 的 8421BCD 码是 101101。（　　　）

（3）余 3BCD 码是用 3 位二进制数表示 1 位十进制数。（　　　）

（4）逻辑函数的标准与或表达式又称最小项表达式，它是唯一的。（　　　）

（5）卡诺图化简逻辑函数的实质是合并相邻最小项。（　　　）

（6）因为 $A + AB = A$，所以 $AB = 0$。（　　　）

（7）因为 $A(A + B) = A$，所以 $A + B = 0$。（　　　）

（8）逻辑函数 $Y = A + BC$ 又可以写成 $Y = (A + B)(A + C)$。（　　　）

3．选择题

（1）$(1010)_2$ 的基数是（　　　）。

A．10　　　　　　　　　B．2　　　　　　　　　C．16　　　　　　　　　D．任意数

（2）二进制数的权值是（　　　）。

A．10 的幂 　　　　B．8 的幂 　　　　C．16 的幂 　　　　D．2 的幂

（3）指出下列各式中（　　　）是 3 变量 ABC 的最小项。

A．AB 　　　　B．ABC 　　　　C．AC 　　　　D．$A+B$

（4）逻辑项 $\overline{A}BC\overline{D}$ 的逻辑相邻项为（　　　）。

A．$AB\overline{C}\overline{D}$ 　　　　B．$ABCD$ 　　　　C．$\overline{A}BCD$ 　　　　D．$AB\overline{C}\overline{D}$

（5）实现逻辑函数 $Y=\overline{\overline{AB}\cdot\overline{CD}}$ 需要用（　　　）。

A．两个与非门 　　　B．三个与非门 　　　C．两个或非门 　　　D．三个或非门

（6）使逻辑函数取值 $Y=\overline{A+B\overline{C}}\cdot(A+B)$ 为 1 的变量取值是（　　　）。

A．001 　　　　B．101 　　　　C．011 　　　　D．111

（7）函数 $Y_1=AB=BC+AC$ 与 $Y_2=\overline{AB}+\overline{BC}+\overline{AC}$（　　　）。

A．互为对偶式 　　　B．互为反函数 　　　C．相等 　　　D．A、B、C 都不对

4．将下列十进制数转换为等值的二进制数、八进制和十六进制数。

（1）$(127)_{10}$ 　　（2）$(0.519)_{10}$ 　　（3）$(25.7)_{10}$ 　　（4）$(107.39)_{10}$

5．将下列二进制数转换为等值的十进制数。

（1）$(100001)_2$ 　　（2）$(101.011)_2$ 　　（3）$(1001.0101)_2$ 　　（4）$(0.01101)_2$

6．将下列十六进制数转换为二进制数、八进制数和十进制数。

（1）$(36B)_{16}$ 　　（2）$(4DE.C8)_{16}$ 　　（3）$(79E.FD)_{16}$ 　　（4）$(7FF.ED)_{16}$

7．将下列十进制数转换为 8421BCD 码和余 3 码。

（1）$(74)_{10}$ 　　（2）$(45.36)_{10}$ 　　（3）$(136.45)_{10}$ 　　（4）$(268.31)_{10}$

8．利用基本定律和常用公式证明下列恒等式。

（1）$AB+\overline{A}C+\overline{B}C=AB+C$

（2）$A\overline{B}+BD+DCE+D\overline{A}=A\overline{B}+D$

9．将下列函数化简为最简与或式。

（1）$Y=AB+ABD+\overline{A}C+BCD$

（2）$Y=\overline{\overline{\overline{AC+\overline{A}BC}+\overline{BC}+AB\overline{C}}}$

（3）$Y=\overline{B}+ABC+\overline{A}\overline{C}+\overline{A}\overline{B}$

10．用代数法化简下列等式。

（1）$Y=A\overline{B}+\overline{A}B+A$

（2）$Y=AB+A\overline{C}+BC+A+\overline{C}$

（3）$Y=AB+ABD+\overline{A}C+BCD$

（4）$Y=AC(\overline{C}D+\overline{A}B)+BC(\overline{\overline{B}+AD+CE})$

（5）$Y=AB(C+D)+(\overline{A}+\overline{B})\overline{\overline{C}D}+\overline{C}\oplus DD$

11．用卡诺图化简下列等式。

（1）$Y=A\overline{C}D+BCD+\overline{B}D+A\overline{B}+B\overline{C}D$

（2）$Y=BC+D+\overline{D}(\overline{B}+\overline{C})(AD+B)$

（3）$Y=ABC+ABD+\overline{C}D+A\overline{B}C+\overline{A}C\overline{D}+A\overline{C}D$

（4）$Y=\overline{A}\overline{B}+AC+\overline{B}C$

（5） $Y(A,B,C) = \sum m(0,1,2,4,5,6,7)$

（6） $Y(A,B,C,D) = \sum m(0,1,2,3,4,9,10,12,13,14,15)$

（7） $Y(A,B,C,D) = \sum m(0,1,2,3,4,6,8,9,10,11,14)$

（8） $\begin{cases} Y = \overline{BC}\overline{D} + BC\overline{D} + AB\overline{C}D \\ \overline{B}C\overline{D} + \overline{A}B\overline{C}D = 0 \end{cases}$

（9） $Y(A,B,C,D) = \sum m(0,1,4,9,12,13) + \sum d(2,3,6,7,8,10,11,14)$

（10） $Y(A,B,C,D) = \sum m(0,1,5,7,8,11,14) + \sum d(3,9,13,15)$

逻辑门电路的分析及应用

知识目标

① 理解二极管与门、或门和晶体管非门电路的工作原理。
② 理解 TTL 集成门电路和 CMOS 集成门电路的工作原理。
③ 掌握复合门电路及 OC 门、TSL 门的特性及功能。
④ 熟悉常用集成门电路的结构、性能及使用。

技能目标

① 掌握门电路的功能测试方法。
② 掌握 OC 门和 TSL 门的功能测试方法。
③ 熟悉门电路的应用。

用以实现基本逻辑运算和复合逻辑运算的电子电路称为逻辑门电路，简称门电路，常用的门电路有与门、或门、非门、与非门、或非门、与或非门、异或门、同或门等，它们是构成各种复杂逻辑电路的基本单元。

各种门电路均由具有开关特性的半导体元件构成，本项目介绍分立元件与门、或门、非门以及由它们组成的与非门、或非门的逻辑功能，然后讨论 TTL 和 CMOS 集成逻辑门电路，通过本项目的学习，掌握门电路的基本原理及使用方法。

2.1 任务 1 分立元件门电路的分析

2.1.1 半导体器件的开关特性

在数字电路中，获得高、低电平的基本方法如图 2-1 所示。开关 K 断开时，输出 u_o 为高电平；开关 K 闭合后，u_o 为低电平。开关 K 是用半导体二极管、三极管、MOS 管实现的，只要设法控制管子分别工作在截止和导通状态，它们就可以实现开关作用。

如果高电平用 1 表示，低电平用 0 表示，这种表示称为正逻辑；反之，如果高电平用 0 表示，低电平用 1 表示，则称为负逻辑。除非特别说明，本书均采用正逻辑。

在数字电路中，高、低电平均有一个电压范围，在 2.4～5V 内的电压，都属于高电平，用 U_H 表示；0～0.8V 范围内的电压，都属于低电平，用 U_L 表示。如图 2-2 所示。

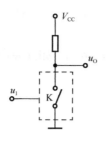

图 2-1　获得高、低电平的方法

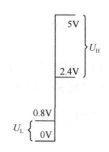

图 2-2　高电平、低电平示意图

1. 二极管的开关特性

一个理想的开关接通时，其接触电阻为 0，在开关上不产生压降；在开关断开时，其电阻为 ∞，在开关中没有电流。开关在高速度接通与断开时，仍能保持上述特性。由于二极管具有单向导电性，即加正向电压导通，加反向电压截止，因此，在数字逻辑电路中，二极管可作为一个受压控制的开关来使用。

由二极管的伏安特性可知，当外加正向电压大于其死区电压（硅管 0.5V）后，二极管导通，随后二极管的电流随外加电压增加而迅速增加，完全导通后，二极管的管压降钳位在 0.7V。这时可以认为二极管是一个具有 0.7V 压降的闭合了的开关。当外加反向电压后，二极管截止，反向饱和电流极小，这时相当于开关断开。

2. 三极管的开关特性

由晶体三极管的工作原理可知，三极管的输出特性有三个区，即截止区、放大区和饱和区。静态下，输入信号电压较高时，它可以工作于饱和区，$U_{CE}=U_{CES}=0.3V$，C、E 之间相当于开关闭合；输入信号电压较低时，它可以工作于截止区，$U_{CE}=U_{CC}$，C、E 之间相当于开关断开。如图 2-3 所示。在数字电路中，就是利用这一特点把三极管作为开关使用的。

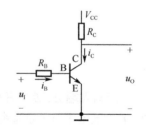

图 2-3　三极管的开关特性

3. MOS 管的开关特性

在数字逻辑电路中，MOS 管也作为开关元件来使用，一般采用增强型 MOS 管组成开关电路，并由栅、源电压 u_{GS} 控制 MOS 管的截止和导通（图 2-4）。

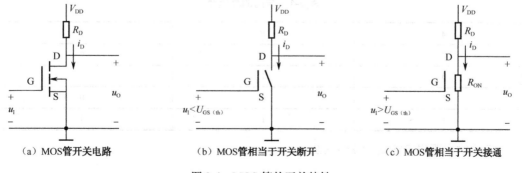

（a）MOS管开关电路　　（b）MOS管相当于开关断开　　（c）MOS管相当于开关接通

图 2-4　MOS 管的开关特性

当 $u_{GS}<U_{GS(th)}$ 时，MOS 管截止，漏极电流 $i_D=0$，输出 $u_O=V_{DD}$，这时，NMOS 管相当于开关断开。

当 $u_{GS}>U_{GS(th)}$ 时，MOS 管导通，漏极电流 $i_D=V_{DD}/(R_D+R_{ON})$，如其导通电阻 $R_D \gg R_{ON}$，则输出 $u_O \approx 0V$，这时，MOS 管相当于开关接通。

2.1.2 分立元件门电路

1. 二极管与门电路

（1）工作原理

利用二极管的单向导电性，当二极管导通时，相当于开关闭合，当二极管截止时，相当于开关断开。利用二极管构成的与门电路如图 2-5（a）所示，图 2-5（b）为与门电路的逻辑符号。

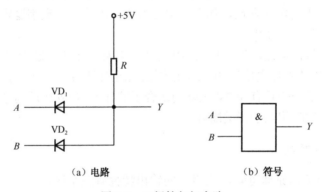

（a）电路 　　　　　　　（b）符号

图 2-5　二极管与门电路

当输入端 A、B 中任何一个或全部为低电平 0（0V）时，将至少有一个二极管导通使输出端 Y 为低电平 0（导通钳位在 0.7V），而当输入端 A、B 全部为高电平 1（+5V）时，两个二极管均截止，电阻中没有电流，其上的电压降为 0，从而输出端 Y 为高电平 1（+5V）。

可见，它满足"有 0 出 0，全 1 出 1"的与逻辑关系。即输入有低电平 0 时，输出为低电平 0；输入全是高电平时，输出为高电平。

（2）真值表

与门电路的真值表见表 2-1。

表 2-1　与门的真值表

A	B	Y
0	0	0
0	1	0
1	0	0
1	1	1

与门的输出逻辑表达式为 $Y=A \cdot B$。

2. 二极管或门电路

（1）电路组成及原理

由二极管构成的或门电路如图 2-6（a）所示。图 2-6（b）为或门电路的逻辑符号。

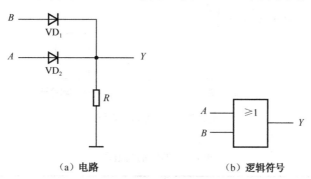

（a）电路 （b）逻辑符号

图 2-6 二极管或门电路

当输入端 A、B 中任何一个或全部为高电平 1（+5V）时，将至少有一个二极管导通使输出端 Y 为高电平 1（导通时，电平钳位在 4.3V）。

而当输入端 A、B 全部为低电平 0（0V）时，二极管不导通，输出端 Y 必然为低电平 0。

可见，它满足"全 0 出 0，有 1 出 1"的或逻辑关系。即输入全是低电平 0 时，输出为低电平 0；输入有高电平时，输出为高电平。

（2）真值表

或门电路的真值表见表 2-2。

表 2-2 或门的真值表

A	B	Y
0	0	0
0	1	1
1	0	1
1	1	1

或运算的逻辑表达式为 $Y=A+B$。

3. 非门电路

（1）电路组成及工作原理

非门，也叫反相器，它只有一个输入端和一个输出端，输出逻辑是输入逻辑的反。图 2-7 所示的是三极管非门电路及其逻辑符号。

在输入端信号为低电平时，发射结反偏，三极管截止，输出为高电平。当输入信号为高电平时，三极管工作在饱和状态，以使输出电平接近于 0。

（2）真值表

非门输出的真值表见表 2-3。

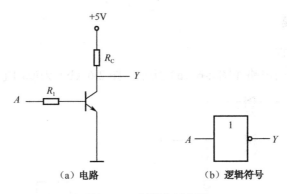

（a）电路 （b）逻辑符号

图 2-7　三极管非门电路

表 2-3　非门的真值表

A	Y
0	1
1	0

由该表可知，Y 和 A 之间的逻辑关系为："有 0 出 1，有 1 出 0"。

Y 和 A 之间的关系可用 $Y = \overline{A}$ 表示。

4．与非门电路

（1）电路组成及原理

将二极管与门和反相器连接起来，就构成如图 2-8（a）所示的与非门电路，逻辑符号如图 2-8（b）所示。从前述对与门和非门的分析，容易得出与非门电路的逻辑功能，即有 0 出 1、全 1 出 0。

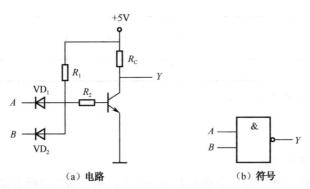

（a）电路 （b）符号

图 2-8　与非门电路

（2）真值表

与非门的真值表见表 2-4。

表2-4 与非门的真值表

A	B	Y
0	0	1
0	1	1
1	0	1
1	1	0

与非门实现与非逻辑运算,其逻辑表达式为 $Y = \overline{AB}$ 。

5. 或非门电路

（1）电路组成及原理

将二极管或门和反相器连接起来,就构成如图2-9所示的或非门。由前述或门和非门的分析,不难得出或非门电路的逻辑功能,即"有1出0,全0出1"。

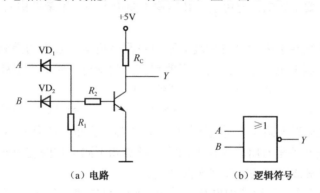

（a）电路 （b）逻辑符号

图2-9 或非门电路

（2）真值表

或非门的真值表见表2-5。

表2-5 或非门的真值表

A	B	Y
0	0	1
0	1	0
1	0	0
1	1	0

或非门实现或非逻辑运算,其逻辑表达式为 $Y = \overline{A+B}$ 。

思考与练习

2-1-1 画出二极管与门电路,并分析其工作原理。

2-1-2 画出二极管或门电路,并分析其工作原理。

2-1-3　画出三极管非门电路，并分析其工作原理。

操作训练 1　万用表、示波器的使用

1. 训练目的

① 熟悉万用表、示波器面板结构。
② 掌握万用表测量电阻、电流、电压的方法。
③ 掌握示波器的使用方法。

2. 万用表的使用

万用表是一种多功能电工仪表，可测量交、直流电压、电流，直流电阻以及二极管、晶体管的参数等。万用表按其结构、原理不同，可分为指针式万用表和数字式万用表两大类。

1) 指针式万用表

指针式万用表主要是磁电式万用表，其结构主要由表头（测量机构）、测量线路和转换开关组成。

表头：万用表的表头多采用高灵敏度的磁电系测量机构，表头的满刻度偏转电流一般为几微安到几十微安。满偏电流越小，灵敏度就越高，测量电压时的内阻就越大。一般万用表直流电压挡内阻较大，交流电压挡内阻一般要低一些。

测量线路：万用表用一只表头能测量多种电量并具有多种量限，关键是通过测量线路的变换，把被测量变换成磁电系表头所能测量的直流电流。测量线路是万用表的中心环节。

转换开关：转换开关是万用表选择不同测量种类和不同量程的切换元件。万用表用的转换开关都采用多刀多掷波段开关或专用转换开关。

万用表的形式有多种，面板结构也有所不同。现以 M47 型万用表的面板图为例进行识读。

面板结构：M47 型万用表的面板结构如图 2-10 所示，由指针、表盘、调零旋钮、表笔插孔等组成。

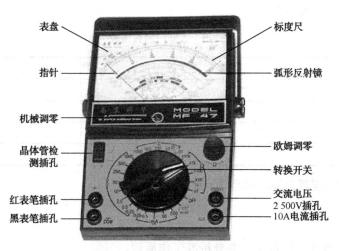

图 2-10　M47 型万用表的面板结构

标度尺：MF47 型万用表表盘共有 8 个标度尺，如图 2-11 所示。从上到下，第一条是电阻标度尺（Ω），第二条是 10V 交流电压（ACV）专用标度尺，第 3 条是交直流电压和直流电流（mA）公用标度尺，第 4 条是电容（μF）标度尺，第 5 条是负载电压（稳压）、负载电流参数测量标度尺，第 6 条是晶体管直流放大倍数测量（h_{FE}）标度尺，第 7 条是电感测量（H）标度尺，第 8 条是音频电平测量（DB）标度尺。

图 2-11 MF47 型万用表表盘标度尺

注意： 指针式万用表表盘标度尺，有的是均匀的，如交直流电压、直流电流刻度，有的标度尺是不均匀的，如电阻刻度，两个刻度线之间代表的数值有时是不同的，读取数值时一定要分辨清楚。

（1）指针万用表的机械调零

在使用万用表之前，应先进行"机械调零"，即在没有被测电量时，使万用表指针指在零电压或零电流的位置上。使用前，要检查指针是否在零位，如果不在零位，可用螺钉旋具调整表头上的机械调零旋钮，使指针对准零分度。

（2）指针万用表测量电阻

指针万用表测量电阻的过程如下。

① 选择量程。测量电阻前，首先选择适当的量程。电阻量程分为×1Ω、×10Ω、×100Ω、×1kΩ、×10kΩ。将量程开关旋至合适的量程，为了提高测量准确度，应使指针尽可能靠近标度尺的中心位置。

② 欧姆调零。选择好量程后，对表针进行欧姆调零，方法是将两表笔棒搭接，调节欧姆调零旋钮，使指针在第一条欧姆刻度的零位上，如图 2-12（a）所示。如调不到零，说明万用表的电池电量不足，须更换电池。注意每次变换量程之后都要进行一次欧姆调零操作。

③ 测量电阻。两表笔接入待测电阻，如图 2-12（b）所示，按第一条刻度读数，并乘以量程所指的倍数，即为待测电阻值。如用 $R×100$ 量程进行测量，指针指示为 18，则被测电阻 $R_X = 18×100 = 1\ 800Ω$。

测量电阻注意事项：

① 测量时，将万用表两表笔分别与被测电阻两端相连，不要用双手捏住表笔的金属部分和被测电阻，否则人体本身电阻会影响测量结果。

② 严禁在被测电路带电情况下测量电阻，如果电路中有电容，应先将其放电后再进行测量。

（a）欧姆调零　　　　　　　　　　　（b）测量电阻

图 2-12　指针式万用表测量电阻

③ 若改变量程须重新调零。

（3）测交流电压

万用表测量交流电压的过程如下。

① 选择量程，选择适当的交流电压量程，MF47 型万用表有 5 个交流电压量程，为提醒使用者安全，用红色标志。

② 测量电压。表笔并联待测电压两端，不用考虑相线或零线。

万用表测量交流电压注意事项：

万用表测量的电压值是交流电的有效值，如果需要测量高于 1 000V 的交流电压，要把红表笔插入 2 500V 插孔。

（4）测量直流电压

测量直流电压与测量交流电压相似，都是将表笔并联待测电压两端。具体步骤如下。

① 选择合适直流电压量程。

② 测量电压。将红表笔接电路正极，将黑表笔接电路负极。如果指针反转，则说明表笔所接极性反了，应更正过来重测。

（5）测量电流

① 选择量程。将选择量程开关转到"mA"部分的最高量程，或根据被测电流的大约数值，选择适当的量程。

② 测量电流。将万用表串在被测回路中，红表笔接电流的流入方向，黑表笔接电流的流出方向。若电源内阻和负载电阻都很小，应尽量选择较大的电流量程。

MF47 型万用表测量 500mA～10A（5A）的直流电流时，应将旋转开关置于 500mA 挡，红表笔插入 10A 插孔。

万用表测量电流注意事项：

① 在测量中，不能转动转换开关，特别是测量高电压和大电流时，严禁带电转换量程。

② 若不能确定被测量大约数值时，应先将挡位开关旋转到最大量程，然后再按测量值选择适当的挡位，使表针得到合适的偏转。所选挡位应尽量使指针指示在标尺位置的 1/2～2/3 的区域（测量电阻时除外）。

③ 测量电路中的电阻阻值时，应将被测电路的电源切断，如果电路中有电容器，应先将

其放电后才能测量。切勿在电路带电的情况下测量电阻。

④ 测量完毕后，最好将转换开关旋至交直流电压最大量程上，有空挡的要放在空挡上，防止再次使用时因疏忽未调节测量范围而将仪表烧坏。

2）数字式万用表

数字式万用表是采用液晶显示器来指示测量数值的万用表，具有显示直观、准确度高等优点。

以型号 DT9205 数字式万用表为例，说明数字式万用表的面板结构，如图 2-13 所示，从面板上看，数字式万用表由液晶显示屏、量程转换开关、测试笔插孔等组成。

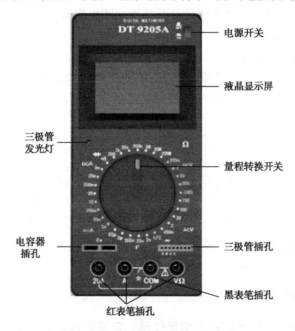

图 2-13　数字式万用表的面板结构

液晶显示屏：液晶显示屏直接以数字形式显示测量结果。普及型数字万用表多为 $3\frac{1}{2}$ 位（三位半）仪表，其最高位只能显示 "1" 或 "0"，故称半位，其余 3 位是整位，可显示 0～9 全部数字。三位半数字万用表最大显示值为 ±1 999。

数字万用表位数越多，它的灵敏度越高，例如，较高档的 $4\frac{1}{2}$（四位半）仪表，最大显示值为 ±19 999。

量程转换开关：量程转换开关位于表的中间，用来测量时选择项目和量程。由于最大显示数为 ±1 999，不到满度 2 000，所以量程挡的首位数是 2，如 200Ω、2kΩ、2V……数字式万用表的量程也较指针式万用表要多，在 DT9205A 上，电阻量程从 200Ω 至 200MΩ 就有 7 挡。除了直流电压、电流和交流电压及 h_{FE} 挡外，还增加了指针表少见的交流电流和电容等测试挡。

表笔插孔：表笔插孔有 4 个。标有 "COM" 字样的为公共插孔，通常插入黑表笔。标有 "V/Ω" 字样的插孔插入红表笔，用于测量电阻值和交直流电压值。测量交直流电流有两个插孔，分别为 A 和 20A，供不同量程选用，也插入红表笔。

用数字式万用表测量电阻、电流、电压的方法与指针式万用表的使用方法基本一致，下面予以说明。

（1）交、直流电压的测量

数字式万用表测量交直流电压的方法如下。

① 将电源开关置 ON 位置，选择量程。根据需要将量程开关拨至 DCV（直流）或 ACV（交流）范围内的合适量程。

② 测量电压。红表笔插入 V/Ω孔，黑表笔插入 COM 孔，然后将两只表笔并接到被测点上，液晶显示器便直接显示被测点的电压。在测量仪器仪表的交流电压时，应当用黑表笔接触被测电压的低电位端（如信号发生器的公共接地端或机壳），从而减小测量误差。

（2）交、直流电流的测量

数字式万用表测量交直流电流时，将量程开关拨至 DCA（直流）或 ACA（交流）范围内的合适量程，红表笔插入 A 孔（≤200mA）或 10A 孔（>200mA），黑表笔插入 COM 孔，通过两只表笔将万用表串联在被测电路中；在测量直流电流时，数字万用表能自动转换或显示极性。

万用表使用完毕，应将红表笔从电流插孔中拔出，再插入电压插孔。

（3）电阻的测量

数字式万用表测量电阻时，所测电阻不乘倍率，直接按所选量程及单位读数。测量时，将量程开关拨至Ω范围内的合适量程，红表笔（正极）插入Ω/V，黑表笔（负极）插入 COM 孔。

注意： 如果被测电阻超出所选量程的最大值，万用表将显示过量程"1"，这时应选择更高的量程。对大于 1MΩ的电阻，要等待几秒稳定后再读数。当检查内部线路阻抗时，要保证被测线路电源切断，所有电容放电。

3. 示波器功能说明

示波器是一种用途十分广泛的电子测量仪器。它能把看不见的电信号变换成看得见的图像，便于人们研究各种电现象的变化过程，通过对电信号波形的观察，便可以分析电信号随时间变化的规律。利用示波器能观察各种不同信号幅度随时间变化的波形曲线，还可以用它测试各种不同的电量，如电压、电流、频率、相位差、调幅度等。

下面以 YB4320 型双踪示波器为例，介绍示波器的使用。它能用来同时观察和测定两种不同信号的瞬变过程，也可选择独立工作，进行单踪显示。其外形如图 2-14（a）所示，面板如图 2-14（b）所示。

（1）电源部分

① 电源开关（POWER）：标号为①，弹出为关，按入为关。

② 电源指示灯：标号为②，电源开关打开，指示灯亮。

③ 亮度旋钮（INTENSIT）：标号为③，调节显示波形亮度。

④ 聚焦旋钮（FOUCE）：标号为④，配合亮度旋钮调节显示波形清晰度。

⑤ 光迹旋转旋钮（TRACEROTATION）：标号为⑤，用于调节光迹与水平刻度线平行。

⑥ 刻度照明旋钮（SCALE ILLUM）：标号为⑥，用于调节屏幕刻度照明。

（2）垂直系统部分

① 通道 1 输入端（CH1 INPOUT（X））：标号为㉙，用于垂直方向 Y1 的输入，在 X—Y

方式时作为 X 轴信号输入端。

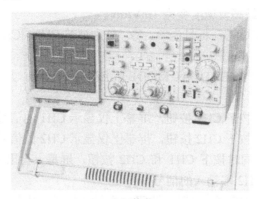

（a）外形

（b）面板示意图

图 2-14 YB4320 型双踪示波器

② 通道 2 输入端（CH1 INPOUT（Y））：标号为㉔，用于垂直方向 Y2 的输入，在 X—Y 方式时作为 Y 轴信号输入端。

③ 垂直输入耦合选择（AC-GND-DC）：标号为㉒、㉘，选择垂直放大器的耦合方式。

交流（AC）：电容耦合，用于观测交流信号。

接地（GND）：输入端接地，在不需要断开被测信号的情况下，可为示波器提供接地参考电平。

直流（DC）：直接耦合，用于观测直流或观测频率变化慢的信号。

④ 衰减器（VOLTS/div）：标号为㉖，用于选择垂直偏转因数，如果使用 10∶1 的探头，计算时应将幅度×10。

⑤ 垂直衰减器微调旋钮（VARIBLE）：标号为㉕、㉛，用于连续改变电压偏转灵敏度，正常情况下，应将此旋钮顺时针旋转到底。若将此旋钮逆时针旋转到底，则垂直方向的灵敏度下降 2.5 倍以上。

⑥ CH1×5 扩展、CH2×5 扩展（CII1×5MAG、CH2×5MAG）：标号为⑳、㊱，按下此键垂直方向的信号扩大 5 倍，最高灵敏度变为 1mV/div。

⑦ 垂直位移（POSITION）：标号为㉓、㉟，分别调节 CH2、CH1 信号光迹在垂直方向的移动。

⑧ 垂直通道选择按钮（VERTICAL MODE）：图中标号为㉞，共 3 个键，用来选择垂直方向的工作方式。

通道 1 选择（CH1）：按下 CH1 按钮，屏幕上仅显示 CH1 的信号 Y1。

通道 2 选择（CH2）：按下 CH2 按钮，屏幕上仅显示 CH2 的信号 Y2。

双踪选择（DUAL）：同时按下 CH1 和 CH2 按钮，屏幕上会出现双踪并自动以断续或交替方式同时显示 CH1 和 CH2 端输入的信号。

叠加（ADD）：按下 ADD 显示 CH1 和 CH2 端输入信号的代数和。

⑨ CH2 极性选择（INVERT）：标号为㉑，按下此按钮时 CH2 显示反相电压值。

（3）水平系统部分

① 扫描时间因数选择开关（TIME/div）：标号为⑮，共 20 挡，在 0.1μs/div～0.2s/div 范围选择扫描时间因数。

② X-Y 控制键：标号为⑪，选择 X-Y 工作方式，Y 信号出 CH2 输入，X 信号由 CH1 输入。

③ 扫描微调控制键（VARIBLE）：标号为⑫，正常工作时，此旋钮顺时针旋到底处于校准位置，扫描由 TIME/div 开关指示。若将旋钮反时针旋到底，则扫描减小 2.5 倍以上。

④ 水平移位（POSTION）：标号为⑭，用于调节光迹在水平方向的移动。

⑤ 扩展控制键（MAG×5）：标号为⑳、㉜，按下此键，扫描因数×5 扩展。扫描时间是 TIME/div 开关指示数值的 1/5。将波形的尖端移到屏幕中心，按下此按钮，波形将部分扩展 5 倍。

⑥ 交替扩展（ALT-MAG）：标号为⑧，按下此键，工作在交替扫描方式，屏幕上交替显示输入信号及扩展部分，扩展以后的光迹可由光迹分离控制键⑬移位。同时使用垂直双踪方式和水平方式可在屏幕上同时显示四条光迹。

（4）触发（TRIG）

① 触发源选择开关（SOURCE）：标号为⑱，选择触发信号，触发源的选择与被测信号源有关。

内触发（INT）：适用于需要利用 CH1 或 CH2 上的输入信号作为触发信号的情况。

通道触发（CH2）：用于需要利用 CH2 上被测信号作为触发信号的情况，如比较两个信号的时间关系等用途时。

电源触发（LINE）：电源成为触发信号，用于观测与电源频率有时间关系的信号。

外触发（EXT）：从标号为⑲的外触发输入端（EXTINPUT）输入的信号为触发信号，当被测信号不适于作触发信号等特殊情况，可用外触发。

② 交替触发（ALT TRIG）：标号为㉝，在双踪交替显示时，触发信号交替来自 CH1、CH2 两个通道，用于同时观测两路不相关信号。

③ 触发电平旋钮（TRIG LEVEL）：标号为⑰，用于调节被测信号在某一电平触发同步。

④ 触发极性选择（SLOPE）：标号为⑩，用于选择触发信号的上升沿或下降沿触发，分

别称为"+"极性或"−"极性触发。

⑤ 触发方式选择（TRIG MODE）：标号为⑯。

自动（AUTO）：扫描电路自动进行扫描。在无信号输入或输入信号没有被触发同步时，屏幕上仍可显示扫描基线。

常态（NORM）：有触发信号才有扫描，无触发信号屏幕上无扫描基线。

TV-H：用于观测电视信号中行信号波形。

TV-V：用于观测电视信号中场信号波形。仅在触发信号为负同步信号时，TV-H 和 TV-V 同步。

（5）校准信号（CAL）

标号为⑦，提供 1kHz，0.5V（p-p）的方波作为校准信号。

（6）接地柱⊥

标号为㉗，接地端。

4. 测量前的准备工作

① 检查电源电压，将电源线插入交流插座，设定下列控制键的位置。

电源（POWER）：弹出。

亮度旋钮（INTENSITY）：逆时针旋转到底。

聚焦（FOCUS）：中间。

AC-GND-DC：接地（GND）。

（×5）扩展键：弹出。

垂直工作分式（VERTICAL MODE）：CH1。

触发方式（TRIG MODG）：自动（AUTO）。

触发源（SOURCE）：内（1NT）。

触发电平（TRIG LEVEL）：中间。

TIME/div：0.5ms/div。

水平位置：×5MAG、ALT-MAG 均弹出。

② 打开电源，调节亮度和聚焦旋钮，使扫描基线清晰度较好。

③ 一般情况下，将垂直微调（VARIBLE）和扫描微调（VARIBLE）旋钮处于"校准"位置，以便读取 VOLTS/div 和 TIME/div 的数值。

④ 调节 CH1 垂直移位，使扫描基线设定在屏幕的中间，若此光迹在水平方向略微倾斜，则调节光迹旋转旋钮使光迹与水平刻度线相平行。

5. 信号测量的步骤

① 将被测信号输入示波器通道输入端。注意输入电压不可超过 400V。

a. 使用探头测最大信号时，必须将探头衰减开关拨到×10 位置，此时输入信号缩小到原值的 1/10，实际的 VOLTS/div 值为显示值的 10 倍。如果 VOLTS/div 为 0.5V/div，那么实际值为 0.5V/div×10=5V/div。测量低频小信号时，可将探头衰减开关拨到×10 位置。

b. 如果要测量波形的快速上升时间或高频信号，必须将探头的接地线接在被测量点附近，减少波形的失真。

② 按照被测信号参数的测量方法不同，选择各旋钮的位置，使信号正常显示在荧光屏上。测量时必须注意将 Y 轴增益微调和 X 轴增益微调旋钮旋至"校准"位置。

③ 记下显示的数据并进行分析、运算、处理，得到测量结果。

6. 测量示例

（1）直流电压测量

被测信号中如含有直流电平，可用仪器的地电位作为基准电位进行测量，步骤如下。

① 垂直系统的输入耦合选择开关置于"⊥"，触发电平电位器置于"自动"，使屏幕上出现一条扫描基线。按被测信号的幅度和频率，将 V/div 挡开关和 t/div 扫描开关置于适当位置，然后调节垂直移位电位器，使扫描基线位于坐标上如图 2-15 所示的某一特定基准位置。

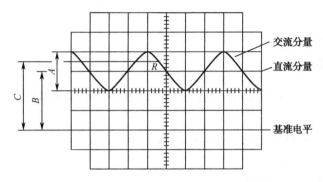

图 2-15　直流电压测量

② 输入耦合选择开关改换到"DC"位置。将被测信号直接或经 10∶1 衰减探头接入仪器的 Y 输入插座，调节触发"电平"使信号波形稳定。

③ 根据屏幕坐标刻度，分别读出信号波形交流分量的峰-峰值所占格数为 4（图中 A=2div），直流分量的格数为 B（图中 B=3div），被测信号某特定点 R 与参考基线间的瞬时电压值所占格数为 C（图中 C=3.5div）。若仪器 V/div 挡的标称值为 0.2V/div，同时 Y 轴输入端使用了 10∶1 衰减探头，则被测信号的各电压值分别如下。

被测信号交流分量：U_{p-p}=0.2V/div×2div×10=4V

被测信号直流分量：U=0.2V/div×3div×10=6V

被测 R 点瞬时值：U=0.2V/div×3.5div×10=7V

（2）交流电压的测量

一般是测量交流分量的峰-峰值，测量时通常将被测量信号通过输入端的隔值电容，使信号中所含的直流分量被隔离，步骤如下。

① 垂直系统的输入耦合选择开关置于"AC"，V/div 开关和 t/div 扫描开关根据被测量信号的幅度和频率选择适当的挡级，将被测信号直接或通过 10∶1 探头输入仪器的 Y 轴输入端，调节触发"电平"使波形稳定，如图 2-16 所示。

② 根据屏幕的坐标到度，读被测信号波形的峰-峰值所占格数为 D（图中 D=3.6div）。

若仪器 V/div 挡标称值为 0.1V/div，且 Y 轴输入端使用了 10∶1 探头，则被测信号的峰-峰值应为

$$U_{p-p}=0.1\text{V/div}×3.6\text{V/div}×10=3.6\text{V}$$

（3）时间测量

对仪器时基扫描速度 t/div 校准后，可对被测信号波形上任意两点的时间参数进行定量测量，步骤如下。

① 按被测信号的重复频率或信号上两特定点 P 与 Q 的时间间隔，选择适当的 t/div 扫描挡。务必使两特定点的距离在屏幕的有效工作面内达较大限度，以提高测量精度，如图 2-17 所示。

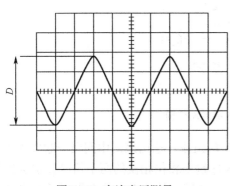

图 2-16　交流电压测量

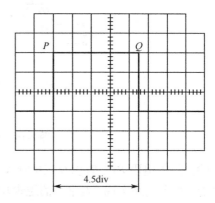

图 2-17　时间测量

② 根据屏幕坐标上的刻度，读被测信号两特定点 P 与 Q 间所占格数为 D。如果 t/div 开关的标称值为 2ms/div，D=4.5div，则 P、Q 两点的时间间隔值 t 为

$$t=2\text{ms/div}\times4.5\text{div}=9\text{ms}$$

（4）频率测量

对于重复信号的频率测量，一般可按时间测量的步骤测出信号的周期，并按 $f=1/T$ 算出频率值。

2.2　任务 2　集成门电路的分析

在集成门电路中，一个门电路的所有元件和连线，都制作在同一块半导体硅片上，并封装在一个外壳内。由于集成电路体积小、重量轻、可靠性好、使用方便，在数字系统中得到了广泛应用。目前使用较多的集成逻辑门电路是 TTL 门电路和 CMOS 门电路。

2.2.1　TTL 集成门电路

1. 与非门

1）电路结构

TTL 与非门电路是 TTL 门电路的基本单元，它通常由输入级、中间级和输出级三部分组成，如图 2-18 所示。

输入级由电阻 R_1 和多发射极三极管 VT_1 组成，它实现了逻辑"与"的逻辑功能。

中间级由电阻 R_2、R_3 和三极管 VT_2 组成，实际上是一个分相放大器，从三极管 VT_2 的集电极和发射极同时输出相位相反的两个信号，其射极输出跟随基极变化，为"与"输出端，其集电极输出是基极信号的"非"，因而集电极对输入而言是"与非"输出端。

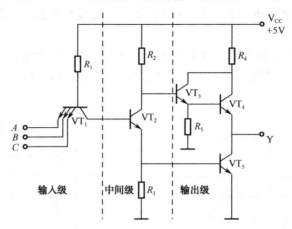

图 2-18　TTL 与非门内部电路结构

输出级由电阻 R_4、R_5 以及三极管 VT_3、VT_4、VT_5 组成，输出级同中间级一起实现"非"的功能，整个电路实现"与非"的逻辑功能。由于 VT_2 输出相位相反的两个信号分别送到 VT_3 和 VT_5 的基极，使 VT_4 和 VT_5 始终处于一个导通、一个截止的状态，从而得到低阻抗输出，提高了"与非"门的负载能力，同时也可以提高转换速度。因此，这种电路结构常称推拉式（或图腾柱）输出。

2）TTL 与非门的工作原理

当输入端 A、B、C 全为高电平 3.6V 时，由于多发射极三极管 VT_1 通过 R_1 接电源，使 VT_1 的集电结、VT_2 和 VT_5 的发射结均正偏而导通，故 VT_1 的基极电位 V_{B1} 被钳位在 2.1V，从而使 VT_1 的发射结反偏，此时，VT_1 工作在发射结反偏、集电结正偏的倒置状态（反向放大）。所以 VT_1 的基极电流经集电结全部流入 VT_2 的基极，使 VT_2 饱和。

VT_2 饱和使其集电极电位 $V_{C2} \approx 1V$，只能使 VT_3 导通，而 VT_4 截止。由于 VT_4 截止，电源电压通过导通的 VT_2 管全部加入 VT_5 管的基极，使 VT_5 迅速饱和导通，输出低电平 $V_{OL} = U_{CES} = 0.3V$。即实现了输入全为高电平时，输出为低电平的逻辑关系。

当输入有一个或全部为低电平 0.3V 时，在此电路中，因为电源电压为 5V，故 VT_1 的发射结导通，VT_1 的基极电位 $V_{B1} \approx 0.3V + 0.7V = 1V$，使 VT_1 集电结、VT_2 和 VT_5 的发射结均截止，故 VT_1 饱和。由于 VT_2 截止，电源电压 V_{CC} 通过 R_2 使 VT_3 和 VT_4 导通，输出高电平 $V_{0H} \approx 5V - 1.4V = 3.6V$；即实现了输入有一个或全部为低电平时，输出为高电平的逻辑关系。

3）电路功能

如果用逻辑 1 表示高电平 3.6V，用逻辑 0 表示低电平 0.3V。则根据前面分析可知，当该电路 A、B、C 中有一个为 0 时，输出就为 1；只有当 A、B、C 全部都为 1 时，输出才为 0，故实现了三变量 A、B、C 的与非运算：$Y = \overline{ABC}$。因此，该电路为一个三输入与非门。

4）TTL 与非门的主要外部特性参数

为了更好地使用各类集成门电路，必须了解它们的外部特性。TTL 与非门的主要外部特性参数有输出逻辑电平、开门电平、关门电平、扇入系数、扇出系数、平均传输延迟时间和空载功耗等。

（1）输出高、低电平

输出高电平 V_{OH}：指与非门的输入至少有一个接低电平时的输出电平。输出高电平的典型值是 3.6V，产品规范值为 $V_{OH} \geq 2.4V$。

输出低电平 V_{OL}：指与非门输入全为高电平时的输出电平。输出低电平的典型值是 0.3V，产品规范值为 $V_{OL} \leq 0.4V$。

一般来说，希望输出高电平与低电平之间的差值越大越好，因为两者相差越大，逻辑值 1 和 0 的区别便越明显，电路工作也就越可靠。

（2）开门电平与关门电平

开门电平 V_{ON}：指确保与非门输出为低电平时所允许的最小输入高电平，它表示使与非门开通的输入高电平最小值。V_{ON} 的典型值为 1.5V，产品规范值为 $V_{ON} \leq 1.8V$。

关门电平 V_{OFF}：指确保与非门输出为高电平时所允许的最大输入低电平，它表示使与非门关断的输入低电平最大值。V_{OFF} 的典型值为 1.3V，产品规范值 $V_{OFF} \geq 0.8V$。

开门电平和关门电平的大小反映了与非门的抗干扰能力。具体来说，开门电平的大小反映了输入高电平时的抗干扰能力，V_{ON} 越小，在输入高电平时的抗干扰能力越强。因为输入高电平和干扰信号叠加后不能低于 V_{ON}。显然，V_{ON} 越小，输入信号允许叠加的负向干扰越大，即在输入高电平时抗干扰能力越强。而关门电平的大小反映了输入低电平时的抗干扰能力，V_{OFF} 越大，在输入低电平时的抗干扰能力越强。因为输入低电平和干扰信号叠加后不能高于 V_{OFF}，显然，V_{OFF} 越大，输入信号允许叠加的正向干扰越大，即在输入低电平时抗干扰能力越强。通常将输入高、低电平时所允许叠加的干扰信号大小分别称为高、低电平的噪声容限。

（3）扇入系数与扇出系数

扇入系数 N_I：指与非门允许的输入端数目，它是由电路制造厂家在电路生产时预先安排好的。一般 N_I 为 2～5，最多不超过 8。实际应用中要求输入端数目超过 N_I 时，可通过分级实现的方法减少对扇入系数的要求。

扇出系数 N_O：指与非门输出端连接同类门的最多个数，它反映了与非门的带负载能力。根据负载电流的流向，可以将负载分为"灌电流负载"和"拉电流负载"。所谓灌电流负载，是指负载电流从外接电路流入与非门，通常用 I_{IL} 表示；所谓拉电流负载，是指负载电流从与非门流向外接电路，通常用 I_{IH} 表示。

一般情况下，带灌电流负载的数目与带拉电流负载的数目是不相等的，扇出系数 N_O 常取二者中的最小值。典型 TTL 与非门的扇出系数约为 10，高性能门电路的扇出系数可高达 30～50。

（4）平均传输延迟时间

平均传输延迟时间 t_{pd}：指一个矩形波信号从与非门输入端传到与非门输出端（反相输出）所延迟的时间。如图 2-19 所示，通常将从输入波上沿中点到输出波下沿中点的时间延迟称为导通延迟时间 t_{PHL}；从输入波下沿中点到输出波上沿中点的时间延迟称为截止延迟时间 t_{PLH}。

平均延迟时间定义为

$$t_{pd} = (t_{PHL} + t_{PLH}) / 2 \tag{2-1}$$

平均延迟时间是反映与非门开关速度的一个重要参数。t_{pd} 的典型值约 10ns，一般小于 40ns。

（5）平均功耗

与非门的功耗：指在空载条件下工作时所消耗的电功率。通常将输出为低电平时的功耗

称为空载导通功耗 P_{ON}，而输出为高电平时的功耗称为空载截止功耗 P_{OFF}，P_{ON} 总比 P_{OFF} 大。

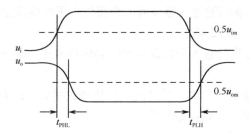

图 2-19　TTL 与非门的传输延迟时间

平均功耗 P 是取空载导通功耗 P_{ON} 和空载截止功耗 P_{OFF} 的平均值，即

$$P=(P_{ON}+P_{OFF})/2 \tag{2-2}$$

TTL 与非门的平均功耗一般为 20mW 左右。

上面所述只是对 TTL 与非门的几个主要外部性能指标进行了介绍，有关各种逻辑门的具体参数可在使用时查阅有关集成电路手册和产品说明书。

2. 集电极开路的门电路（OC 门）

在 TTL 与非门中，输出级的输出电阻很低，如果把两个与非门的输出端并联使用，若一个门输出为高电平，而另一个门输出为低电平时，将有很大的电流同时流过这两个门的输出级，这个电流的数值远远超过正常工作电流，可能损坏门电路。因此，在用与非门组成逻辑电路时，不能直接把两个门的输出端连在一起使用。

克服上述局限性的方法就是把输出级改为集电极开路的三极管结构，做成集电极开路的门电路（OC 门）。

1）电路结构

图 2-20（a）是 OC 门电路结构，这种门电路就是将图 2-18 电路中的 VT_3 和 VT_4 去掉，就构成了集电极开路与非门。在工作时需要在输出端外接负载电阻和电源。图 2-20（b）为其逻辑符号。

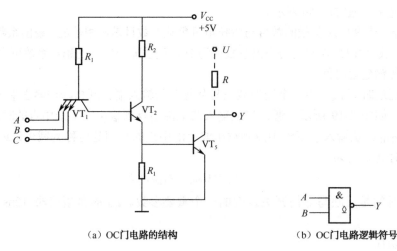

（a）OC门电路的结构　　　　　　　（b）OC门电路逻辑符号

图 2-20　OC 门电路

工作原理：当输入 A、B 中有低电平 0 时，输出 Y 为高电平 1；当输入 A、B 都为高电平 1 时，输出 Y 为低电平 0。因此 OC 门具有与非功能，逻辑表达式为 $Y = \overline{AB}$。

集电极开路与非门与 TTL 与非门不同的是，它输出的高电平不是 3.6V，而是所接电源电压。

2）集电极开路门（OC 门）的应用

（1）实现线与逻辑

将两个或多个 OC 门输出端连在一起可实现线与逻辑。图 2-21 所示为由两个 OC 门输出端相连后经电阻 R 接电源 V_{CC} 实现线与的电路。

由图可以看出，$Y_1 = \overline{AB}$，$Y_2 = \overline{CD}$，Y_1、Y_2 连在一起，当某一个输出端为低电平 0 时，公共输出端 Y 为低电平 0；只有 Y_1 和 Y_2 都为高电平 1 时，输出 Y 才为高电平 1。所以，$Y = Y_1 Y_2$。即实现"线与"逻辑功能。

（2）图 2-22 所示为 OC 门组成的电平转换电路

当输入 A、B 都为高电平时，输出 Y 为低电平，当输入 A、B 中有低电平时，输出 Y 为高电平 V_{CC}，因此，选用不同的电源电压 V_{CC} 时，可使输出 Y 的高电平能适应下一级电路对高电平的要求，从而实现电平的转换。

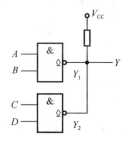
图 2-21 用 OC 门实现线与

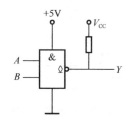
图 2-22 用 OC 门实现电平转换

3. 三态输出门（TSL）

1）三态输出门

三态输出门简称三态门，是指能输出高电平、低电平和高阻三种状态的门电路。

三态门的逻辑符号如图 2-23 所示，除了输入端、输出端外，还有一个使能端 EN。当使能端有效时，按与非逻辑工作，当使能端无效时，三态门处于高阻状态。如果使能端有个小圆圈，表示在低电平时有效，使能端没有小圆圈则表示在高电平时有效。

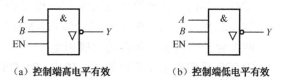

（a）控制端高电平有效　　（b）控制端低电平有效

图 2-23 三态输出与非门逻辑符号

2-18a 图中，EN 高电平有效，当 EN=1 时，$Y = \overline{AB}$；当 EN=0 时，Y 呈高阻态。
2-18b 图中，EN 低电平有效，当 EN=0 时，$Y = \overline{AB}$；当 EN=1 时，Y 呈高阻态。

2）三态输出门（TSL 门）的应用

（1）用三态输出门构成单向总线

在计算机或其他数字系统中，为了减少连线的数量，往往希望在一根导线上采用分时传送多路不同的信息，这时可采用三态输出门来实现，如图 2-24 所示。

分时传送信息的导线称为总线。只要在三态输出门的控制端 EN_1、EN_2、EN_3 上轮流加高电平，且同一时刻只有一个三态门处于工作状态，其余三态门输出都为高阻，则各个三态输出门输出的信号便轮流送到总线，而且这些信号不会产生相互干扰。

（2）用三态输出门构成双向总线

图 2-25 所示是由三态门构成的双向总线。当 EN=1 时，G_1 工作，G_2 输出高阻态，数据 D_0 经 G_1 反相后的 $\overline{D_0}$ 送到总线；当 EN=0 时，G_1 输出高阻态，G_2 工作，总线上的数据 D_1 经 G_2 反相后输出 $\overline{D_1}$，从而实现数据的双向传输。

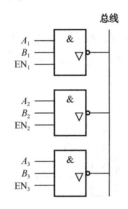

图 2-24　用三态门构成单向总线

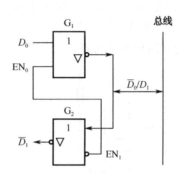

图 2-25　用三态门构成双向总线

*2.2.2　CMOS 逻辑门电路

CMOS 逻辑门电路是由 N 沟道 MOSFET 和 P 沟道 MOSFET 互补而成的，通常称为互补型 MOS 逻辑电路，简称 CMOS 逻辑电路。与 TTL 集成门电路相比，它具有制造工艺简单、集成度高、输入阻抗高、功耗低、抗干扰性强、体积小等优点，在大规模、超大规模数字集成器件中应用广泛。

1. CMOS 非门电路

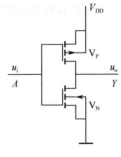

图 2-26　CMOS 反相器

CMOS 非门（反相器）是构成 CMOS 电路的基本结构形式，其电路如图 2-26 所示。电路中的驱动管 V_N 为 NMOS 管，负载管 V_P 为 PMOS 管，两个管子的衬底与各自的源极相连。

CMOS 反相器采用正电源 V_{DD} 供电，PMOS 负载管 V_P 的源极接电源正极，NMOS 驱动管 V_N 的源极接地。两个管子的栅极连在一起作为反相器的输入端，两个管子的漏极连在一起作为反相器的输出端。为保证电路正常工作，V_{DD} 应不低于两个 MOS 管开启电压的绝对值之和。

当输入 u_i 为低电平 U_{IL} 且小于 V_{TN}（MOS 管的开启电压）时，V_N 截止。但对于 PMOS 负载管来说，由于栅极电位较低，使栅源电压的绝对值大于开启电压的绝对值，因此 V_P 导通。由于 V_N 的截止电阻远比 V_P 的导通电阻大得多，所以电源电压差不多全部降在驱动管 V_N 的漏源之间，使反相器输出高电平 $V_{OH} \approx V_{DD}$。

当输入 u_i 为高电平 U_{OH} 且大于 V_{TN} 时。V_N 导通。但对于 PMOS 管来说，由于栅极电位较高，使栅源电压绝对值小于开启电压的绝对值，因此 V_P 截止。由于 V_P 截止时相当于一个很大的电阻，而 V_N 导通时相当于一个较小的电阻，所以电源电压几乎全部降在 V_P 上，使反相器输出为低电平且很低，即 $V_{OL} \approx 0$。可见，该电路完成非门的功能。

由于 CMOS 反相器处于稳态时，无论是输出高电平还是输出低电平，其驱动管和负载管中必然是一个截止而另一个导通，因此电源可向反相器提供仅为纳安级的漏电流，所以 CMOS 反相器的静态功耗很小。

2. CMOS 与非门

如图 2-27 所示电路为两个输入端的 CMOS 与非门，两个串联的 NMOS 管 V_{N1} 和 V_{N2} 作为驱动管，两个并联的 PMOS 管 V_{P1} 和 V_{P2} 作为负载管。

当输入 A、B 都为高电平时，串联的 NMOS 管 V_{N1}、V_{N2} 都导通，并联的 PMOS 管 V_{P1}，V_{P2} 都截止，因此输出 Y 为低电平。

当输入 A、B 中有一个为低电平时，两个串联的 NMOS 工作管中必有一个截止，于是电路输出 Y 为高电平。可见，电路的输出与输入之间是与非逻辑关系，$Y = \overline{AB}$。

3. CMOS 或非门

如图 2-28 所示电路为两个输入端的 CMOS 或非门，电路中两个 PMOS 负载管串联，两个 NMOS 驱动管并联。

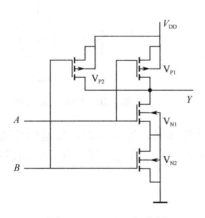

图 2-27 CMOS 与非门

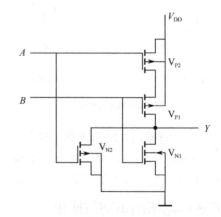

图 2-28 CMOS 或非门

当输入 A、B 中至少有一个为高电平时，并联的 NMOS 管 V_{N1} 和 V_{N2} 中至少有一个导通，串联的 PMOS 管 V_{P1} 和 V_{P2} 中至少有一个截止，于是电路输出 Y 为低电平。

当输入 A，B 都为低电平时，并联的 NMOS 管 V_{N1} 和 V_{N2} 都截止，串联的 PMOS 管 V_{P1} 和 V_{P2} 都导通，因此电路输出 Y 为高电平。可见，电路实现或非逻辑关系，即 $Y = \overline{A + B}$。

4. COMS 传输门

在数字系统中，有时需要由时钟脉冲来控制信息的传输，因此需要一种称为信号传输控制门的特殊门电路，简称传输门（TG）。传输门实际就是一种传输模拟信号的模拟开关，这是一般逻辑门无法实现的。

CMOS 传输门由一个 P 沟道和一个 N 沟道增强型 MOS 并联而成，如图 2-29（a）所示，图 2-29（b）为其逻辑符号。V_N 和 V_P 是结构对称的器件，由于它们的漏极和源极是可以互换的，所以 CMOS 传输门为双向器件，它的输入端和输出端也可以互换使用。

设高电平为 10V，低电平为 0V，电源电压为 10V。开启电压为 3V，则传输门的工作情况可以描述如下。

① 当 C=1 时，若输入电压为 0~7V，则 V_N 的栅源电压不低于 3V，因此 V_N 管导通；若输入电压为 3~10V，同理，V_P 管导通。即在输入电压为 0~10V 的范围内，至少有一个管子是导通的，输入电压可以传送到输出端，此时传输门相当于接通的开关。

② 当 C=0 时，无论输入电压在 0~10V 之间如何变化，栅极和源极之间的电压无法满足管子导通沟道产生的条件，所以两个管子都截止，输入电压无法传送到输出端。此时传输门相当于断开的开关。

当传输门的控制信号由一个非门的输入和输出来提供时，就构成一个模拟开关，电路如图 2-30 所示，工作原理如下。

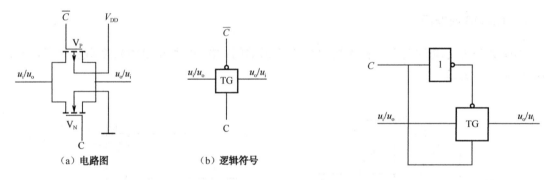

（a）电路图　　　　　　　　（b）逻辑符号

图 2-29　COMS 传输门　　　　　　　　图 2-30　CMOS 双向模拟开关

当 C=0 时，传输门，输出高阻，输入 u_i 不能传到输出端。当 C=1 时，传输门开通，输入 u_i 可以传输到输出，u_o=u_i。由于传输门本身是一个双向开关，因此，图 2-30 所示电路也是一个双向模拟开关，输入端和输出端可以互换。

2.2.3　集成门电路的识别与使用

1. 集成门电路的种类及命名方法

集成门电路按其内部有源器件的不同可分为两类，一类是双极型晶体管 TTL 集成门电路，另一类是单极型 CMOS 器件构成的逻辑电路。CMOS 工艺是目前集成电路的主流工艺。

CMOS 器件的系列产品有：4000 系列、HC、HCT、AHC、AHCT、LVC、ALVC、HCU 等。其中 4000 系列为普通 CMOS，HC 为高速 CMOS，HCT 为能够与 TTL 兼容的 CMOS，

AHC 为改进的高速 CMOS，AHCT 为改进的能够与 TTL 兼容的高速 CMOS，LVC 为低压 CMOS，ALVC 为改进的低压 COMS，HCU 为无输出缓冲器的高速 CMOS。

国产 TTL 电路有 54/74、54/74H、54/74S、54/74LS、54/74AS、54/74ALS、54/74F 七大系列。

CMOS、TTL 器件的命名方法如下：

第一部分	第二部分	第三部分	第四部分	第五部分
国标	器件类型	器件系列品种	工作温度范围	封装形式

例如，CC54/74HC04MD 的含义如下。

第一部分 C：国标，中国。

第二部分 C：器件类型，CMOS。

第三部分 54/74HC04：器件系列品种，54 为国际通用 54 系列，军用产品；74 为国际通用 74 系列，民用产品；HC 为高速 CMOS，04 为六反相器。

LS：低功耗肖特基系列。空白：标准系列。H：高速系列。S：肖特基系列。AS：先进的肖特基系列。ALS：先进的低功耗肖特基系列。F：快速系列，速度和功耗都处于 AS 和 ALS 之间。

第四部分 M：工作温度范围，M 为-55～+125℃（只出现在 54 系列），C 为 0～70℃（只出现在 74 系列）。

第五部分 D：封装形式，D 为多层陶瓷双列直插封装，J 为黑瓷低熔玻璃双列直插封装，P 为塑料双列直插封装，F 为多层陶瓷扁平封装。

又例如，CT74LS04CJ 的含义如下。

第一部分 C：国标，中国。

第二部分 T：器件类型，TTL。

第三部分 74LS04：器件系列品种，74 为国际通用 74 系列，民用产品；04 为六反相器。

第四部分 C：工作温度范围，C 为 0～70℃（只出现在 74 系列）。

第五部分 J：封装形式，J 为黑瓷低熔玻璃双列直插封装。

2. 集成门电路引脚排列

集成门电路（IC 芯片）外引脚的序号确定方法是：将引脚朝下，由顶部俯视，从缺口或标记下面的引脚开始逆时针方向计数，依次为 1，2，3，…，n。一般情况下，74 系列芯片，缺口下面的最后一个引脚为接地引脚，缺口上面的引脚为连接电源引脚，如图 2-31 所示。在标准型 TTL 集成电路中，电源端 V_{CC} 一般排在左上端，接地端 GND 一般排在右下端。如 74LS20 为 14 脚芯片，14 脚为 V_{CC}，7 脚为 GND。

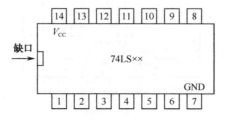

图 2-31 集成电路引脚排列图

若集成芯片引脚上的功能标号为 NC，则表示该引脚为空脚，与内部电路不连接。

3. 常用集成门电路

（1）集成门电路的形式

集成门电路通常在一片芯片中集成多个门电路，常用的集成门电路主要有以下几种形式。

① 2 输入端 4 门电路。即每片集成电路内部有 4 个独立的功能相同的门电路，每个门电路有两个输入端。

② 3 输入端 3 门电路。即每片集成电路内部有 3 个独立的功能相同的门电路，每个门电路有 3 个输入端。

③ 4 输入端 2 门电路。即每片集成电路内部有两个独立的功能相同的门电路，每个门电路有两个输入端。

（2）与门和与非门

与门和与非门常用集成芯片有：

74LS08 内含 4 个 2 输入端与门，其引脚排列如图 2-32（a）所示。

74LS00 内含 4 个 2 输入与非门，其引脚排列如图 2-32（b）所示。

74LS10 内含 3 个 3 输入与非门，其引脚排列如图 2-32（c）所示。

74LS20 内含 2 个 4 输入与非门，其引脚排列如图 2-32（d）所示。

CC4011 内含 4 个 2 输入端 CMOS 与非门，其引脚排列如图 2-32（e）所示。

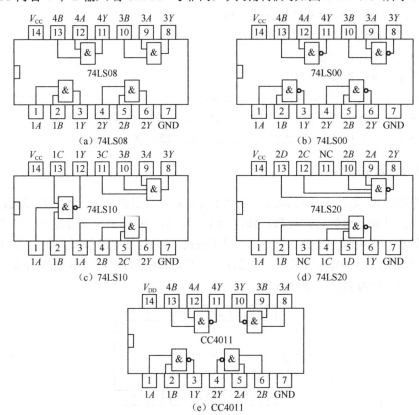

图 2-32　常用与门和与非门芯片引脚排列图

（3）或门和或非门

或门和或非门常用芯片有：

74LS02 内含 4 个 2 输入端或非门，其引脚排列如图 2-33（a）所示。

74LS32 内含 4 个 2 输入端或门，其引脚排列如图 2-33（b）所示。

74LS27 内含 3 个 3 输入端或非门，其引脚排列如图 2-33（c）所示。

CC4001 内含 4 个 2 输入端 CMOS 或非门，其引脚排列如图 2-33（d）所示。

CC4002 内含 2 个 4 输入端 CMOS 或非门，其引脚排列如图 2-33（e）所示。

CC4075 内含 3 个 3 输入端 CMOS 或门，其引脚排列如图 2-33（f）所示。

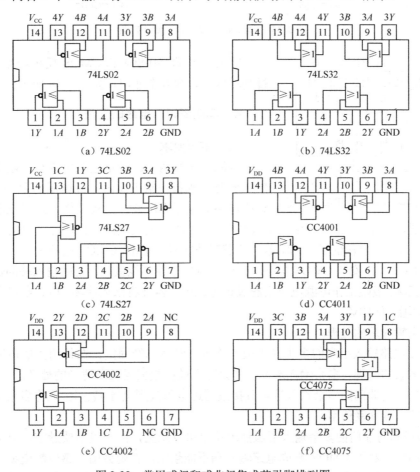

图 2-33　常用或门和或非门集成芯引脚排列图

（4）与或非门

74LS54 为 4 路与或非门，其引脚排列如图 2-34 所示。内含有 4 个与门，其中两个与门为 2 输入端，另两个与门为 3 输入端，4 个与门再输入一个或非门。

（5）异或门和同或门

74LS86 为 2 输入端 4 异或门，其引脚排列如图 2-35（a）所示；

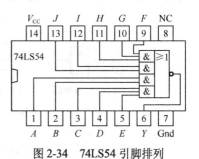

图 2-34　74LS54 引脚排列

CC4077 为 2 输入端 4 同或门，其引脚排列如图 2-35（b）所示。

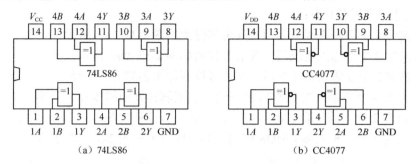

（a）74LS86   （b）CC4077

图 2-35 74LS86 CC4077 引脚排列图

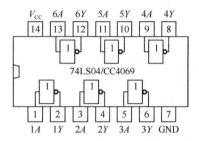

图 2-36 74LS04、CC4069 引脚排列图

TTL 反相器 74LS04 和 CMOS 反相器 CC4069 引脚排列相同，内含 6 个非门，如图 2-36 所示。

4. 集成逻辑门电路的使用

（1）电源要求

电源电压有两个：额定电源电压和极限电源电压。额定电源电压指正常工作时电源电压的允许大小：TTL 集成电路对电源电压要求比较严格，除了低电压、低功耗系列外，通常只允许在 5V±5%（54 系列为 5V±10%）的范围内工作，若电源电压超过 5.5V 将损坏器件，若电源电压低于 4.5V，器件的逻辑功能将不正常。CMOS 电路为 3～15V（4 000B 系列为 3～18V）。在安装 CMOS 电路时，电源电压极性不能接反，否则输入端的保护二极管会因过流而损坏。极限工作电源电压指超过该电源电压器件将永久损坏：TTL 电路为 5V，4000 系列 CMOS 电路为 18V。

（2）多余输入端的处理

由于集成电路输入引脚的多少在集成电路生产时就已经固定，在使用集成电路时，有时可能会出现多余的引脚（多余输入端），多余输入端应根据需要做适当的处理。

对于与门和与非门的多余输入端可直接或通过电阻接到电源 V_{CC} 上，或将多余的输入端与正常使用的输入端并联使用。

TTL 与门和与非门的多余输入端虽然理论上可以悬空，但一般不要悬空，以免受干扰造成电路错误动作；对于 CMOS 集成电路输入端不能悬空，否则会由于感应静电或各种脉冲信号造成干扰，甚至损坏集成电路；与门和与非门的多余输入端的处理如图 2-37 所示。

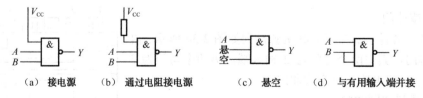

（a）接电源   （b）通过电阻接电源   （c）悬空   （d）与有用输入端并接

图 2-37 与门和与非门的多余输入端的处理

或门和或非门的多余输入端应接地或者与有用输入端并接，如图 2-38 所示。

（a）接地　　　　　　　　（b）有用输入端并接

图 2-38　或门和或非门的多余输入端

（3）输出负载要求

除 OC 门和三态门外普通门电路的输出不能并接，否则可能烧坏器件；门电路的输出带同类门的个数不得超过扇出系数，否则可能造成状态不稳定；在速度高时带负载应尽可能少；门电路输出接普通负载时，其输出电流应小于 I_{OLmax} 和 I_{OHmax}。

（4）工作及运输环境问题

温度、湿度、静电等都会影响器件的正常工作。如 54TTL 系列和 74TTL 系列工作温度的区别。

在工作时应注意静电对器件的影响。一般通过下面方法克服其影响：在运输时采用防静电包装，存放 CMOS 集成电路时要屏蔽，一般放在金属容器内，也可以用金属箔将引脚断路。使用时保证设备接地良好；测试器件时应先开机再加信号，关机时先断开信号后关电源，不能带电把器件从测试座上插入或拔出。

操作训练 2　逻辑门电路功能测试

1. 训练目的

① 掌握逻辑门电路逻辑功能。
② 掌握逻辑门电路功能测试方法。

2. 仿真测试

1）与门电路仿真测试

与门仿真测试电路如图 2-39 所示，电路创建过程如下。

（1）选择元件

① 在电路窗口中，单击元器件工具栏图标 ÷，在弹出的"选择元件"对话框中，"系列"选择 POWER_SOURCE，"元件"栏选择 VCC（+5V）和 GROUND，单击"确定"按钮，放置+5V 电源和地。

② 单击元器件工具栏图标 ⸱⸱⸱，在弹出的"选择元件"对话框中，"系列"选择 SWITCH（开关），"元件"栏选择 SPDT（单刀双掷），单击"确定"按钮，放置两个单刀双掷开关。在电路窗口中双击单刀双掷开关，弹出"开关"属性对话框，在 Key for Switch 中分别设置开关的控制键为 A 和 B。

③ 单击元器件工具栏图标 ⸭，在弹出的"选择元件"对话框中，"系列"选择 74LS，"元件"栏选择 74LS08D，单击"确定"按钮。

④ 单击元器件工具栏图标 ▣，在弹出的"选择元件"对话框中，"系列"选择 PROBE（探针），"元件"栏选择 PROBE，单击右侧的"确定"按钮，选择电平指示灯。

（2）连接电路

将选择好的元件按图 2-39 所示电路连接，执行菜单命令【放置】→【文本】，在电路中放置 A、B 和 Y 文本。

（3）电路仿真

单击仿真开关，或执行菜单命令【仿真】→【运行】，开始仿真实验。分别按键盘上的 A 键和 B 键，控制两个开关的状态，记下电平指示灯的状态。

2）测试或门的逻辑功能

或门的测试方法和与门的测试方法相同，或门选择 74LS32D，测试电路如图 2-40 所示。

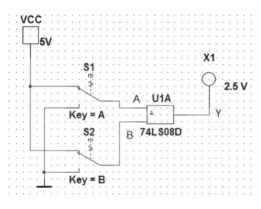

图 2-39 与门仿真测试电路　　　　　图 2-40 或门仿真测试电路

3）测试非门的逻辑功能

非门的测试方法和与门的测试方法相同，非门选择 74LS04D，测试电路如图 2-41 所示。

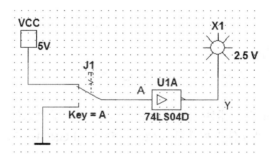

图 2-41 非门仿真测试电路

3. 实验测试

（1）与门逻辑功能测试

① 取集成电路芯片 74LS08，查阅其引脚排列。

② 将 74LS08 插入面包板中，给集成门电路加电源，即 V_{CC} 端接+5V，GND 端接地，用 LED 灯指示电平状态。

③ 选 74LS08 芯片的其中一个门电路进行测试，参照仿真电路图 2-39 所示连接电路，输入端分别接逻辑高电平、低电平。

④ 观察 LED 的亮和灭，亮时表示输出低电平 1，灭时表示输出高电平 0。

（2）或门逻辑功能测试

① 取集成电路芯片 74LS32，查阅其引脚排列。

② 将 74LS32 插入面包板中，给集成门电路加电源，即 V_{CC} 端接+5V，GND 端接地，用 LED 灯指示电平状态。

③ 参照仿真电路图 2-40 所示连接电路，输入端分别接逻辑高电平、低电平。

④ 观察 LED 的亮和灭，亮时表示输出低电平 1，灭时表示输出高电平 0。

（3）非门逻辑功能测试

① 取集成电路芯片 74LS04，查阅其引脚排列。

② 分别将 74LS04 插入面包板中，给集成门电路加电源，用 LED 灯指示电平状态。

③ 参照仿真电路图 2-41 连接电路，输入端分别接逻辑高电平、低电平。

④ 观察 LED 的亮和灭，灯亮时，表示输出高电平 1。灯灭时，表示输出低电平 0。

习题 2

1．填空题

（1）逻辑代数中的三种基本的逻辑运算是_____、_____、_____。

（2）逻辑变量和逻辑函数的取值只有_____两种取值。它们表示两种相反的逻辑状态。

（3）与逻辑运算规则可以归纳为有 0 出_____，全 1 出_____。

（4）或逻辑运算规则可以归纳为有 1 出_____，全 0 出_____。

（5）与非逻辑运算规则可以归纳为有_____出 1，全_____出 0。

（6）或非逻辑运算规则可以归纳为有_____出 0，全_____出 1。

（7）OC 门是集电极_____门，使用时必须在电源 V_{CC} 与输出端之间外接_____。

（8）在数字电路中，三极管工作在_____状态和_____状态。

（10）三态输出门输出的三个状态分别为_____、_____、_____。

2．判断题

（1）二极管可组成与门电路，但不能组成或门电路。（　　）

（2）三态输出门可实现"线与"功能。（　　）

（3）二端输入与非门的一个输入端接高电平时，可构成反相器。（　　）

（4）74LS00 是 2 输入端 4 与非门。（　　）

（5）二端输入或非门的一个输入端接低电平时，可构成反相器。（　　）

3．选择题

（1）要使与门输出恒为 0，可将与门的一个输入端（　　）。

A．接 0　　　　　　B．接 1　　　　　　C．接 0、1 都可以　　D．输入端并联

（2）要使或门输出恒为 1，可将或门的一个输入端（　　）。

A．接 0　　　　　　B．接 1　　　　　　C．接 0、1 都可以　　D．输入端并联

（3）要使异或门成为反相器时，则另一个输入端应接（　　）。

A．接 0　　　　　　B．接 1　　　　　　C．接 0、1 都可以　　D．两输入端并联

（4）集电极开路门（OC 门）在使用时，输出端通过电阻接（　　）。

A．地   B．电源   C．输入端   D．都不对

（5）以下电路中常用于总线应用的有（   ）。

A．OC 门   B．CMOS 与非门   C．漏极开路门   D．TSL 门

4．已知与门和与非门电路和输入信号逻辑电平，如图 2-42 所示，试写出 $Y_1 \sim Y_6$ 的逻辑电平。

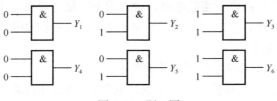

图 2-42   题 4 图

5．已知或门和或非门电路和输入信号逻辑电平，如图 2-43 所示，试写出 $Y_1 \sim Y_6$ 的逻辑电平。

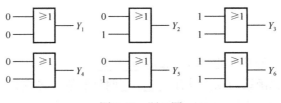

图 2-43   题 5 图

6．已知异或门和同或门电路和输入信号逻辑电平，如图 2-44 所示，试写出 $Y_1 \sim Y_6$ 的逻辑电平。

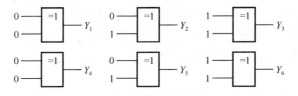

图 2-44   题 6 图

7．有 3 个开关 A、B、C 串联控制照明灯 Y，试写出该电路的逻辑表达式。

8．有 3 个开关 A、B、C 并联控制照明灯 Y，试写出该电路的逻辑表达式。

9．列出下述问题的真值表，并写出其逻辑表达式。

（1）设三个变量 A、B、C，当输入变量的状态不一致时，输出为 1，反之为 0。

（2）设三个变量 A、B、C，当变量组合中出现偶数个 1 时，输出为 1，反之为 0。

10．某逻辑电路有三个输入变量 A、B、C，当输入相同时，输出为 1，否则输出为 0，试列出真值表，写出逻辑表达式。

项目3

加法器、数值比较器的分析及应用

知识目标

① 理解组合逻辑电路的结构、功能及特点。
② 熟悉组合逻辑电路的分析及设计方法。
③ 掌握半加器、全加器的符号及逻辑功能。
④ 掌握数值比较器的符号及逻辑功能。

技能目标

① 会分析组合逻辑电路的逻辑功能。
② 会设计简单的组合逻辑电路。
③ 掌握半加器、全加器的设计方法及应用。
④ 掌握数值比较器的设计方法及应用。

3.1 任务1 组合逻辑电路的分析与设计

3.1.1 组合逻辑电路的基本概念

在数字逻辑电路中，如果一个电路在任何时刻的输出状态只取决于该时刻的输入状态，而与电路的原有状态无关，则该电路称为组合逻辑电路。

如图3-1所示，是一组合逻辑电路框图，它有 n 个输入变量 A_0、A_1、$\cdots$、A_{n-1}，m 个输出函数 Y_0、Y_1、$\cdots$、Y_{m-1}，其输入、输出之间的逻辑关系为

$$Y_0 = F_0(A_0, A_1, \cdots, A_{n-1})$$
$$Y_1 = F_1(A_0, A_1, \cdots, A_{n-1})$$
$$\vdots$$
$$Y_{m-1} = F_{m-1}(A_0, A_1, \cdots, A_{n-1})$$

$$A_0 \longrightarrow \boxed{\text{组合逻辑电路}} \longrightarrow Y_0$$

图3-1 组合逻辑电路框图

其结构特点是：组合电路由门电路组合而成，门电路是组成组合逻辑电路的基本单元。输入信号可以有 1 个或若干个，输出信号可以有 1 个也可以有多个。电路中没有记忆单元，输出到输入没有反馈连接。

其功能特点是：电路在任何时刻的输出状态只取决于该时刻各输入状态的组合，而与电路的原状态无关，即无记忆功能。

组合逻辑电路的功能除逻辑函数式来描述外，还可以用真值表、卡诺图、逻辑图等方法进行描述。

3.1.2　组合逻辑电路的分析

组合逻辑电路分析是：根据给定逻辑电路，找出输出变量与输入变量之间的逻辑关系，并确定电路的逻辑功能。

1.　组合逻辑电路的分析步骤

（1）由给定逻辑电路写出其输出逻辑函数表达式

一般从输入端到输出端逐级写出输出对输入变量的逻辑表达式，最后得到所分析组合逻辑电路的输出逻辑函数式。

（2）对输出逻辑表达式进行化简

用公式法或卡诺图法对输出表达式进行化简，求出最简输出逻辑表达式。

（3）根据输出逻辑表达式列真值表

基本方法是将所有输入变量的取值组合代入输出表达式计算，并将其对应的值列表。在列真值表时一般按二进制的自然顺序，输出与输入值一一对应，列出所有可能的取值组合。

（4）说明逻辑电路的功能

根据逻辑函数式或真值表的特点用简明的语言说明组合逻辑电路的逻辑功能。

2.　分析举例

【例 3-1】　分析图 3-2 所示的组合逻辑电路。

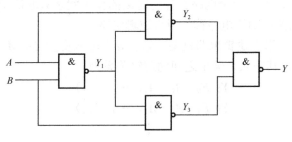

图 3-2　例 3-1 图

解：① 根据逻辑电路写出输出逻辑函数表达式。由图 3-2 可得

$$Y_1 = \overline{AB}$$

$$Y_2 = \overline{A \cdot Y_1} = \overline{A \cdot \overline{AB}}$$

$$Y_3 = \overline{B \cdot Y_1} = \overline{B \cdot \overline{AB}}$$

由此可得电路的输出逻辑函数表达式为

$$Y = \overline{Y_2 \cdot Y_3}$$

$$= \overline{\overline{A \cdot \overline{AB}} \cdot \overline{B \cdot \overline{AB}}}$$

$$= \overline{A}B + A\overline{B}$$

$$= A \oplus B$$

② 根据逻辑函数表达式列真值表，见表 3-1。

表 3-1 例 3-1 的真值表

A	B	Y
0	0	0
0	1	1
1	0	1
1	1	0

③ 说明逻辑功能。由表可以看出：当 A、B 输入的状态不同时，输出 $Y=1$；当 A、B 输入的状态相同时，输出 $Y=0$。因此，图 3-2 所示逻辑电路具有异或功能，为异或门。

【例 3-2】 分析图 3-3 所示的组合逻辑电路。

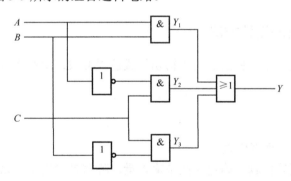

图 3-3 例 3-2 图

解： ① 根据逻辑电路写出各输出的逻辑表达式。由图 3-3 可得

$$Y_1 = AB , \quad Y_2 = \overline{A}C , \quad Y_3 = \overline{B}C$$

组合逻辑电路输出表达式 Y 为

$$Y = Y_1 + Y_2 + Y_3$$

$$= AB + \overline{A}C + \overline{B}C$$

② 对逻辑表达式化简：

$$Y = AB + \overline{A}C + \overline{B}C$$

$$= AB + C(\overline{A} + \overline{B})$$

$$= AB + C$$

③ 根据逻辑表达式列真值表。

例 3-2 真值表见表 3-2。

表 3-2　例 3-2 真值表

A	B	C	Y
0	0	0	0
0	0	1	1
0	1	0	0
0	1	1	1
1	0	0	0
1	0	1	1
1	1	0	1
1	1	1	1

④ 说明逻辑电路的功能。

从真值表可以看出，图 3-3 所示电路的逻辑功能是：当输入端 C 为 1 时，输出为 1，当输入 C 为 0 时，只有当 A、B 同时输入为 1，输出才会为 1。

3.2　任务 2　组合逻辑电路的设计

3.2.1　组合逻辑电路的设计方法

组合逻辑电路的设计是根据给定的逻辑功能或逻辑要求，求得实现这个功能或要求的逻辑电路。

1. 设计步骤

（1）分析设计要求，列真值表

根据给定的实际逻辑问题，确定哪些是输入量，哪些是输出量，以及它们之间的关系，然后给予逻辑赋值，列出真值表。

（2）根据真值表写出逻辑表达式

将真值表中输出为 1 所对应的各个最小项相加后，得到输出逻辑函数表达式。

（3）化简逻辑表达式

通常用代数法或卡诺图法对逻辑函数进行化简。

（4）根据逻辑表达式画出逻辑电路图

根据化简的逻辑表达式，用基本的门电路画出逻辑电路图，也可根据要求将输出逻辑函数变换为与非表达式、或非表达式、与或非表达式等来画出逻辑电路图。

2. 设计举例

【例 3-3】用与非门设计举重裁判表决电路。设举重比赛有 3 个裁判，一个主裁判和两个副裁判。杠铃完全举成功的裁决由每一个裁判按一下自己面前的按钮来确定。只有当两个或两个以上裁判判明成功，并且其中有一个为主裁判时，表明成功的灯才亮。

解：① 分析设计要求，设主裁判为变量 A，副裁判分别为 B 和 C。表示成功与否的灯为 Y。裁判成功为 1，不成功为 0。

② 根据逻辑要求列出真值表。三个输入变量，共有 8 种不同组合,真值表见表 3-3。

表 3-3 例 3-3 真值表

输 入			输 出
A	B	C	Y
0	0	0	0
0	0	1	0
0	1	0	0
0	1	1	0
1	0	0	0
1	0	1	1
1	1	0	1
1	1	1	1

③ 写逻辑函数表达式：

$$Y = A\overline{B}C + AB\overline{C} + ABC$$

④ 化简并表示成与非表达式：

$$
\begin{aligned}
Y &= A\overline{B}C + AB\overline{C} + ABC \\
&= A\overline{B}C + ABC + AB\overline{C} + ABC \\
&= AC + AB \\
&= \overline{\overline{AC} \cdot \overline{AB}}
\end{aligned}
$$

⑤ 根据逻辑表达式画出逻辑图（图 3-4）。

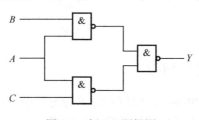

图 3-4 例 3-3 逻辑图

【例 3-4】 交通信号灯有红、绿、黄三种，三种灯单独工作或黄、绿灯同时工作是正常情况，其他情况属于故障现象，要求出现故障时输出报警信号。试用与非门设计一个交通灯报警控制电路。

解：① 根据题意，设输入变量为 A、B、C，分别表示红绿黄三种灯，灯亮时值为 1，灯灭时为 0，输出报警信号用 Y 表示，灯正常工作时其值为 0，灯出现故障时其值为 1。

② 列出该报警电路的真值表（表 3-4）。

表3-4　例3-4 真值表

输　　入			输　　出
A	B	C	Y
0	0	0	1
0	0	1	0
0	1	0	0
0	1	1	0
1	0	0	0
1	0	1	1
1	1	0	1
1	1	1	1

③ 写表达式并化简：

$$Y = \overline{A}\,\overline{B}\,\overline{C} + A\overline{B}C + AB\overline{C} + ABC$$
$$= \overline{A}\,\overline{B}\,\overline{C} + AB + AC$$
$$= \overline{\overline{A}\,\overline{B}\,\overline{C} \cdot \overline{AB} \cdot \overline{AC}}$$

④ 画出逻辑图（图3-5）。

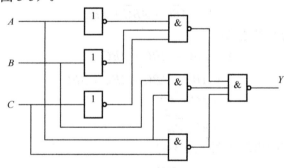

图3-5　例3-4 逻辑图

3.2.2　组合逻辑电路中的竞争冒险

前面分析和设计组合逻辑电路时，仅仅考虑了稳态情况下的电路输入、输出关系，这种输入、输出关系完全符合真值表所描述的逻辑功能。然而，电路在实际工作过程中由于某些因素的影响，其输入、输出关系可能会瞬间偏离真值表，产生短暂的错误输出，造成逻辑功能瞬时的紊乱，经过一段过渡时间后才到达原先所期望的状态。这种现象称为逻辑电路的冒险现象，简称险象；瞬间的错误输出称为毛刺。

逻辑电路的险象持续时间虽然不长，但危害却不可忽视。尤其是当用组合逻辑电路的输出驱动时序电路时，有可能会造成严重后果。

1. 竞争与冒险现象

在组合逻辑电路中，由于各门电路的传输延迟时间不同、输入信号变化快慢不同、信号在网络中传输的路径不同，因而信号到达某一点必然有先有后，我们把信号在网络中传输存在时差的现象称为"竞争"。

大多数组合逻辑电路都存在竞争，但有的竞争并无害处，而有的竞争会使真值表所述的逻辑关系遭到短暂的破坏，并在输出产生尖峰脉冲（毛刺），这种现象称为产生竞争——冒险。逻辑竞争产生的冒险现象也称逻辑险象。

根据毛刺的极性的不同，可以把险象分为 0 型险象和 1 型险象两种类型。

输出毛刺为负向脉冲的险象称为 0 型险象，它主要出现在与或、与非、与或非型电路中。输出为正向脉冲的险象称为 1 型险象，它主要出现在或与、或非型电路中。

2. 冒险现象的识别

在输入变量每次只有一个改变状态、其余变量取特定值（0 或 1）的简单情况下，若组合逻辑电路输出函数表达式为下列形式之一，则存在逻辑险象。

$$Y = A + \overline{A} \qquad 存在 0 型险象$$
$$Y = A \cdot \overline{A} \qquad 存在 1 型险象$$

【例 3-5】 试判别逻辑函数式 $Y = AB + AC + BC$ 是否存在冒险现象。

解： 写出逻辑函数式：

$$Y = AB + AC + BC$$

当取 $A=1$、$C=0$ 时，$Y = B + \overline{B}$，出现冒险现象。

当取 $B=0$、$C=1$ 时，$Y = A + \overline{A}$，出现冒险现象。

当取 $A=0$、$B=1$ 时，$Y = C + \overline{C}$，出现冒险现象。

由以上分析可知，逻辑函数表达式 $Y = AB + AC + BC$ 存在冒险现象。

3. 逻辑险象的消除方法

当组合逻辑电路存在险象时，可以采取修改逻辑设计、增加选通电路、增加输出滤波等多种方法来消除险象。

修改逻辑设计来消除险象，实际上是通过增加冗余项的办法来使函数在任何情况下都不可能出现 $Y = A\overline{A}$ 和 $Y = A + \overline{A}$ 的情况，从而达到消除险象的目的。

加选通脉冲，对输出可能产生尖峰干扰脉冲的门电路增加一个选通信号的输入端，只有在输入信号转换完成并稳定后，才引入选通脉冲将它打开，此时才允许有输出。在转换过程中，由于没有加选通脉冲，因此输出不会出现尖峰干扰脉冲。

接入滤波电容，由于尖峰干扰脉冲的宽度一般都很窄，在可能产生尖峰干扰脉冲的门电路输出端与地之间接入一个容量为几十皮法的电容就可吸收掉尖峰脉冲。

思考与练习

3-1-1 什么是组合逻辑电路？它的电路结构有什么特点？

3-1-2 简述组合逻辑电路的分析步骤。

3-1-3 简述组合逻辑电路的设计步骤。

3-1-4 消除组合逻辑电路的逻辑险象的方法有哪些？

技能训练 1 组合逻辑电路的分析

1. 训练目的

① 熟悉组合逻辑电路的特点。
② 会分析由门电路构成的组合逻辑电路的功能。
③ 掌握组合逻辑电路功能测试方法。

2. 逻辑转换器

逻辑转换器是 Multisim 仿真软件特有的虚以仪器，在实验室里并不存在。它主要用于逻辑电路几种描述方法的相互转换，例如，将逻辑电路转换为真值表，将真值表转换为最简表达式，将逻辑表达式转换为与非门逻辑电路等。

逻辑转换器的图标和面板如图 3-6 所示。

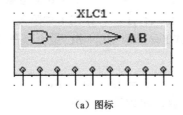

（a）图标

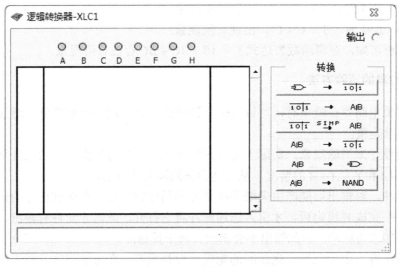

（b）面板

图 3-6 逻辑转换器

由图 3-6（a）可见，逻辑转换器的图标有 9 个端子，左侧 8 个端子为输入端，最右边的 1 个端子为输出端。通常只有在将逻辑电路转化为真值表时，才将逻辑转换器的图标与逻辑电路连接起来。

逻辑转换器的操作面板有 6 个按钮，功能分别如下。

[⊐D⊃ → 1 0 1]：将逻辑电路转换为真值表。

$\boxed{\overline{1\,0\,1} \rightarrow \text{AIB}}$	：将真值表转换为逻辑表达式。
$\boxed{\overline{1\,0\,1} \xrightarrow{\text{SIMP}} \text{AIB}}$	：将真值表转换为简单的逻辑表达式。
$\boxed{\text{AIB} \rightarrow \overline{1\,0\,1}}$	：将逻辑表达式转换为真值表。
$\boxed{\text{AIB} \rightarrow \text{⊃}}$	：将逻辑表达式转换为逻辑电路。
$\boxed{\text{AIB} \rightarrow \text{NAND}}$	：将逻辑表达式转换为与非门逻辑电路。

3. 用逻辑转换器测试组合逻辑电路

将一个逻辑电路转换为真值表和逻辑表达式。

① 按图 3-7 所示，放置元器件和仪器，连接电路。

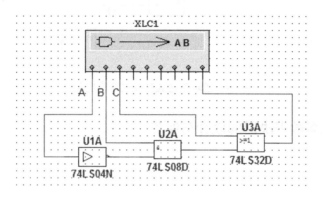

图 3-7 分析逻辑电路

② 打开逻辑转换器的操作面板（图 3-8），单击 $\boxed{\text{⊃} \rightarrow \overline{1\,0\,1}}$ 按钮，完成逻辑电路到真值表的转换。

③ 单击 $\boxed{\overline{1\,0\,1} \rightarrow \text{AIB}}$ 按钮，完成当前真值表到逻辑表达式的转换，转换结果为 $\overline{A'B'C + A'BC' + A'BC + AB'C + ABC}$ 。

④ 通过上一步的操作，可以看出转换的逻辑表达式较复杂，单击 $\boxed{\overline{1\,0\,1} \xrightarrow{\text{SIMP}} \text{AIB}}$ 按钮，将当前真值表转换为简单的逻辑表达式，结果为 $\boxed{A'B+C}$ 。

	A B C D E F G H	
	○ ○ ○ ○ ○ ○ ○ ○	
	A B C D E F G H	
000	0 0 0	0
001	0 0 1	1
002	0 1 0	1
003	0 1 1	1
004	1 0 0	0
005	1 0 1	1
006	1 1 0	0
007	1 1 1	1

A'B'C+A'BC'+A'BC+AB'C+ABC

图 3-8 逻辑转换器面板操作

⑤ 单击 [AIB → ⟲] 按钮，将逻辑表达式转换为逻辑电路，如图 3-9 所示。

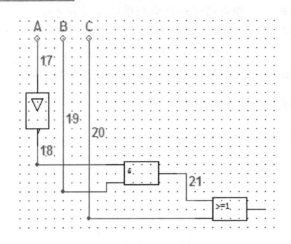

图 3-9　逻辑表达式转换成逻辑电路

操作训练 1　三人多数表决器的设计与制作

1. 训练目的

① 掌握组合逻辑电路的设计方法。
② 熟悉组合逻辑电路的制作。

2. 设计要求

表决器是一种代表投票表决的装置，满足表决时少数服从多数的表决原则。设计要求：用基本集成门电路设计制作三人表决器，3 人中至少有两人同意，提案通过，否则提案不通过。

当表决某项提案时，同意则按下对应的开关，不同意则不按。表决结果用 LED 灯显示，如果灯亮，则提案通过，不通过 LED 灯不亮。

3. 设计

① 分析设计要求。

设三人为 A、B、C，同意为 1，不同意为 0；表决为 Y，有两人或两人以上同意，表决通过，通过为 1，否决为 0。因此，A、B、C 为输入量，Y 为输出量。

② 列出真值表，见表 3-5。

表 3-5　三人表决器真值表

输　　入			输　　出
A	B	C	Y
0	0	0	0
0	0	1	0
0	1	0	0

续表

输 入			输 出
A	B	C	Y
0	1	1	1
1	0	0	0
1	0	1	1
1	1	0	1
1	1	1	1

③ 仿真设计

a. 在电路原理图中放置逻辑转换器，并按表 3-5 所列，设置逻辑转换器，如图 3-10 所示。

b. 单击逻辑转换器 1011 SIMP AIB 按钮，根据真值表生成简单的逻辑表达式，结果为 AC+AB+BC 。

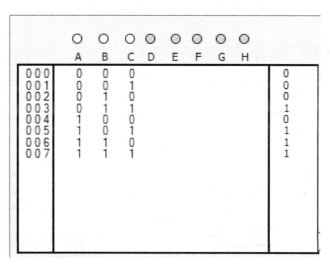

图 3-10 设置逻辑转换器面板

c. 单击 AIB → ⟶ 按钮，根据表达式生成相应的逻辑电路，如图 3-11 所示。

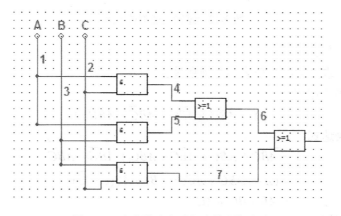

图 3-11 由表达式生成相应的逻辑电路

d. 根据图 3-11 所示的逻辑电路图，进一步设计其功能测试电路，如图 3-12 所示。单击仿真按钮，对电路进行仿真。

　　e. 当图中的 3 个单刀双掷开关中任意两个与高电平连接时，指示灯亮，当 3 个单刀双掷开关与低电平连接时，指示灯熄灭。

　　通过电路仿真，可以得出结论，电路满足设计要求。

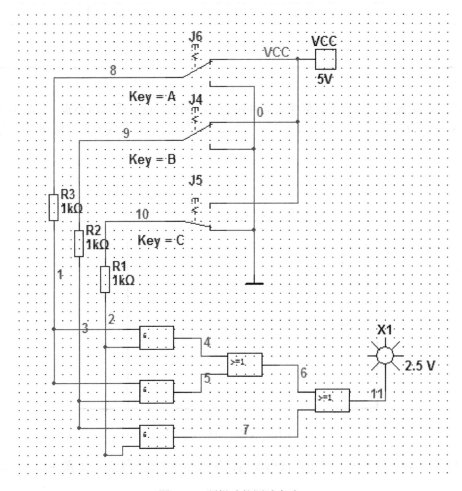

图 3-12　逻辑功能测试电路

④ 实验设计制作。

a. 分析设计要求，列出真值表，如前所述。

b. 写出最小项表达式：

$$Y = \overline{A}BC + A\overline{B}C + AB\overline{C} + ABC$$

c. 化简逻辑表达式：

$$Y = \overline{A}BC + ABC + A\overline{B}C + ABC + AB\overline{C} + ABC$$

$$= (A + \overline{A})BC + AC(B + \overline{B}) + AB(C + \overline{C})$$

$$= AB + BC + AC$$

d. 画逻辑电路图。

将上述与或表达式 $Y=AB+BC+AC$ 化为与非与非表达式，$Y=\overline{\overline{AB}\cdot\overline{BC}\cdot\overline{CA}}$ ，则逻辑电路可用图 3-13 表示。

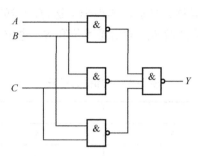

图 3-13 三人表决器逻辑电路

e. 电路安装接线图。

根据设计逻辑电路，画出三人表决器电路接线图，如图 3-14 所示。

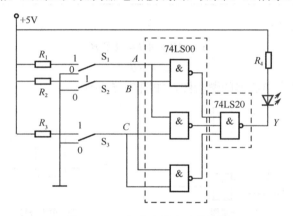

图 3-14 三人表决器电路接线图

f. 电路安装调试。

将检测合格的元器件按照图 3-14 所示电路连接安装在面包板或万能电路板上。电路安装完后，要仔细检查电路连接，确认无误后再接入电源。

A、B、C 输入端分别输入高电平和低电平，高电平可将输入端接电源，低电平可接地实现。验证输出结果能否实现三人表决器功能。

3.3 任务 3 加法器、数值比较器的分析与设计

3.3.1 加法器的分析与设计

在计算机中，二进制数的加、减、乘、除运算往往是转化为加法进行的，所以，加法器是计算机中的基本运算单元。加法器分为半加器和全加器，1 位全加器是组成加法器的基础，而半加器是组成全加器的基础。

1. 半加器

两个一位二进制数相加运算称为半加，实现半加运算功能的电路称为半加器。

半加器的输入是加数 A、被加数 B，输出是本位和 S、进位 C，根据二进制数加法运算规则，其真值表见表 3-6。

表 3-6　半加器真值表

输　　入		输　　出	
A	B	S	C
0	0	0	0
0	1	1	0
1	0	1	0
1	1	0	1

根据真值表写表达式：

$$S = \overline{A}B + A\overline{B} = A \oplus B$$
$$C = AB$$

根据表达式可以画出半加器的逻辑图，如图 3-15 所示。

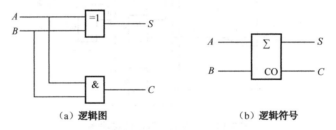

　　（a）逻辑图　　　　　　　　　　　（b）逻辑符号

图 3-15　半加器逻辑图

2. 全加器

将两个多位二进制数相加时，除了将两个同位数相加外，还应加上来自相邻低位的进位，实现这种运算的电路称为全加器。

全加器具有三个输入端，A_i、B_i 为被加数和加数，C_{i-1} 是来自低位的进位输入，两个输出端，C_i 是向高位的进位输出，S_i 是本位和输出。

根据全加器的加法规则，可列出真值表（表 3-7）。

表 3-7　全加器真值表

输　　入			输　　出	
A_i	B_i	C_{i-1}	S_i	C_i
0	0	0	0	0
0	0	1	1	0

输　入			输　出	
A_i	B_i	C_{i-1}	S_i	C_i
0	1	0	1	0
0	1	1	0	1
1	0	0	1	0
1	0	1	0	1
1	1	0	0	1
1	1	1	1	1

根据真值表写出输出逻辑表达式：

$$S_i = \overline{A_i}\,\overline{B_i}C_{i-1} + \overline{A_i}B_i\overline{C_{i-1}} + A_i\overline{B_i}\,\overline{C_{i-1}} + A_iB_iC_{i-1}$$

$$C_i = \overline{A_i}B_iC_{i-1} + A_i\overline{B_i}C_{i-1} + A_iB_i\overline{C_{i-1}} + A_iB_iC_{i-1}$$

对上述两式进行化简后得

$$S_i = A_i \oplus B_i \oplus C_{i-1}$$

$$C_i = A_iB_i + C_{i-1}(A_i \oplus B_i)$$

根据上述结果画出全加器的逻辑图，如图 3-16 所示。

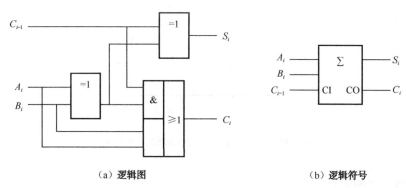

（a）逻辑图　　　　　　　　　　　　　　（b）逻辑符号

图 3-16　全加器逻辑图

3. 多位加法器

半加器和全加器只能实现 1 位二进制数相加，而实际更多的是多位二进制数相加，这就要用到多位加法器。

能够实现多位二进制数加法运算的电路称为多位加法器，按照相加的方式不同，又分为串行进位加法器和超前进位加法器。

（1）串行进位加法器

要进行多位数相加，最简单的方法是将多个全加器进行级联，称为串行进位加法器。如图 3-17 所示是 4 位串行进位加法器，从图中可见，两个 4 位相加数 $A_3A_2A_1A_0$ 和 $B_3B_2B_1B_0$ 的各位同时送到相应全加器的输入端，进位数串行传送。全加器的个数等于相加数的位数，最低位全加器的 C_{i-1} 端应接 0。

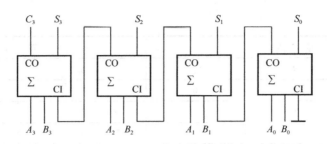

图 3-17 串行进位加法器

串行进位加法器的优点是电路比较简单，缺点是运算速度比较慢。因为进位信号是串行传递，图 3-17 中最后一位的进位输出 C_3 要经过 4 位全加器传递之后才能形成。如果位数增加，传输延迟时间将更长，工作速度更慢。串行进位加法器常用在运算速度不高的场合，当要求运算速度较高时，可采用超前进位加法器。

（2）超前进位加法器

为了提高速度，人们又设计了一种多位数快速进位（又称超前进位）的加法器。所谓快速进位，是指在加法运算过程中，各级进位信号同时送到各位全加器的进位输入端，现在的集成加法器大多采用这种方法。

CT74LS283 是一种典型的快速进位的集成 4 位加法器；其逻辑符号如图 3-18 所示。

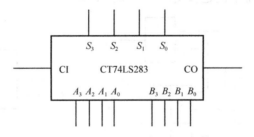

图 3-18 4 位加法器 CT74LS283 逻辑符号

4. 集成加法器的应用

一片 CT74LS283 只能进行 4 位二进制数的加法运算，将多片 CT74LS283 进行级联，就可扩展加法运算的位数。

【例 3-6】 用 CT74LS283 组成的 8 位二进制数加法器。

解：8 位二进制数的加法运算需要用两片 CT74LS283 才能实现，连接电路如图 3-19 所示。

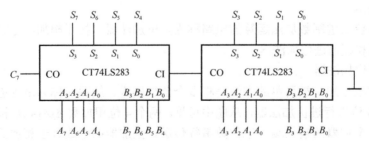

图 3-19 用两片 CT74LS283 组成的 8 位二进制数加法器

如果要产生的逻辑函数能化成输入变量与输入变量或者输入变量与常量在数值上相加的形式，这时用加法器来设计这个组合逻辑电路往往会非常简单。

【例3-7】 用 CT74LS283 实现 8421BCD 码到余 3 码的转换。

解： 对同一个十进制数符，余 3 码比 8421BCD 码多 3。因此实现 8421BCD 码到余 3 码的转换，要从 8421BCD 码加 3（0011），即

$$S_3S_2S_1S_0=8421BCD+0011$$

所以，从 CT74LS283 的 $A_3A_2A_1A_0$ 输入 8421BCD，$B_3B_2B_1B_0$ 接固定代码 0011，从 $S_3S_2S_1S_0$ 输出即余 3 码，实现了相应的转换。其逻辑图如图 3-20 所示。

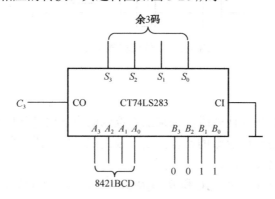

图 3-20　CT74LS283 实现 8421BCD 码到余 3 码的转换

3.3.2　数值比较器的分析与设计

对两个位数相同的二进制整数进行数值比较并判定其大小关系的逻辑电路称为数值比较器。

1. 1 位数值比较器

当两个 1 位二进制数 A、B 进行比较时，其结果有以下三种情况：$A>B$，$A=B$，$A<B$。比较结果分别用 $Y_{A>B}$，$Y_{A=B}$，$Y_{A<B}$ 表示。

设 $A>B$ 时，$Y_{A>B}=1$；$A=B$ 时，$Y_{A=B}=1$；$A<B$ 时，$Y_{A<B}=1$。由此可列出 1 位数值比较器的真值表（表 3-8）。

表 3-8　1 位数值比较器的真值表

输　　入		输　　出		
A	B	$Y_{A>B}$	$Y_{A=B}$	$Y_{A<B}$
0	0	0	1	0
0	1	0	0	1
1	0	1	0	0
1	1	0	1	0

由真值表可写出逻辑函数表达式：

$$Y_{A>B} = A\overline{B}$$

$$Y_{A<B} = \overline{A}B$$

$$Y_{A=B} = \overline{A}\,\overline{B} + AB = \overline{\overline{A}B + A\overline{B}}$$

由以上逻辑表达式可画出 1 位数值比较器的逻辑图，如图 3-21 所示。

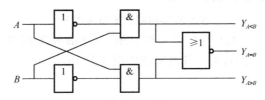

图 3-21　1 位比较器逻辑图

2. 多位数值比较器

如两个多位二进制数进行比较时，则须从高位到低位逐位进行比较。只有在高位相应的二进制数相等时，才能进行低位数的比较。当比较到某一位二进制数不等时，其比较结果便为两个多位二进制数的比较结果。

如两个 4 位二进制数 $A=A_3A_2A_1A_0$ 和 $B=B_3B_2B_1B_0$ 进行大小比较时，若 $A_3>B_3$，则 $A>B$；若 $A_3<B_3$，则 $A<B$；若 $A_3=B_3$、$A_2>B_2$，则 $A>B$；若 $A_3=B_3$、$A_2<B_2$，则 $A<B$。依此类推，直到比较出结果为止。

图 3-22 为 4 位比较器 CT74LS85 的逻辑图，图中 $A_3A_2A_1A_0$ 和 $B_3B_2B_1B_0$ 为两组比较的 4 位二进制数的输入端；$I_{A>B}$、$I_{A<B}$、$I_{A=B}$ 为级联输入端；$Y_{A>B}$，$Y_{A=B}$，$Y_{A<B}$ 为比较结果输出端。其真值表见表 3-9。

表 3-9　4 位比较器 CT74LS85 的功能表

输　　　入				级　联　输　入			输　　　出		
A_3B_3	A_2B_2	A_1B_1	A_0B_0	$I_{A>B}$	$I_{A<B}$	$I_{A=B}$	$Y_{A>B}$	$Y_{A<B}$	$Y_{A=B}$
$A_3>B_3$	×	×	×	×	×	×	1	0	0
$A_3<B_3$	×	×	×	×	×	×	0	1	0
$A_3=B_3$	$A_2>B_2$	×	×	×	×	×	1	0	0
$A_3=B_3$	$A_2<B_2$	×	×	×	×	×	0	1	0
$A_3=B_3$	$A_2=B_2$	$A_1>B_1$	×	×	×	×	1	0	0
$A_3=B_3$	$A_2=B_2$	$A_1<B_1$	×	×	×	×	0	1	0
$A_3=B_3$	$A_2=B_2$	$A_1=B_1$	$A_0>B_0$	×	×	×	1	0	0
$A_3=B_3$	$A_2=B_2$	$A_1=B_1$	$A_0<B_0$	×	×	×	0	1	0
$A_3=B_3$	$A_2=B_2$	$A_1=B_1$	$A_0=B_0$	1	0	0	1	0	0
$A_3=B_3$	$A_2=B_2$	$A_1=B_1$	$A_0=B_0$	0	1	0	0	1	0
$A_3=B_3$	$A_2=B_2$	$A_1=B_1$	$A_0=B_0$	0	0	1	0	0	1

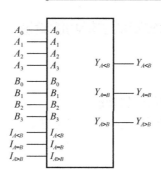

图 3-22　4 位比较器 CT74LS85 逻辑图

3. 数值比较器的扩展应用

利用数值比较器的级联输入端可以很方便地构成更多位的数值比较器。

【**例 3-8**】　试用两片 CT74LS85 构成一个 8 位数值比较器。

解：根据多位数值比较规则，在高位数相等时，则比较结果取决于低位数。因此，应将两个 8 位二进制数的高 4 位接到高位片上，低 4 位接到低位片上。

图 3-23 为根据上述要求用两片 CT74LS85 构成一个 8 位数值比较器。两个 8 位二进制数的高 4 位 $A_7A_6A_5A_4$ 和 $B_7B_6B_5B_4$ 接到高位片 CT74LS85（2）的数据输入端上，而低 4 位数 $A_3A_2A_1A_0$ 和 $B_3B_2B_1B_0$ 接到低位片 CT74LS85（1）的数据输入端上，并将低位片的比较输出端 $Y_{A>B}$，$Y_{A=B}$，$Y_{A<B}$ 和高位片的级联输入端 $I_{A>B}$、$I_{A<B}$、$I_{A=B}$ 对应相连。

低位数值比较器的级联输入端应取 $I_{A>B}= I_{A<B}=0$、$I_{A=B}=1$，这样，当两个 8 位二进制数相等时，比较器的总输出 $Y_{A=B}=1$。

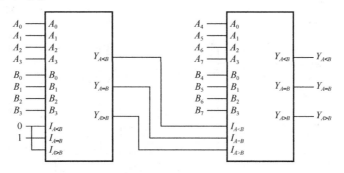

图 3-23　两片 CT74LS85 构成一个 8 位数值比较器

思考与练习

3-2-1　半加器与全加器有何区别？

3-2-2　写出半加器和全加器的 S 和 CO 的逻辑表达式，并画出逻辑符号。

3-2-3　串行进位加法器和超前进位加法器有何特点？

3-2-4　什么是数值比较器？多位数值比较器如何比较数值大小？

技能训练2 全加器、数值比较器的逻辑功能验证

1. 训练目的

① 掌握全加器、数值比较器的逻辑功能。
② 掌握全加器、数值比较器逻辑功能的测试方法。

2. 仿真测试

（1）全加器仿真测试
① 全加器仿真测试电路。

将两个多位二进制数相加时，除了将两个同位数相加外，还应加上来自相邻低位的进位。实现这种运算的电路称为全加器。

全加器具有三个输入端，A、B 为被加数和加数，C_{i-1} 是来自低位的进位输入，有两个输出端，C_i 是向高位的进位输出，S_i 是本位和输出。

输出逻辑表达式为

$$S_i = A \oplus B \oplus C$$

$$C_i = AB + C(A \oplus B)$$

将 C_i 的表达式转化为异或和与非的形式

$$C_i = AB + C(A \oplus B) = \overline{\overline{AB} \cdot \overline{C(A \oplus B)}}$$

用与非门和异或门构成全加器，电路如图 3-24 所示。

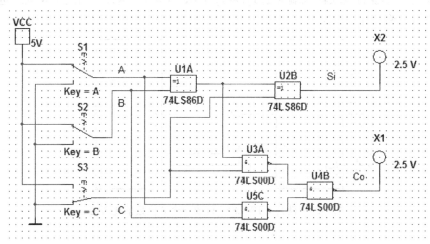

图 3-24 全加器仿真测试电路

② 在 Multisim 电路编辑区，按图 3-24 连接全加器仿真测试电路。

③ 打开仿真开关，启动仿真，按键盘 A 键、B 键、C 键控制 S1、S2、S3 分别接入高电平和低电平，确定电路输入 A、B、C 的状态，观察指示灯的亮、灭，确定输出端的状态。按表 3-10 中的数据测试，并将结果填入表中。

表 3-10 全加器测试数据表

输 入			输 出	
A	B	C	S_i	C_i
0	0	0		
0	0	1		
0	1	0		
0	1	1		
1	0	0		
1	0	1		
1	1	0		
1	1	1		

（2）1 位数值比较器的仿真测试

① 1 位数值比较器的仿真电路。

当两个 1 位二进制数 A、B 进行比较时，其结果有以下三种情况：$A>B$，$A=B$，$A<B$。比较结果分别用 $Y_{A>B}$，$Y_{A=B}$，$Y_{A<B}$ 表示。

设 $A>B$ 时，$Y_{A>B}=1$；$A=B$ 时，$Y_{A=B}=1$；$A<B$ 时，$Y_{A<B}=1$。可写出逻辑函数表达式：

$$Y_{A>B} = A\overline{B}$$

$$Y_{A<B} = \overline{A}B$$

$$Y_{A=B} = \overline{\overline{A}\overline{B}} + AB = \overline{\overline{A}B + A\overline{B}}$$

由以上逻辑表达式可画出 1 位数值比较器的仿真电路，如图 3-25 所示。

② 在 Multisim 电路编辑区，按图 3-25 连接 1 位数值比较器仿真测试电路。

③ 打开仿真开关，启动仿真，按键盘 A 键、B 键控制 S1、S2 分别接入高电平和低电平，确定电路输入 A、B 的状态，观察指示灯的亮、灭，确定输出端的状态。按表 3-11 中的数据测试，并将结果填入表中。

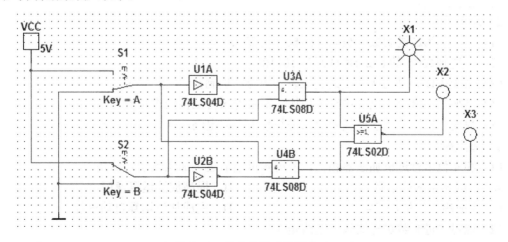

图 3-25 比较器仿真测试电路

表 3-11 1 位数值比较器的真值表

输 入		输 出		
A	B	$Y_{A>B}$	$Y_{A=B}$	$Y_{A<B}$
0	0			
0	1			
1	0			
1	1			

3．实验测试

（1）全加器实验测试

取 74LS00、74LS86 仿照图 3-24 连接电路。检查电路连接正确后，接上+5V 电源，输入端接逻辑电平开关，输出端接 LED 电平指示，灯亮为 1，灯灭为 0。仿照全加器仿真测试步骤测试电路功能。

（2）1 位数值比较器的仿真测试

取 74LS04、74LS08、74LS02 按照图 3-25 连接电路。检查电路连接正确后，接上+5V 电源，输入端接逻辑电平开关，输出端接 LED 电平指示，灯亮为 1，灯灭为 0。仿照比较器仿真电路测试步骤测试电路功能。

习题 3

1．填空题

（1）全加器有三个输入端，它们分别为_____、_____和_____；输出端有两个，分别为_____、_____。

（2）数值比较器的功能是_____，当输入 A=1111 和 B=1101 时，则它们比较的结果为_____。

2．判断题

（1）一个 n 为二进制数，最高位的权值是 2^{n-1}。（   ）

（2）十进制数 45 的 8421BCD 码是 101101。（   ）

（3）余 3BCD 码是用 3 位二进制数表示一位十进制数。（   ）

（4）半加器只考虑 1 位二进制数相加，不考虑来自低位的进位数。（   ）

（5）数值比较器是用于比较两组二进制数大小的电路。（   ）

3．选择题

（1）和 4 位串行进位加法器相比，使用 4 位超前进位加法器的目的是（   ）。

A．完成 4 位加法运算　　　　　　　　B．提高加法运算速度

C．完成串并行加法运算　　　　　　　D．完成加法运算自动进位

（2）能对二进制数进行比较的电路是（   ）。

A．数值比较器　　　B．数据分配器　　　C．数据选择器　　　D．编码器

（3）8 位串行进位加法器由（   ）。

A. 8 个全加器组成   B. 8 个半加器组成

C. 4 个全加器和 4 个半加器组成   D. 16 个全加器组成

4. 分析图 3-26 所示组合逻辑电路的逻辑功能。

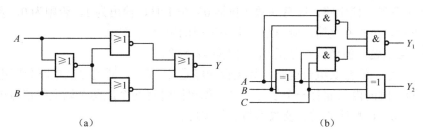

（a）   （b）

图 3-26 题 4 图

5. 已知真值表见表 3-12，试写出对应的逻辑表达式。

表 3-12 第 5 题真值表

A	B	C	Y
0	0	0	0
0	0	1	1
0	1	0	1
0	1	1	0
1	0	0	1
1	0	1	0
1	1	0	0
1	1	1	1

6. 电路如图 3-27 所示，写出各个电路输出信号的逻辑表达式，并对应 A，B，C 的给定波形画出各输出信号波形。

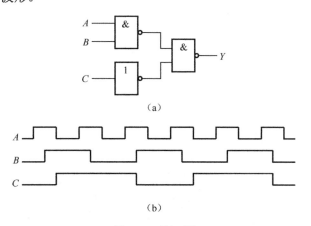

（a）

（b）

图 3-27 题 6 图

7. 在三个阀门中，有两个或三个阀门开通时，才能输出正常工作信号；否则输出信号不正常，试设计 一个能输出正常信号的逻辑电路。

8．设计 3 变量判奇电路，即有奇数个 1 时，输出为 1，否则为 0，要求列出真值表，写出逻辑表达式并化简，画出用门电路组成的组合逻辑电路。

9．设计 3 变量判偶电路，即有偶数（包括 0）个 1 时，输出为 1，否则为 0，要求列出真值表，写出逻辑表达式并化简，画出用门电路组成的组合逻辑电路。

10．条件同上题，但偶数不包括 0，试重新解上题。

11．设计一个三线排队组合电路，其逻辑功能是 A，B，C 通过排队电路分别由 Y_A，Y_B，Y_C 输出，在同一时间内只能有一个信号通过，如果同时有两个或两个以上的信号出现时，则输入信号按 A，B，C 顺序通过。要求用与非门实现。

编码、译码及数据选择器的分析与应用

知识目标

① 熟悉编码器的概念、分类及逻辑功能。
② 熟悉译码器的概念、分类及逻辑功能。
③ 熟悉数据选择器的概念、分类及逻辑功能。

技能目标

① 能分析及设计基本的编码器、译码器、数据选择器。
② 掌握编码器、译码器、数据选择器逻辑功能测试方法。
③ 掌握编码器、译码器、数据选择器的基本应用。

4.1 任务 1 编码器的分析及应用

编码是将字母、数字、符号等信息编成一组二进制代码。完成编码工作的数字电路称为编码器。

1 位二进制代码可以表示 1、0 这两种不同输入信号，2 位二进制代码可以表示 00、01、10、11 这 4 种不同输入信号，以此类推，2^n 个输入信号只用 n 位二进制代码就可以完成编码。当输入有 N 个编码信号时，则可根据 $2^n \geq N$ 来确定二进制代码的位数。

如果编码器有 8 个输入端、3 个输出端，称为 8 线-3 线编码器，如编码器有 10 个输入端、4 个输出端，称为 10 线-4 线编码器。其余依此类推。

目前经常使用的编码器有普通编码器和优先编码器两类。

4.1.1 普通编码器

普通编码器的特点是不允许两个或两个以上的输入同时要求编码，即输入要求是相互排斥的。在对某一个输入进行编码时，不允许其他输入提出要求。如计算器中的编码器属于这一类，因此在使用计算器时，不允许同时键入两个量。下面以 3 位二进制编码器为例说明普通编码器的设计方法。

【例 4-1】 设计一个能将 I_0、I_1、…、I_7 8 个输入信号编成二进制代码输出的编码器。用与非门和非门实现。

解： ① 分析设计要求，列真值表。

出题意可知，该编码器有 8 个输入端、3 个输出端，是 8 线-3 线编码器。设输入为高电平有效，当 8 个输入变量中某一个为高电平时，表示对该输入信号编码。输出端 Y_2、Y_1、Y_0 可得到相应的二进制代码。因此可列出真值表见表 4-1。

表 4-1　编码器真值表

输　　入								输　　出		
I_0	I_1	I_2	I_3	I_4	I_5	I_6	I_7	Y_2	Y_1	Y_0
1	0	0	0	0	0	0	0	0	0	0
0	1	0	0	0	0	0	0	0	0	1
0	0	1	0	0	0	0	0	0	1	0
0	0	0	1	0	0	0	0	0	1	1
0	0	0	0	1	0	0	0	1	0	0
0	0	0	0	0	1	0	0	1	0	1
0	0	0	0	0	0	1	0	1	1	0
0	0	0	0	0	0	0	1	1	1	1

② 根据真值表写出表达式。

利用输入变量之间具有互相排斥特性（即任何时刻只有一个输入变量有效），由真值表写出各输出的逻辑表达式为

$$\begin{cases} Y_2 = I_4 + I_5 + I_6 + I_7 = \overline{\overline{I_4 I_5 I_6 I_7}} \\ Y_1 = I_2 + I_3 + I_6 + I_7 = \overline{\overline{I_2 I_3 I_6 I_7}} \\ Y_0 = I_1 + I_3 + I_5 + I_7 = \overline{\overline{I_1 I_3 I_5 I_7}} \end{cases} \tag{4-1}$$

③ 画逻辑图。根据式（4-1）可画出如图 4-1 所示逻辑电路图。

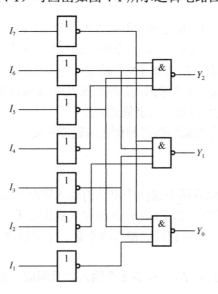

图 4-1　3 位二进制编码器

4.1.2 优先编码器

在实际应用中，若有两个或两个以上的输入同时要求编码时，应采用优先编码器。在数字系统中，特别是在计算机系统中，常常要控制几个工作对象，如微型计算机主机要控制打印机、磁盘驱动器、输入键盘等。当某个部件需要实行操作时，必须先送一个信号给主机（称为服务请求），经主机识别后再发出允许操作信号（服务响应），并按事先编好的程序工作。这里会有几个部件同时发出服务请求的可能，而在同一时刻只能给其中一个部件发出允许操作信号。因此，必须根据服务请求的轻重缓急，规定好这些控制对象允许操作的先后次序，即优先级别。

能识别这些请求信号的优先级别并进行编码的逻辑电路称为优先编码器。优先编码器的特点是允许同时输入两个以上的编码信号。编码器给所有的输入信号规定了优先顺序，当多个输入信号同时有效时，优先编码器能够根据事先确定的优先顺序，只对其中优先级最高的一个有效输入信号进行编码。CT74LS147 和 CT74LS148 就是两种典型的优先编码器，其中，CT74LS147 是二-十进制优先编码器，CT74LS148 是 8 线-3 线二进制优先编码器。

1. 二-十进制优先编码器 CT74LS147

图 4-2 为 10 线-4 线优先编码器 CT74LS147 的逻辑符号图，又称二-十进制优先编码器。该编码器的 $\overline{I}_1 \sim \overline{I}_9$ 为编码的输入端，低电平有效，即 "0" 表示有编码信号， "1" 表示无编码信号。由于不输入有效信号时输出为 1111，相当于 $\overline{I}_0$ 输入有效，为此，$\overline{I}_0$ 没有引脚，所以实际输入线为 9 根。$\overline{Y}_0 \sim \overline{Y}_3$ 为编码输出端，也为低电平有效，即反码输出。在 $\overline{I}_1 \sim \overline{I}_9$ 中，$\overline{I}_9$ 的优先级最高，其次是 $\overline{I}_8$，其余依此类推，$\overline{I}_1$ 的级别最低。如当 $\overline{I}_9 = 0$，则其余输入信号不论为 0 还是 1 都不起作用，输出 $\overline{Y}_3\overline{Y}_2\overline{Y}_1\overline{Y}_0 = 0110$，是 1001 的反码（即 9 的反码）；其余类推。表 4-2 为优先编码器 CT74LS147 的功能表。

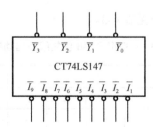

图 4-2 CT74LS147 逻辑符号图

表 4-2 二-十进制优先编码器 CT74LS147 功能表

输　　入									输　　出			
$\overline{I}_1$	$\overline{I}_2$	$\overline{I}_3$	$\overline{I}_4$	$\overline{I}_5$	$\overline{I}_6$	$\overline{I}_7$	$\overline{I}_8$	$\overline{I}_9$	$\overline{Y}_3$	$\overline{Y}_2$	$\overline{Y}_1$	$\overline{Y}_0$
1	1	1	1	1	1	1	1	1	1	1	1	1
×	×	×	×	×	×	×	×	0	0	1	1	0
×	×	×	×	×	×	×	0	1	0	1	1	1
×	×	×	×	×	×	0	1	1	1	0	0	0

续表

输　入									输　出			
$\overline{I_1}$	$\overline{I_2}$	$\overline{I_3}$	$\overline{I_4}$	$\overline{I_5}$	$\overline{I_6}$	$\overline{I_7}$	$\overline{I_8}$	$\overline{I_9}$	$\overline{Y_3}$	$\overline{Y_2}$	$\overline{Y_1}$	$\overline{Y_0}$
×	×	×	×	×	0	1	1	1	1	0	0	1
×	×	×	×	0	1	1	1	1	1	0	1	0
×	×	×	0	1	1	1	1	1	1	0	1	1
×	×	0	1	1	1	1	1	1	1	1	0	0
×	0	1	1	1	1	1	1	1	1	1	0	1
0	1	1	1	1	1	1	1	1	1	1	1	0

2. 8 线-3 线二进制优先编码器 CT74LS148

图 4-3 为 8 线-3 线二进制优先编码器 CT74LS148 的逻辑符号。该编码器有 8 个编码信号输入端，3 个编码输出端。其中 $\overline{I_0}\sim\overline{I_7}$ 为编码信号输入端，低电平有效。为 $\overline{Y_0}\sim\overline{Y_2}$ 编码输出端（二进制码），也是反码输出。为了增加电路的扩展功能和使用的灵活性，还设置了输入使能端 $\overline{EI}$，输出使能端 EO 和优先编码器扩展输出端 $\overline{GS}$。

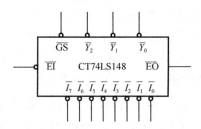

图 4-3　CT74LS148 逻辑功能

CT74LS148 优先编码器功能表见表 4-3。

表 4-3　CT74LS148 优先编码器功能表

输　入									输　出				
$\overline{EI}$	$\overline{I_0}$	$\overline{I_1}$	$\overline{I_2}$	$\overline{I_3}$	$\overline{I_4}$	$\overline{I_5}$	$\overline{I_6}$	$\overline{I_7}$	$\overline{Y_2}$	$\overline{Y_1}$	$\overline{Y_0}$	$\overline{GS}$	EO
1	×	×	×	×	×	×	×	×	1	1	1	1	1
0	1	1	1	1	1	1	1	1	1	1	1	1	0
0	×	×	×	×	×	×	×	0	0	0	0	0	1
0	×	×	×	×	×	×	0	1	0	0	1	0	1
0	×	×	×	×	×	0	1	1	0	1	0	0	1
0	×	×	×	×	0	1	1	1	0	1	1	0	1
0	×	×	×	0	1	1	1	1	1	0	0	0	1
0	×	×	0	1	1	1	1	1	1	0	1	0	1
0	×	0	1	1	1	1	1	1	1	1	0	0	1
0	0	1	1	1	1	1	1	1	1	1	1	0	1

① $\overline{EI}$ 为使能输入端，低电平有效。即当 $\overline{EI}=0$ 时，允许编码，输出 $\overline{Y_2}\overline{Y_1}\overline{Y_0}$ 为对应二进制的反码；当 $\overline{EI}=1$ 时，禁止编码。

② 优先顺序为 $\overline{I_7}\sim\overline{I_0}$，即 $\overline{I_7}$ 的优先级最高，然后是 $\overline{I_6}$，依次类推，$\overline{I_0}$ 级别最低。如当 $\overline{I_3}=0$，输入 $\overline{I_7}\sim\overline{I_4}$ 均为 1 时，不管 $\overline{I_2}\sim\overline{I_0}$ 有无信号，均按 $\overline{I_3}$ 输入编码，输出 $\overline{Y_2}\overline{Y_1}\overline{Y_0}=100$，是 011 的反码。

③ 输出使能端 EO 高电平有效，扩展输出端 $\overline{GS}$ 低电平有效。

思考与练习

4-1-1　什么是编码器？编码器是如何分类的？

4-1-2　什么是优先编码器？

4-1-3　和普通编码器相比优先编码器有什么优点？

操作训练1　编码器逻辑功能测试

1. 训练目的

① 熟悉编码器逻辑功能。

② 掌握编码器逻辑功能测试方法。

2. 仿真测试

① 按图 4-4 连接编码器逻辑功能测试电路。

② 仿真测试，打开仿真开关，通过键盘空格、A 键、B 键、…、G 键设置 S0～S7 的位置，改变 D0～D7 的输入数据，通过逻辑探针观察输出结果。

③ 按 CT74LS148 优先编码器功能测试表（表 4-4）所列的数据测试 74LS148D 的功能，并将结果填入表中。

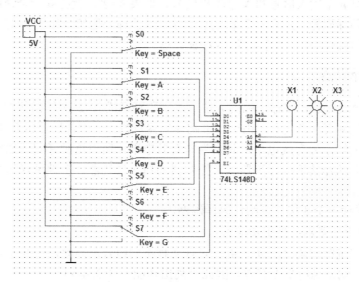

图 4-4　编码器 CT74LS148D 逻辑功能测试电路

表 4-4　CT74LS148 优先编码器功能测试表

输　　入									输　　出				
$\overline{EI}$	$\overline{I_0}$	$\overline{I_1}$	$\overline{I_2}$	$\overline{I_3}$	$\overline{I_4}$	$\overline{I_5}$	$\overline{I_6}$	$\overline{I_7}$	$\overline{Y_2}$	$\overline{Y_1}$	$\overline{Y_0}$	$\overline{GS}$	EO
1	×	×	×	×	×	×	×	×					
0	1	1	1	1	1	1	1	1					
0	×	×	×	×	×	×	×	0					
0	×	×	×	×	×	×	0	1					
0	×	×	×	×	×	0	1	1					
0	×	×	×	×	0	1	1	1					
0	×	×	×	0	1	1	1	1					
0	×	×	0	1	1	1	1	1					
0	×	0	1	1	1	1	1	1					
0	0	1	1	1	1	1	1	1					

3.　实验测试

仿照图 4-4 连接实验电路。用发光二极管检测电路输出电平，依照表 4-4 所列对 CT74LS148D 进行逻辑功能验证。

4.2　任务 2　译码器的分析及应用

译码是编码的逆过程，其作用正好与编码相反。它将输入代码转换成特定的输出信号，即将每个代码的信息"翻译"出来。在数字电路中，能够实现译码功能的逻辑部件称为译码器，译码器的种类有很多，常用的译码器有二进制译码器、二-十进制译码器、显示译码器等。

假设译码器有 n 个输入信号和 N 个输出信号，如果 $N=2^n$，就称其为全译码器。常见的全译码器有 2 线-4 线译码器、3 线-8 线译码器、4 线-16 线译码器等。如果 $N<2^n$，称其为部分译码器，如二-十进制译码器（也称 4 线-10 线译码器）等。

4.2.1　二进制译码器

二进制译码器就是将电路输入端的 n 位二进制码翻译成 $N=2^n$ 个输出状态的电路，它属于全译码，也称变量译码器。由于二进制译码器每输入一种代码的组合时，在 2^n 个输出中只有一个对应的输出为有效电平，其余为非有效电平，所以这种译码器通常又称唯一地址译码器，常用做存储器的地址译码器以及控制器的指令译码器。在地址译码器中，把输入的二进制码称为地址。

【例 4-2】 设计一个 3 位二进制代码译码器。

解： ① 分析设计要求，列出功能表。

设输入 3 位二进制代码 A_2、A_1、A_0，共有 8 种不同组合。因此，有 8 个输出端，用 Y_0，Y_1，…，Y_7 表示，输出高电平 1 有效。因此可列出功能表（表 4-5）。

表4-5 3线-8线译码器的功能表

输 入			输 出							
A_2	A_1	A_0	Y_0	Y_1	Y_2	Y_3	Y_4	Y_5	Y_6	Y_7
0	0	0	1	0	0	0	0	0	0	0
0	0	1	0	1	0	0	0	0	0	0
0	1	0	0	0	1	0	0	0	0	0
0	1	1	0	0	0	1	0	0	0	0
1	0	0	0	0	0	0	1	0	0	0
1	0	1	0	0	0	0	0	1	0	0
1	1	0	0	0	0	0	0	0	1	0
1	1	1	0	0	0	0	0	0	0	1

② 根据译码器的功能表写出输出逻辑函数式为:

$$\begin{cases} Y_0 = \overline{A_2}\,\overline{A_1}\,\overline{A_0} = m_0 \\ Y_1 = \overline{A_2}\,\overline{A_1}A_0 = m_1 \\ Y_2 = \overline{A_2}A_1\overline{A_0} = m_2 \\ Y_3 = \overline{A_2}A_1A_0 = m_3 \\ Y_4 = A_2\overline{A_1}\,\overline{A_0} = m_4 \\ Y_5 = A_2\overline{A_1}A_0 = m_5 \\ Y_6 = A_2A_1\overline{A_0} = m_6 \\ Y_7 = A_2A_1A_0 = m_7 \end{cases} \qquad (4\text{-}2)$$

式（4-2）为3线-8线译码器输出逻辑表达式。可以看出，3线-8线译码器的8个输出逻辑函数是8个不同的最小项，它实际上是3位二进制代码变量的全部最小项。因此，二进制译码器又称全译码器。

③ 画逻辑图。

3位二进制译码器逻辑图如图4-5所示。

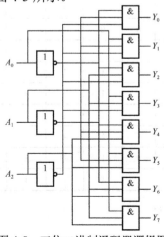

图4-5 三位二进制译码器逻辑图

上述译码器输出为与门阵列，输出逻辑函数为输入信号的与运算，译码器输出高电平有效。如将输出的与门换成与非门时，则输出为与非函数，同时将 $Y_0 \sim Y_7$ 改为 $\overline{Y}_0 \sim \overline{Y}_7$，这时译码器输出低电平有效，电路如图4-6所示。

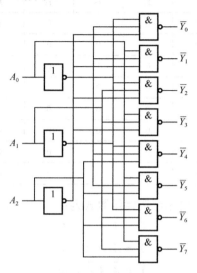

图4-6　与非门组成的3位二进制译码器

常用的集成3线-8线译码器CT74LS138，表4-6为它的功能表，A_2、A_1、A_0 为二进制代码输入端，$\overline{Y}_0 \sim \overline{Y}_7$ 为输出端，低电平有效，ST_A、$\overline{ST}_B$、$\overline{ST}_C$ 为三个选通控制端（使能端）。ST_A 高电平有效，$\overline{ST}_B$、$\overline{ST}_C$ 为低电平有效。

表4-6　CT74LS138的功能表

输　　入						输　　出							
ST_A	$\overline{ST}_B$	$\overline{ST}_C$	A_2	A_1	A_0	$\overline{Y}_0$	$\overline{Y}_1$	$\overline{Y}_2$	$\overline{Y}_3$	$\overline{Y}_4$	$\overline{Y}_5$	$\overline{Y}_6$	$\overline{Y}_7$
0	×	×	×	×	×	1	1	1	1	1	1	1	1
×	1	×	×	×	×	1	1	1	1	1	1	1	1
×	×	1	×	×	×	1	1	1	1	1	1	1	1
1	0	0	0	0	0	0	1	1	1	1	1	1	1
1	0	0	0	0	1	1	0	1	1	1	1	1	1
1	0	0	0	1	0	1	1	0	1	1	1	1	1
1	0	0	0	1	1	1	1	1	0	1	1	1	1
1	0	0	1	0	0	1	1	1	1	0	1	1	1
1	0	0	1	0	1	1	1	1	1	1	0	1	1
1	0	0	1	1	0	1	1	1	1	1	1	0	1
1	0	0	1	1	1	1	1	1	1	1	1	1	0

CT74LS138输出逻辑表达式为

$$\begin{cases} \overline{Y_0} = \overline{\overline{A_2}\,\overline{A_1}\,\overline{A_0}} = \overline{m_0} \\ \overline{Y_1} = \overline{\overline{A_2}\,\overline{A_1}\,A_1} = \overline{m_1} \\ \overline{Y_2} = \overline{\overline{A_2}\,A_1\,\overline{A_0}} = \overline{m_2} \\ \overline{Y_3} = \overline{\overline{A_2}\,A_1\,A_0} = \overline{m_3} \\ \overline{Y_4} = \overline{A_2\,\overline{A_1}\,\overline{A_0}} = \overline{m_4} \\ \overline{Y_5} = \overline{A_2\,\overline{A_1}\,A_0} = \overline{m_5} \\ \overline{Y_6} = \overline{A_2\,A_1\,\overline{A_0}} = \overline{m_6} \\ \overline{Y_7} = \overline{A_2\,A_1\,A_0} = \overline{m_7} \end{cases} \tag{4-3}$$

CT74LS138 的逻辑符号如图 4-7 所示。

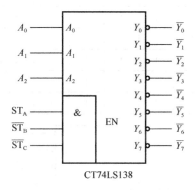

图 4-7　CT74LS138 逻辑功能图

4.2.2　二–十进制译码器

二–十进制译码器（也称 BCD 码译码器）的逻辑功能就是将输入 BCD 的 10 个代码译成 10 个十进制输出信号。它以 4 位二进制码 0000～1001 代表 0～9 十进制数。因此这种译码器 应有 4 个输入端、10 个输出端。若译码结果为低电平有效，当输入一组数码，只有对应的一 根输出线为 0，其余为 1，则表示译出该组数码对应的那个十进制数。

CT74LS42 是一种典型的二–十进制译码器，其逻辑符号如图 4-8 所示。它有 4 个输入端 $A_3\sim A_0$，10 个输出端 $\overline{Y_0}\sim\overline{Y_9}$，分别对应十进制的 10 个数码，输出为低电平有效。对于 BCD 码以外的 6 个无效状态称为伪码，CT74LS42 能自动拒绝伪码，当输入为 1010～1111 这 6 个 伪码时，输出端 $\overline{Y_0}\sim\overline{Y_9}$ 均为 1，译码器拒绝译码。其功能表见表 4-7。

表 4-7　4 线-10 线译码器 CT74LS42 的功能表

十进制数	输　入				输　　　出									
	A_3	A_2	A_1	A_0	$\overline{Y_0}$	$\overline{Y_1}$	$\overline{Y_2}$	$\overline{Y_3}$	$\overline{Y_4}$	$\overline{Y_5}$	$\overline{Y_6}$	$\overline{Y_7}$	$\overline{Y_8}$	$\overline{Y_9}$
0	0	0	0	0	0	1	1	1	1	1	1	1	1	1
1	0	0	0	1	1	0	1	1	1	1	1	1	1	1
2	0	0	1	0	1	1	0	1	1	1	1	1	1	1

十进制数	输入				输出									
	A_3	A_2	A_1	A_0	$\overline{Y_0}$	$\overline{Y_1}$	$\overline{Y_2}$	$\overline{Y_3}$	$\overline{Y_4}$	$\overline{Y_5}$	$\overline{Y_6}$	$\overline{Y_7}$	$\overline{Y_8}$	$\overline{Y_9}$
3	0	0	1	1	1	1	1	0	1	1	1	1	1	1
4	0	1	0	0	1	1	1	1	0	1	1	1	1	1
5	0	1	0	1	1	1	1	1	1	0	1	1	1	1
6	0	1	1	0	1	1	1	1	1	1	0	1	1	1
7	0	1	1	1	1	1	1	1	1	1	1	0	1	1
8	1	0	0	0	1	1	1	1	1	1	1	1	0	1
9	1	0	0	1	1	1	1	1	1	1	1	1	1	0
伪码	1	0	1	0	1	1	1	1	1	1	1	1	1	1
	1	0	1	1	1	1	1	1	1	1	1	1	1	1
	1	1	0	0	1	1	1	1	1	1	1	1	1	1
	1	1	0	1	1	1	1	1	1	1	1	1	1	1
	1	1	1	0	1	1	1	1	1	1	1	1	1	1
	1	1	1	1	1	1	1	1	1	1	1	1	1	1

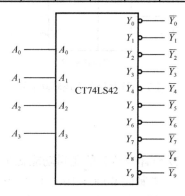

图 4-8 CT74LS42 逻辑符号图

4.2.3 数字显示译码器

在数字测量仪表和各种数字系统中，常常需要将数字、字母、符号等直观地显示出来，一方面供人们直接读取测量和运算结果，另一方面用于监视数字系统的工作情况。能够显示数字、字母或符号的器件称为数字显示器，数字显示电路是许多数字设备不可缺少的部分。数字显示电路通常由译码器、驱动器和显示器等部分组成。

在数字电路中，数字量都是以一定的代码形式出现的，所以这些数字量要先经过译码，才能送到数字显示器。这种能把数字量翻译成数字显示器所能识别的信号的译码器称为数字显示译码器。

常用的数字显示器有多种类型，广泛应用于各种数字设备中，目前数字显示器正朝着小型、低功耗、平面化的方向发展。

按显示方式分，数字显示器有字型重叠式、点阵式、分段式等。

按发光物质分，数字显示器有半导体显示器（又称发光二极管 LED 显示器）、荧光显示器、液晶显示器、气体放电管显示器（如辉光数码管、等离子显示板等）。其中 LED 显示器应用最广泛。

1. 七段数码显示器

七段数码显示器就是将 7 个发光二极管（加小数点为 8 个）按一定的方式排列起来，*a*、*b*、*c*、*d*、*e*、*f*、*g* 和小数点 *DP* 各对应一个发光二极管，利用不同发光段的组合，显示不同的阿拉伯数字。其逻辑符号如图 4-9 所示。

（a）逻辑符号 （b）发光段组合图

图 4-9 数字显示器及发光段组合图

按内部连接方式不同，七段数码显示器分为共阴极和共阳极两种，其接法如图 4-10 所示。

对于共阴极型数码显示器，某字段为高电平时，该字段亮；对于共阳极型，某字段为低电平时，该字段亮。所以两种显示器所接的译码器类型是不同的。

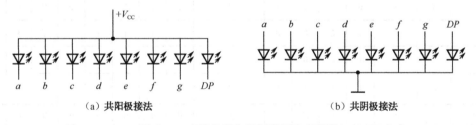

（a）共阳极接法 （b）共阴极接法

图 4-10 半导体数字显示器的内部接法

半导体显示器的优点是工作电压较低（1.5～3V）、体积小、寿命长、亮度高、响应速度快、工作可靠性高。其发光颜色因所用材料不同，有红色、绿色、黄色等，它可以直接用 TTL 门驱动。缺点是工作电流大，每个字段的工作电流约为 10mA。

2. 七段显示译码器 74LS47/48

七段显示译码器的品种很多，功能各有差异，现以 74LS47/48 为例，分析说明显示译码器的功能和应用。

74LS47 与 74LS48 的主要区别是输出有效电平不同，74LS47 是输出低电平有效，可驱动共阳极 LED 数码管；74LS48 是输出高电平有效，可驱动共阴极 LED 数码管。下面以 74LS48 为例说明，图 4-11 是 74LS48 引脚图，表 4-8 为其功能表。

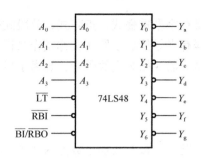

图 4-11　74LS48 驱动译码器

表 4-8　七段显示译码器 74LS48 的逻辑功能表

输入数字	输　入						$\overline{\text{BI/RBO}}$	输　出							字型
	$\overline{\text{LT}}$	$\overline{\text{RBI}}$	A_1	A_2	A_3	A_4		Y_a	Y_b	Y_c	Y_d	Y_e	Y_f	Y_g	
0	1	1	0	0	0	0	1	1	1	1	1	1	1	0	0
1	1	×	0	0	0	1	1	0	1	1	0	0	0	0	1
2	1	×	0	0	1	0	1	1	1	0	1	1	0	1	2
3	1	×	0	0	1	1	1	1	1	1	1	0	0	1	3
4	1	×	0	1	0	0	1	0	1	1	0	0	1	1	4
5	1	×	0	1	0	1	1	1	0	1	1	0	1	1	5
6	1	×	0	1	1	0	1	0	0	1	1	1	1	1	6
7	1	×	0	1	1	1	1	1	1	1	0	0	0	0	7
8	1	×	1	0	0	0	1	1	1	1	1	1	1	1	8
9	1	×	1	0	0	1	1	1	1	1	0	0	1	1	9
灯测试	0	×	×	×	×	×	1	1	1	1	1	1	1	1	8
消隐	×	×	×	×	×	×	0	0	0	0	0	0	0	0	全暗
动态火零	1	0	0	0	0	0	0	0	0	0	0	0	0	0	全暗

　　七段显示译码器 74LS48 的逻辑图中 $Y_a\sim Y_g$ 为译码输出端，另外，它还有 3 个控制端：试灯输入端 $\overline{\text{LT}}$、灭零输入端 $\overline{\text{RBI}}$，特殊控制端 $\overline{\text{BI/RBO}}$ 为消隐输入/动态灭 0 输出端。

　　① 正常译码显示。$\overline{\text{LT}}$ =1，$\overline{\text{BI/RBO}}$ =1 时，对输入为十进制数 0～15 的二进制码（0000～1111）进行译码，产生对应的 7 段显示码。

　　② 灭零。当输入 $\overline{\text{RBI}}$ =0，而输入为 0 的二进制码 0000 时，则译码器的 $Y_a\sim Y_g$ 输出全 0，使显示器全灭，只有当 $\overline{\text{RBI}}$ =1 时，才产生的 7 段显示码。所以 $\overline{\text{RBI}}$ 称为灭零输入端。

　　③ 试灯。当 $\overline{\text{LI}}$ =0 时．且 $\overline{\text{BI/RBO}}$ =1，无论输入怎样，$Y_a\sim Y_g$ 输出全 1，数码管 7 段全亮，由此可以检测显示器 7 个发光段的好坏。$\overline{\text{LI}}$ 称为试灯输入端。

　　④ 特殊控制端 $\overline{\text{BI/RBO}}$。$\overline{\text{BI/RBO}}$ 可以作为输入端，也可以作为输出端。

作为输入使用时，若 $\overline{BI}=0$，不管其他输入端为何值，$Y_a \sim Y_g$ 均输出 0。显示器全灭，因此 $\overline{BI}$ 称为输入消隐控制端。

作为输出端使用时，受控于 $\overline{RBI}$。当 $\overline{RBI}=0$，输入为 0 的二进制码 0000 时，$\overline{RBO}=0$，用以指示该片正处于灭零状态，所以，$\overline{RBO}$ 又称灭零输出端。

将 $\overline{BI}/\overline{RBO}$ 和 $\overline{RBI}$ 配合使用，可以实现多位数显示时的"无效 0 消隐"功能。在多位十进制数码显示时，整数前和小数后的 0 是无意义的，称为"无效 0"。

在图 4-12 所示的多位数码显示系统中，就可将无效 0 灭掉。从图 4-12 中可见，由于整数部分 74LS48 除了最高位的 $\overline{RBI}$ 接 0、最低位的 $\overline{RBI}$ 接 1 外，其余各位的 $\overline{RBI}$ 均接受高位的 $\overline{RBO}$ 输出信号。所以整数部分只有在高位是 0，而且被熄灭时，低位才有灭 0 输入信号。同理，小数部分除了最高位的 $\overline{RBI}$ 接 1、最低位 $\overline{RBI}$ 接 0 外，其余各位均接收低位 $\overline{RBO}$ 输出信号。所以小数部分只有在低位是 0，而且被熄灭时，高位才有灭 0 输入信号。从而实现了多位十进制数码显示器的"无效 0 消隐"功能。

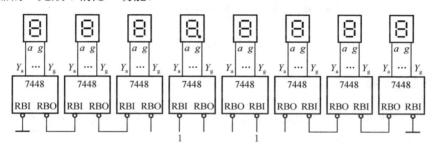

图 4-12 有灭 0 控制的 8 位数码显示系统

4.2.4 译码器的应用

1. 用译码器实现组合逻辑函数

由于译码器输出是输入变量的全部或部分最小项，而任何一个逻辑函数都可以用最小项之和表达式来表示，因此，用变量译码器配以适当的门电路就可以实现组合逻辑函数。当逻辑函数不是标准式时，应先变成标准式，而不是求最简表达式，这与用门电路进行组合设计是不同的。

【例 4-3】 试用译码器和门电路实现逻辑函数

$$Y = AB + BC + AC$$

解：① 根据逻辑函数选译码器。由于逻辑函数 Y 中有 A、B、C 三个变量，可选 3 线-8 线译码器 CT74LS138。

② 将逻辑函数换成最小项表达式。

$$
\begin{aligned}
Y &= AB + BC + AC \\
&= \overline{A}BC + A\overline{B}C + AB\overline{C} + ABC \\
&= m_3 + m_5 + m_6 + m_7
\end{aligned}
$$

③ 令译码器 $A_2=A$，$A_1=B$，$A_0=C$，因为 CT74LS138 是低电平有效，所以将式变成与非-与非表达式

$$Y = \overline{m_3 + m_5 + m_6 + m_7}$$
$$= \overline{\overline{m_3 + m_5 + m_6 + m_7}}$$
$$= \overline{\overline{m_3} \cdot \overline{m_5} \cdot \overline{m_6} \cdot \overline{m_7}}$$
$$= \overline{\overline{Y_3} \cdot \overline{Y_5} \cdot \overline{Y_6} \cdot \overline{Y_7}}$$

④ 画逻辑电路。根据上式可画出逻辑图，如图4-13所示。

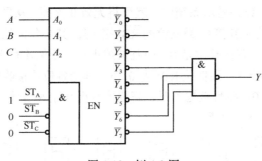

图4-13　例4-3图

2. 译码器的扩展

利用译码器的使能端可以方便地扩展译码器的容量。将两片 CT74LS138 扩展为 4 线-16 线译码器的电路，如图4-14所示。

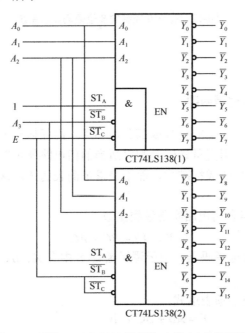

图4-14　两片 CT74LS138 扩展为4 线-16 线译码器

当 $E=1$ 时，两个译码器都禁止工作，输出全1；当 $E=0$ 时，译码器工作。这时，如果 $A_3=0$，高位片（片2）不工作，低位片（片1）工作，输出 $\overline{Y_0} \sim \overline{Y_7}$ 由输入二进制代码 $A_2 A_1 A_0$。决定；

如果 $A_3=1$，低位片禁止，高位片工作，输出 $\overline{Y}_8 \sim \overline{Y}_{15}$ 由输入二进制代码 $A_2A_1A_0$ 决定，从而实现了 4 线-16 线译码器功能。

3. 译码器实现数据分配功能

将一路输入数据分配到多路数据输出中的指定通道上的逻辑电路称为数据分配器，又称多路数据分配器。

四路数据分配器如图 4-15 所示，其中 D 为一路数据输入，$Y_3 \sim Y_0$ 为四路数据输出，A_1、A_0 为地址选择码输入。

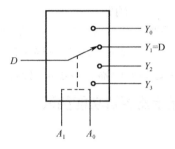

图 4-15 数据分配器示意图

从数据分配器的真值表或输出表达式可以看出，数据分配器和译码器非常相似。将译码器进行适当连接，就能实现数据分配的功能。

（1）将带有使能端的译码器改为数据分配器

原则上任何带使能端的通用译码器均可作为数据分配器使用。将译码器的使能端作为数据输入端，二进制代码输入端作为地址输入端，则可以完成数据分配器的功能。

74LS138 译码器有 8 个译码输出端，因此，可以用一片 74LS138 实现 8 路数据分配，其电路连接如图 4-16 所示。图中，$A_2 \sim A_0$ 为地址信号输入端，$\overline{Y}_0 \sim \overline{Y}_7$ 为数据输出端，可从使能端 ST_A、$\overline{ST}_B$、$\overline{ST}_C$ 中选择一个作为数据输入端 D。如 $\overline{ST}_B$ 或 $\overline{ST}_C$ 作为数据输入端 D 时输出原码，接法如图 4-16（a）所示。如 ST_A 作为数据输入端 D 时，输出反码，如图 4-16（b）所示。

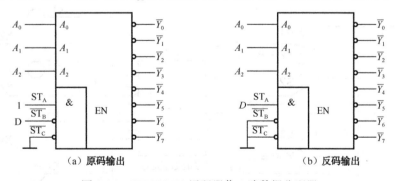

图 4-16 CT74LS138 译码器作 8 路数据分配器

（2）将没有使能端的译码器改为数据分配器

图 4-17 所示为由 4 线-10 线译码器 CT74LS42 构成的 8 路数据分配器，其 4 路地址线中，A_0、A_1、A_2、A_3 作为地址码输入端，把最高位 A_3 用做数据 D 输入，$\overline{Y}_0 \sim \overline{Y}_7$ 作为输出通道。

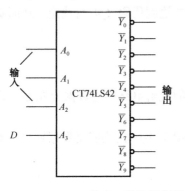

图 4-17　CT74LS42 构成 8 路数据分配器

数据分配器在计算机中有广泛的应用，数据要传送到的最终地址以及传送的方式都可以通过数据分配器来实现。同时，数据分配器与数据选择器一起构成数据传送系统，可实现多路数字信息的分时传送，达到减少传输线数的目的。

思考与练习

4-2-1　什么是译码器？译码器是如何进行分类的？

4-2-2　什么是二进制译码器？为什么说二进制译码器又称全译码器？

4-2-3　二进制译码器、二–十进制译码器、显示译码器三者之间有哪些区别？

操作训练2　译码器和数码显示器逻辑功能测试

1. 实训目的

① 熟悉译码器和数码显示器的逻辑功能。
② 掌握译码器和数码管显示器的测试方法。

2. 仿真测试

（1）74LS138 逻辑功能测试

① 连接测试电路。74LS138 逻辑功能仿真测试电路如图 4-18 所示。

② 仿真测试，打开仿真开关，启动仿真。按键盘 A 键、B 键、C 键，设置 S1、S2、S3 的状态，观察逻辑探测笔的状态。

③ 按照表 4-9 中的数据测试 74LS138 的逻辑功能。

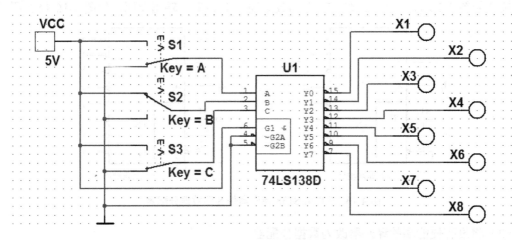

图 4-18　连接示意图

表 4-9　74LS138 功能测试数据

输　入						输　出							
ST_A	$\overline{ST_B}$	$\overline{ST_C}$	A_2	A_1	A_0	$\overline{Y_0}$	$\overline{Y_1}$	$\overline{Y_2}$	$\overline{Y_3}$	$\overline{Y_4}$	$\overline{Y_5}$	$\overline{Y_6}$	$\overline{Y_7}$
0	×	×	×	×	×								
×	1	×	×	×	×								
×	×	1	×	×	×								
1	0	0	0	0	0								
1	0	0	0	0	1								
1	0	0	0	1	0								
1	0	0	0	1	1								
1	0	0	1	0	0								
1	0	0	1	0	1								
1	0	0	1	1	0								
1	0	0	1	1	1								

（2）显示译码器逻辑功能仿真测试

① 连接显示译码器仿真测试电路如图 4-19 所示。

② 仿真测试，打开仿真开关，启动仿真。通过按键盘 A 键、B 键、…、G 键，设置 S1～S7 的状态，观察逻辑探测笔的状态。

③ 检查数码显示器的好坏。使试灯端 $\overline{LT}$ =0，其余为任意状态，这时数码管各段全部点亮，否则数码管是坏的。再将灭灯输出端/灭零输出端 $\overline{BI/RBO}$ 接地，这时如果数码管全灭，则译码显示是好的。

④ 将 A_3～A_0 接拨动开关，$\overline{LT}$、$\overline{RBI}$、$\overline{BI/RBO}$ 分别接逻辑高电平。改变拨动开关的逻辑电平，在不同的输入状态下，将从数码管观察到的字形填入表 4-10 中。

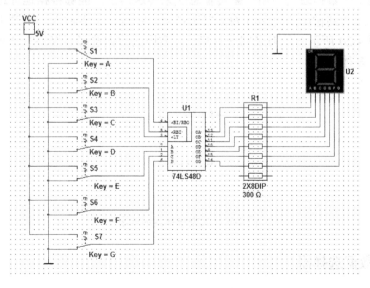

图 4-19　显示译码仿真测试电路

表 4-10　显示译码器测试数据

输 入				输 出 字 型	输 入				输 出 字 型
A_3	A_2	A_1	A_0		A_3	A_2	A_1	A_0	
0	0	0	0		1	0	0	0	
0	0	0	1		1	0	0	1	
0	0	1	0		1	0	1	0	
0	0	1	1		1	0	1	1	
0	1	0	0		1	1	0	0	
0	1	0	1		1	1	0	1	
0	1	1	0		1	1	1	0	
0	1	1	1		1	1	1	1	

3. 实验测试

（1）74LS138 逻辑功能测试

仿照图 4-18 连接实验电路。用发光二极管检测电路，依照表 4-9 测试 74LS138 的逻辑功能。

（2）显示译码器逻辑功能测试

仿照图 4-19 连接实验电路。用发光二极管检测电路，参考表 4-10 仿真测试显示译码器逻辑功能。

4.3　任务3　数据选择器的分析与应用

在数字系统尤其是计算机数字系统中，将多路数据进行远距离传送时，为了减少传输线的数目，往往是多个数据通道共用一条传输总线来传送信息。能够根据地址选择码从多路输入数据中选择一路送到输出的电路称为数据选择器。它是一个多输入、单输出的组合逻辑电路，其功能与图 4-20 所示的单刀多掷开关相似。常用的数据选择器模块有 2 选 1、4 选 1、8 选 1、16 选 1 等多种类型。

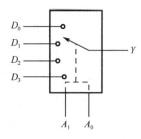

图 4-20　数据选择器示意图

4.3.1　4 选 1 数据选择器

图 4-21 为 4 选 1 数据选择器的逻辑图，图中 $D_3 \sim D_0$ 为数据输入端，A_1、A_0 为地址信号输

入端，Y 为数据输出端，$\overline{ST}$ 为使能端，又称选通端，输入低电平有效。其功能表见表 4-11。

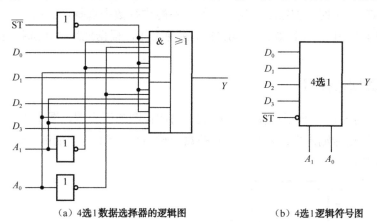

（a）4 选 1 数据选择器的逻辑图 （b）4 选 1 逻辑符号图

图 4-21　4 选 1 数据选择器

表 4-11　4 选 1 数据选择器的功能表

输　　入							输　　出
$\overline{ST}$	A_1	A_0	D_3	D_2	D_1	D_0	Y
1	×	×	×	×	×	×	0
0	0	0	×	×	×	D_0	D_0
0	0	1	×	×	D_1	×	D_1
0	1	0	×	D_2	×	×	D_2
0	1	1	D_3	×	×	×	D_3

由图和功能表可写出输出逻辑函数式：

$$Y = \overline{(\overline{A_1}\,\overline{A_0}D_0 + \overline{A_1}\,A_0 D_1 + A_1\overline{A_0}D_2 + A_1 A_0 D_3)\overline{ST}}$$

当 $\overline{ST}=0$ 时，输出 $Y=0$，数据选择器不工作。

当 $\overline{ST}=1$ 时，数据选择器工作。其输出为

$$Y = \overline{A_1}\,\overline{A_0}D_0 + \overline{A_1}\,A_0 D_1 + A_1\overline{A_0}D_2 + A_1 A_0 D_3$$

集成 4 选 1 数据选择器是 74LS153，图 4-22 所示的是 74LS153 的引脚图。

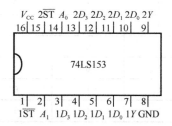

图 4-22　74LS153 引脚图

74LS153 是集成双 4 选 1 数据选择器，A_1、A_0 为共用地址信号输入端，$1Y$、$2Y$ 为各自的

输出端，$1\overline{ST}$、$2\overline{ST}$ 分别为各自的使能端，低电平有效。

当 $1\overline{ST}$（$2\overline{ST}$）=1 时，74LS153 禁止工作，不能进行数据选择，$Y=0$。

当 $1\overline{ST}$（$2\overline{ST}$）=0 时（有效），74LS153 接通工作，根据地址代码选择 $D_3 \sim D_0$ 中某一路输出。

4.3.2　8 选 1 数据选择器

图 4-23 所示为 8 选 1 数据选择器 74LS151 的逻辑图和引脚图，图中 $D_7 \sim D_0$ 为数据输入端，$A_2 \sim A_0$ 为地址信号输入端，Y 和 $\overline{Y}$ 为互补数据输出端，$\overline{ST}$ 为使能端，输入低电平有效。其功能表见表 4-12。

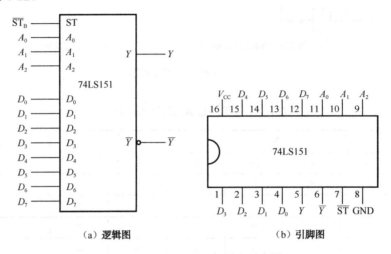

（a）逻辑图　　　　　　　　　（b）引脚图

图 4-23　74LS151 逻辑图和引脚图

表 4-12　8 选 1 数据选择器 74LS151 的功能表

输　　　入					输　　出	
$\overline{ST}$	D	A_2	A_1	A_0	Y	$\overline{Y}$
1	×	×	×	×	0	1
0	D_0	0	0	0	D_0	$\overline{D_0}$
0	D_1	0	0	1	D_1	$\overline{D_1}$
0	D_2	0	1	0	D_2	$\overline{D_2}$
0	D_3	0	1	1	D_3	$\overline{D_3}$
0	D_4	1	0	0	D_4	$\overline{D_4}$
0	D_5	1	0	1	D_5	$\overline{D_5}$
0	D_6	1	1	0	D_6	$\overline{D_6}$
0	D_7	1	1	1	D_7	$\overline{D_7}$

由表可写出 8 选 1 数据选择器的输出逻辑函数 Y 为

$$Y = \overline{(\overline{A_2}\,\overline{A_1}\,\overline{A_0}D_0 + \overline{A_2}\,\overline{A_1}A_0D_1 + \overline{A_2}A_1\overline{A_0}D_2 + \overline{A_2}A_1A_0D_3 + A_2\overline{A_1}\,\overline{A_0}D_4 +}$$
$$\overline{A_2\overline{A_1}A_0D_5 + A_2A_1\overline{A_0}D_6 + A_2A_1A_0D_7)\overline{\overline{ST}}}$$

当 $\overline{\overline{ST}}$ =0 时，输出 Y=0，数据选择器不工作。

当 $\overline{\overline{ST}}$ =1 时，数据选择器工作。其输出为

$$Y = \overline{A_2}\,\overline{A_1}\,\overline{A_0}D_0 + \overline{A_2}\,\overline{A_1}A_0D_1 + \overline{A_2}A_1\overline{A_0}D_2 + \overline{A_2}A_1A_0D_3 + A_2\overline{A_1}\,\overline{A_0}D_4 +$$
$$A_2\overline{A_1}A_0D_5 + A_2A_1\overline{A_0}D_6 + A_2A_1A_0D_7$$

4.3.3　数据选择器的应用

1. 用数据选择器实现逻辑函数

由于数据选择器在输入数据全部为 1 时，输出为地址输入变量全体最小项的和，因此，它是一个逻辑函数的最小项输出器。任何一个逻辑函数都可以写成最小项之和的形式，所以，用数据选择器可以很方便地实现逻辑函数。

当逻辑函数的变量个数和数据选择器的地址输入变量个数相同时，可直接用数据选择器来实现逻辑函数。

【例 4-4】　试用 8 选 1 数据选择器 74LS151 实现逻辑函数

$$Y = AB + AC + BC$$

解：① 该例中选择器的地址变量数和要实现的逻辑函数的变量数相等，均为 3。先将逻辑函数转换成最小项表达式：

$$Y = AB + AC + BC$$
$$= \overline{A}BC + A\overline{B}C + AB\overline{C} + ABC$$

② 写出 8 选 1 数据选择器 CT74LS151 的输出表达式：

$$Y' = \overline{A_2}\,\overline{A_1}\,\overline{A_0}D_0 + \overline{A_2}\,\overline{A_1}A_0D_1 + \overline{A_2}A_1\overline{A_0}D_2 + \overline{A_2}A_1A_0D_3 + A_2\overline{A_1}\,\overline{A_0}D_4$$
$$+ A_2\overline{A_1}A_0D_5 + A_2A_1\overline{A_0}D_6 + A_2A_1A_0D_7$$

③ 比较 Y 与 Y' 两式中最小项的对应关系。

设 $Y = Y'$，$A = A_2$，$B = A_1$，$C = A_0$。Y' 中包含 Y 式中的最小项时，数据取 1，没有包含 Y 式中的最小项式，数据取 0。由此得

$$D_0 = D_1 = D_2 = D_4 = 0,$$
$$D_3 = D_5 = D_6 = D_7 = 1$$

④ 画连线图。根据上式可画出图 4-24 所示的连线图。

当逻辑函数的变量个数大于数据选择器的地址输入变量个数时，不能用前述的简单办法，应分离出多余的变量，把它们加到适当的数据输入端。

【例 4-5】　试用 4 选 1 数据选择器实现逻辑函数

$$Y = AB + AC + BC$$

解：由于函数 Y 有三个输入信号 A、B、C，而 4 选 1 仅有两个地址端 A_1 和 A_0，所以选 A、

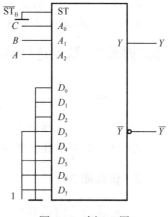

图 4-24　例 4-4 图

B 接到地址输入端，且 $A=A_1$，$B=A_0$。将 C 加到适当的数据输入端。

① 先将逻辑函数转换成最小项表达式 Y：

$$Y = AB + AC + BC$$
$$= \overline{A}BC + A\overline{B}C + AB\overline{C} + ABC$$

② 写出 4 选 1 数据选择器的输出逻辑函数式 Y'：

$$Y' = \overline{A_1}\,\overline{A_0}D_0 + \overline{A_1}\,A_0D_1 + A_1\overline{A_0}D_2 + A_1A_0D_3$$

③ 比较 Y 与 Y'。设 $Y=Y'$，由于函数 Y 有三个输入信号 A、B、C，而 4 选 1 仅有两个地址端 A_1 和 A_0，所以选 A、B 接到地址输入端，且 $A=A_1$，$B=A_0$。将 C 加到适当的数据输入端。比较得

$$D_0 = 0, \ D_1 = D_2 = C, \ D_3 = 1$$

④ 画出实现逻辑图，如图 4-25 所示。

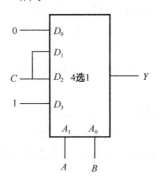

图 4-25　例 4-5 图

思考与练习

4-3-1　什么是数据选择器？它有哪些用途？

4-3-2　用数据选择器为什么能实现逻辑函数？

4-3-3　当逻辑函数变量和地址变量数相同时，如何用数据选择器实现逻辑函数？

4-3-4　当逻辑函数变量多于地址变量数时，如何用数据选择器实现逻辑函数？

操作训练 3　数据选择器的功能测试

1. 训练目的

① 掌握数据选择器的基本功能。

② 掌握数据选择器的测试方法。

2. 仿真测试

① 创建仿真测试电路。

从 TTL 元器件库调出数据选择器 74LS153D，74LS153D 内含有两个 4 选 1 数据选择器，测试电路使用其中一个 4 选 1 数据选择器，测试电路连接如图 4-26 所示。

② 打开仿真开关，启动仿真，按键盘 A 键、B 键、C 键、D 键、E 键、F 键、G 键分别控制 S1～S7 开关接高电平或低电平，改变输入信号的状态。

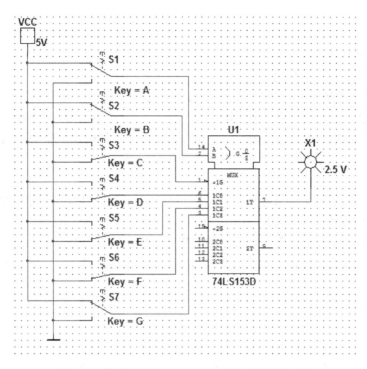

图 4-26 数据选择器 74LS153D 功能仿真测试电路

③ 双击 74LS153D 的图标，在弹出的对话框中，单击"信息"按钮，即可出现 74LS153D 的功能表，如图 4-27 所示，按图中的数据测试 74LS153D 的功能。

74xx153（Dual 4-to-1 Data Sel/MUX）

SELECT		DATA INPUTS				STROBE	OUTPUTS
B	A	C0	C1	C2	C3	$\overline{G}$	Y
×	×	×	×	×	×	1	0
0	0	0	×	×	×	0	0
0	0	1	×	×	×	0	1
0	1	×	0	×	×	0	0
0	1	×	1	×	×	0	1
1	0	×	×	0	×	0	0
1	0	×	×	1	×	0	1
1	1	×	×	×	0	0	0
1	1	×	×	×	1	0	1

图 4-27 74LS153D 的功能表

3. 实验测试

仿照图 4-26 连接实验电路，注意接线时 74LS153 的两个译码器共用一组地址端口，然而它们各有自己的选通端口 $1\overline{G}$ 和 $2\overline{G}$。用发光二极管检测电路的逻辑功能，按照仿真测试步骤测试电路的功能。

习题 4

1．填空题

（1）编码器按功能不同分为_____、_____、_____。

（2）译码器按功能不同分为_____、_____、_____。

（3）8 选 1 数据选择器在所有输入数据都为 1 时，其输出标准与或表达式共有_____个最小项。

（4）输入 3 位二进制代码的二进制译码器应有_____个输出端，共输出_____个最小项。

（5）共阳极 LED 数码管应由输出_____电平的七段显示译码器来驱动点亮。而共阴极 LED 数码管应由输出_____电平的七段显示译码器来驱动点亮。

2．判断题

（1）优先编码器的编码信号是相互排斥的，不允许多个编码信号同时有效。（　　）

（2）编码与译码是互逆的过程。（　　）

（3）二进制译码器相当于是一个最小项发生器，便于实现组合逻辑电路。（　　）

（4）共阴接法发光二极管数码显示器须选用有效输出为高电平的七段显示译码器来驱动。（　　）

（5）数据选择器和数据分配器的功能正好相反，互为逆过程。（　　）

3．选择题

（1）若在编码器中有 50 个编码对象，则要求输出二进制代码位数为（　　）位。

A．5　　　　　　B．6　　　　　　C．10　　　　　　D．50

（2）一个 16 选一的数据选择器，其地址输入（选择控制输入）端有（　　）个。

A．1　　　　　　B．2　　　　　　C．4　　　　　　D．16

（3）用 3 线-8 线译码器 74LS138 实现原码输出的 8 路数据分配器，应（　　）。

A．$ST_A=1$，$\overline{ST_B}=D$，$\overline{ST_C}=0$　　　　B．$ST_A=1$，$\overline{ST_B}=D$，$\overline{ST_C}=D$

C．$ST_A=1$，$\overline{ST_B}=0$，$\overline{ST_C}=D$　　　　D．$ST_A=D$，$\overline{ST_B}=0$，$\overline{ST_C}=0$

（4）用四选一数据选择器实现函数 $Y=A_1A_0+\overline{A_1}A_0$，应使（　　）。

A．$D_0=D_2=0$，$D_1=D_3=1$　　　　B．$D_0=D_2=1$，$D_1=D_3=0$

C．$D_0=D_1=0$，$D_2=D_3=1$　　　　D．$D_0=D_1=1$，$D_2=D_3=0$

（5）8 路数据分配器，其地址输入端有（　　）个。

A．1　　　　B．2　　　　C．3　　　　D．4　　　　E．8

4．已知逻辑电路如 4-28 所示，试求其输出端 $\overline{Y}_0\sim\overline{Y}_3$ 电平值。

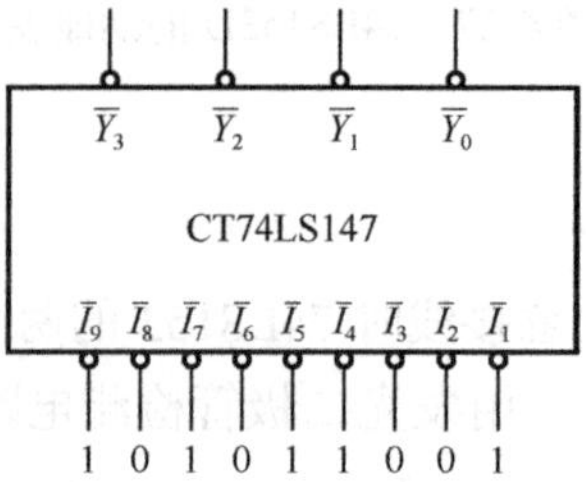

图 4-28　题 4 图

5．试用 3 线-8 线译码器和门电路设计一个组合逻辑电路，其输出逻辑函数表达式为 Y (A,B,C) $=\sum m$（0,1,3,6,7）。

6．用 3 线-8 线译码器 CT74LS138 和门电路设计下列组合逻辑电路，其输出逻辑函数为

（1）$Y = \overline{A}C + BC + A\overline{B}\,\overline{C}$

（2）$Y = \overline{(A+B)(\overline{A}+C)}$

7．试用 4 选 1 数据选择器产生逻辑函数

$$Y = \overline{ABC} + \overline{AC} + BC$$

8．用 4 选 1 数据选择器设计一个三人表决器电路。当表决某提案时，多数人同意，提案通过；否则，提案被否决。

9．试用双 4 选 1 数据选择器 74LS153 和非门构成一位全加器。

10．试用 8 选 1 数据选择器实现函数 $Y = A \oplus B \oplus C$。

触发器的分析及应用

知识目标

① 理解触发器的概念。
② 掌握 RS、JK、D 三种触发器的工作原理及逻辑符号。
③ 熟悉 T 触发器和 T′ 触发器的功能。

技能目标

① 掌握 RS、JK、D 三种触发器逻辑功能的分析方法。
② 掌握 JK、D 触发器构成 T 触发器和 T′ 触发器的方法。
③ 掌握分析测试 RS、JK、D、T 和 T′ 触发器的方法。

5.1 任务 1 RS 触发器的分析及应用

5.1.1 触发器概述

在数字系统中，除了需要各种逻辑运算电路外，还需要有能保存运算结果的逻辑元件，这就需要具有记忆功能的电路，而触发器就具有这样的功能。

1. 触发器的概念

触发器由逻辑门加反馈电路组成，能够存储和记忆 1 位二进制数。触发器电路有两个互补的输出端，用 Q 和 $\overline{Q}$ 表示。触发器的特点如下。

① 触发器具有两个能自保持的稳定状态。在没有外加输入信号触发时，触发器保持稳定状态不变。通常用输出端 Q 的状态来表示触发器的状态。$Q=0$，称为触发器处于 0 态。$Q=1$，称为触发器处于 1 态。

② 在外加输入信号触发时，触发器可以从一种稳定状态翻转成另一种状态。为了区分触发信号作用前、作用后的触发器状态，通常把触发信号作用前的触发器状态称为初态或者现态，也有称为原态的，用 Q^n 表示；把触发信号作用后的触发器状态称为次态，用 Q^{n+1} 表示。

触发器的逻辑功能用特性表、激励表（又称驱动表）、特性方程、状态转换图和波形图（又称时序图）来描述。

2. 触发器的类别

按照逻辑功能的不同，触发器分为 RS 触发器、JK 触发器、D 触发器、T 和 T′ 触发器。按触发方式不同，触发器可分为电平触发器、边沿触发器和主从触发器等。

按照电路结构形式的不同，触发器分为基本触发器和时钟触发器。基本触发器是指基本 RS 触发器，时钟触发器包括同步 RS 触发器、主从结构触发器和边沿触发器。

按照构成的元件不同，分为 TTL 触发器和 CMOS 触发器。

5.1.2 基本 RS 触发器

1. 基本 RS 触发器电路结构

由两个与非门交叉耦合反馈构成基本 RS 触发器，图 5-1 为它的逻辑图和逻辑符号。$\bar{S}$ 和 $\bar{R}$ 为信号输入端，低电平有效；Q 和 $\bar{Q}$ 为互补输出端。

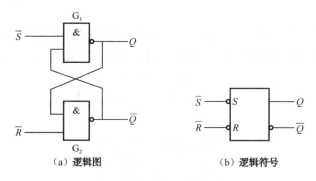

（a）逻辑图　　　　　　　　（b）逻辑符号

图 5-1　基本 RS 触发器

2. 逻辑功能

① 若 $\bar{R}=1$，$\bar{S}=1$，触发器保持稳定状态不变。若触发器初态为 $Q=0$，$\bar{Q}=1$，触发器自锁稳定为 0 状态；若触发器初态为 $Q=1$，$\bar{Q}=0$，触发器同样可以自锁稳定为 1 状态。

② $\bar{R}=1$，$\bar{S}=0$，触发器置 1。因 $\bar{S}=0$，G_1 输出 $Q=1$，这时 G_2 输入都为高电平 1，输出 $\bar{Q}=0$，触发器被置 1。使触发器处于 1 状态的输入端 $\bar{S}$ 称为置 1 端。

③ $\bar{R}=0$，$\bar{S}=1$，触发器置 0。因 $\bar{R}=0$，G_2 输出 $\bar{Q}=1$，这时 G_1 输入都为高电平 1，输出 $Q=0$，触发器被置 0。使触发器处于 0 状态的输入端 $\bar{R}$ 称为置 0 端。

④ $\bar{R}=0$，$\bar{S}=0$，触发器状态不定。这时触发器输出 $Q=\bar{Q}=1$，这既不是 1 状态，也不是 0 状态。而在 $\bar{R}$ 和 $\bar{S}$ 同时由 0 变为 1 时，由于 G_1 和 G_2 电气性能的差异，其输出状态无法预知，可能是 0 状态，也可能是 1 状态。这种情况是不允许的。为了保证基本 RS 触发器能正常工作，不出现 $\bar{R}$ 和 $\bar{S}$ 同时为 0，要求 $\bar{R}+\bar{S}=1$。

3. 特性表

触发器次态 Q^{n+1} 与输入信号和电路原有状态（现态 Q^n）之间关系的真值表，称为特性表。

根据基 RS 触发器的逻辑功能可用表 5-1 来表示。

表 5-1 基本 RS 触发器的特性表

$\bar{R}$	$\bar{S}$	Q^n	Q^{n+1}	说 明
0	0	0	×	不允许
0	0	1	×	
0	1	0	0	置 0
0	1	1	0	
1	0	0	1	置 1
1	0	1	1	
1	1	0	0	保持
1	1	1	1	

4. 特性方程

触发器次态 Q^{n+1} 与输入 $\bar{R}$、$\bar{S}$ 及现态 Q^n 之间关系的逻辑表达式，称为特性方程。根据表 5-1 可画出基本 RS 触发器 Q^{n+1} 的卡诺图，如图 5-2 所示。由此可求得它的特性方程为

$$\begin{cases} Q^{n+1}=S+\bar{R}\,Q^n \\ RS=0 \quad \text{（约束条件）} \end{cases} \quad\quad (5\text{-}1)$$

图 5-2 基本 RS 触发器卡诺图

5.1.3 同步 RS 触发器

在数字系统中，为了协调一致地工作，常常要求触发器在同一时刻动作，为此，必须采用同步脉冲，使这些触发器在同步脉冲作用下，根据输入信号同时改变状态，而在没有同步脉冲输入时，触发器保持原状态不变，这个同步脉冲称为时钟脉冲 CP。具有时钟脉冲的触发器称为时钟触发器，又称同步触发器。

1. 电路组成

同步 RS 触发器是在基本 RS 触发器的基础上增加了两个由时钟脉冲 CP 控制的门电路 G_3、G_4 后组成的，如图 5-3 所示。图中 CP 为时钟脉冲输入端，简称钟控端 CP，R 和 S 为信号输入端。

2. 逻辑功能

当 CP=0 时，G_3、G_4 被封锁，都输出 1，这时，不管 R 端和 S 端的信号如何变化，触发器的状态保持不变，即 $Q^{n+1} = Q^n$。

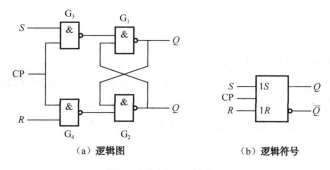

（a）逻辑图　　　　　　　　（b）逻辑符号

图 5-3　同步 RS 触发器

当 CP=1 时，G_3、G_4 解除封锁，R、S 端的输入信号才能通过这两个门使基本 RS 触发器的状态翻转，其输出状态仍由 R、S 端的输入信号和电路的原有状态 Q^n 决定。电路逻辑功能见表 5-2。

表 5-2　同步 RS 触发器特性表

R	S	Q^n	Q^{n+1}	说　明
0	0	0	0	保持
0	0	1	1	
0	1	0	1	置 1
0	1	1	1	
1	0	0	0	置 0
1	0	1	0	
1	1	0	×	状态不定
1	1	1	×	

由表可看出，在 $R=S=1$ 时，触发器的输出状态不定，为避免出现这种情况，应使 $RS=0$。

由上分析可看出：在同步 RS 触发器中，R、S 端的输入信号决定了电路翻转到什么状态，而时钟脉冲 CP 则决定了电路翻转的时刻，这样便实现了对电路翻转时刻的控制。

3. 特性方程

根据表 5-2 可画出同步 RS 触发器 Q^{n+1} 的卡诺图，如图 5-4 所示。

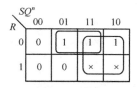

图 5-4　同步 RS 触发器卡诺图

由该图可得同步 RS 触发器的特性方程为

$$\begin{cases} Q^{n+1}=S+\overline{R}\,Q^n & （CP=1 时有效） \\ RS=0 & （约束条件） \end{cases} \tag{5-2}$$

4. 状态转换图

触发器的逻辑功能还可以用状态转换图来描述。它表示触发器从一个状态变化到另一个状态或保持原状态不变时，对输入信号提出的要求。图 5-5 所示的状态转换图是根据表 5-2 画出来的。图中的两个圆圈分别表示触发器的两个稳定状态，箭头表示在输入时钟信号 CP 作用下状态转换的情况，箭头线旁标注的 R、S 值表示触发器的转换条件。

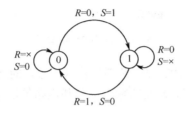

图 5-5　同步 RS 触发器的状态转换图

思考与练习

5-1-1　触发器有什么特点？它是如何进行分类的？
5-1-2　写出基本 RS 触发器的特性方程和约束条件。
5-1-3　同步 RS 触发器和 RS 触发器有什么不同？

操作训练 1　RS 触发器功能测试

1. 训练目的

学会基本门电路构成触发器的方法，掌握触发器功能分析及测试方法。

2. 仿真测试

基本 RS 触发器逻辑功能测试。
① 测试电路。
由 74LS00D 构成的基本 RS 触发器电路如图 5-6 所示。

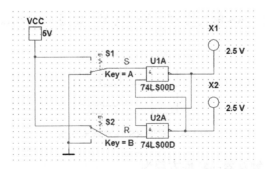

图 5-6　基本 RS 触发器功能测试

② S 接低电平，R 端分别接高电平、低电平，观察 Q、$\overline{Q}$ 端的状态。

③ S 接高电平，R 端分别接高电平、低电平，观察 Q、$\overline{Q}$ 端的状态。

④ S、R 都接低电平，观察 Q、$\overline{Q}$ 端的状态。

⑤ S、R 同时由低电平跳为高电平时，观察 Q、$\overline{Q}$ 端的状态。通过仿真验证加深对"不定"状态的理解。将测量结果填入表 5-4 中。

表 5-4　RS 触发器功能测试

$\overline{R}$	$\overline{S}$	Q^n	Q^{n+1}
0	0	0	
0	0	1	
0	1	0	
0	1	1	
1	0	0	
1	0	1	
1	1	0	
1	1	1	

3. 实验测试

参照图 5-6 连接实验电路，输出端用 LED 灯指示电路的状态，灯亮表示高电平 1，灯灭表示低电平 0。确认连接正确后，接通电源（+5V），在输入端 $\overline{R}$、$\overline{S}$ 分别输入高低电平，观察 LED 灯的亮与灭，分析基本 RS 触发器的功能。

5.2　任务 2　JK 触发器的分析及应用

5.2.1　同步 JK 触发器

1. 电路结构

克服同步 RS 触发器在 $R=S=1$ 时出现不定状态的另一种方法是将触发器输出端 Q 和 $\overline{Q}$ 的状态反馈到输入端，这样，G_3 和 G_4 的输出不会同时出现 0，从而避免了不定状态的出现，电路如图 5-7 所示。

2. 逻辑功能

当 CP=0 时，G_3、G_4 被封锁，都输出为 1，触发器保持原状态不变。

当 CP=1 时，G_3、G_4 解除封锁，输入 J、K 端的信号可控制触发器的状态。

① 当 $J=K=0$ 时，G3 和 G4 都输出 1，触发器保持原状态不变，即 $Q^{n+1}=Q^n$。

② 当 $J=1$、$K=0$ 时，如触发器为 $Q^n=0$，$\overline{Q}^n=1$ 的 0 状态，则在 CP=1 时，G_3 输入全 1，输出为 0，G_1 输出 $Q^{n+1}=1$。由于 $K=0$，G4 输出 1，这时 G_2 输入全 1，输出 $\overline{Q^{n+1}}=0$。触发器翻转到 1 状态，即 $Q^{n+1}=1$。

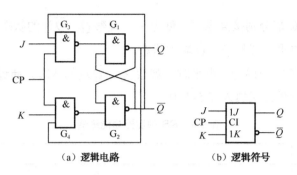

（a）逻辑电路   （b）逻辑符号

图 5-7 同步 JK 触发器

如触发器为 $Q^n =1$，$\overline{Q^n} =0$ 的 1 状态，则在 CP=1 时，G_3 和 G_4 的输入分别为 $\overline{Q^n} =0$ 和 $K=0$，这两个门都能输出 1，触发器保持原来的 1 态不变。$Q^{n+1} = Q^n$。

可见，在 $J=1$，$K=0$ 时，不论触发器原来在什么状态，则在 CP 脉冲由 0 变为 1 后，触发器翻转到和 J 相同的 1 态。

③ 当 $J=0$，$K=1$ 时，用同样的方法分析可知，在 CP 脉冲由 0 变为 1 后，触发器翻到 0 状态，即翻转到和 J 相同的 0 状态。

④ 当 $J=K=1$ 时，在 CP 由 0 变 1 后，触发器的状态由 Q 和 $\overline{Q}$ 端的反馈信号决定。如触发器的状态为 $Q^n =0$，$\overline{Q^n} =1$，在 CP=1 时，G_4 输入有 $Q^n=0$，输出为 1，G_3 输入有 $\overline{Q^n} =1$、$J=1$，即输入全 1，输出为 0。因此 G_1 输出 $Q^{n+1} =1$，G_2 输入全 1，输出 $\overline{Q^{n+1}} =0$，触发器翻转到 1 状态，和原来的状态相反。

如触发器的状态为 $Q^n =1$，$\overline{Q^n} =0$，在 CP=1 时，G_4 输入全 1，输出为 0。G_3 输入有 $\overline{Q^n} =0$，输出为 1，因此，G_2 输出 $\overline{Q^{n+1}} =1$，G_1 输入全 1，输出 $Q^{n+1} =0$，触发器翻转到 0 状态。

可见，在 $J=K=1$ 时，每输入一个时钟脉冲 CP，触发器的状态变化一次，电路处于计数状态，这时 $Q^{n+1} = \overline{Q^n}$。

由此可列出同步 JK 触发器的特性表，见表 5-3。

表 5-3 同步 JK 触发器的特性表

J	K	Q^n	Q^{n+1}	说　明
0	0	0	0	保持
0	0	1	1	
0	1	0	0	置0
0	1	1	0	
1	0	0	1	置1
1	0	1	1	
1	1	0	1	翻转
1	1	1	0	

由上分析可知，同步 JK 触发器的逻辑功能如下：当 CP 由 0 变为 1 后，J 和 K 输入状态不同时，触发器翻转到和 J 相同的状态，即具有置 0 和置 1 功能；当 $J=K=0$ 时，触发器保持

原来的状态不变；当 $J=K=1$ 时触发器具有翻转功能。在 CP=1 由 1 变 0 后，触发器保持原状态不变。

3. 特性方程

根据表 5-4 可画出如图 5-8 所示同步 JK 触发器的卡诺图。由该图得同步 JK 触发器的特性方程

$$Q^{n+1} = J\overline{Q^n} + \overline{K}Q^n \qquad （CP=1 \text{ 期间有效}） \qquad （5-3）$$

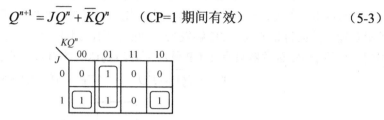

图 5-8 同步 JK 触发器卡诺图

4. 驱动表

根据表 5-4 可列出在 CP=1 时同步 JK 触发器的驱动表，见表 5-5。

表 5-5 同步 JK 触发器的驱动表

Q^n	$\longrightarrow$	Q^{n+1}	J	K
0		0	0	×
0		1	1	×
1		0	×	1
1		1	×	0

5. 状态转换图

根据表 5-5 可画出图 5-9 所示的状态转换图。

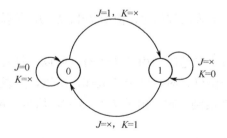

图 5-9 同步 JK 触发器状态转换图

5.2.2 边沿 JK 触发器

同步触发器在 CP=1 期间接收输入信号，如输入信号在此期间发生多次变化，其输出状态也会随之发生翻转，这种现象称为触发器的空翻。空翻现象限制了同步触发器的应用。为此设计了边沿触发器。

边沿触发器只能在时钟脉冲 CP 上升沿（或下降沿）时刻接收输入信号，因此，电路状态只能在 CP 上升沿（或下降沿）时刻翻转。在 CP 的其他时间内，电路状态不会发生变化，这样就提高了触发器工作的可靠性和抗干扰能力，防止了空翻现象。

1. 逻辑功能

图 5-10 所示为边沿 JK 触发器的逻辑符号，J、K 为信号输入端，框内 ">" 左边加小圆圈 "○" 表示逻辑非的动态输入，它实际上表示用时钟脉冲 CP 的下降沿触发。边沿 JK 触发器的逻辑功能和前面讨论的同步 JK 触发器的功能相同，因此，它的特性表、驱动表和特性方程也相同。但边沿 JK 触发器只有在 CP 脉冲下降沿到达时才有效，它的特征方程如下：

$$Q^{n+1} = J\overline{Q^n} + \overline{K}Q^n \qquad （CP 下降沿到达时有效） \qquad (5-4)$$

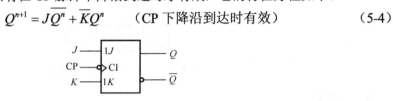

图 5-10　边沿 JK 触发器

下面说明 JK 触发器的工作情况。

【例 5-1】 如图 5-11 所示为下降沿触发边沿 JK 触发器 CP、J、K 端的输入电压波形，试画出输出 Q 端的电压波形。设触发器的初始状态为 $Q = 0$。

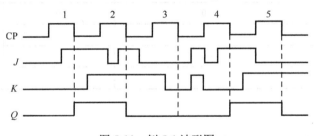

图 5-11　例 5-1 波形图

解： 第一个时钟脉冲 CP 下降沿到达时，由于 $J=1$、$K=0$，所以，触发器由 0 状态翻转到 1 状态。

第二个时钟脉冲 CP 下降沿到达时，由于 $J=K=1$，所以，触发器由 1 状态翻转到 0 状态。

第三个时钟脉冲 CP 下降沿到达时，由于 $J=K=0$，所以，触发器保持原来的 0 状态不变。

第四个时钟脉冲 CP 下降沿到达时，由于 $J=1$、$K=0$，所以，触发器由 0 状态翻转到 1 状态。

第五个时钟脉冲 CP 下降沿到达时，由于 $J=0$、$K=1$，所以，触发器由 1 状态翻转到 0 状态。

由上题分析可得如下结论：

① 边沿 JK 触发器用时钟脉冲 CP 下降沿触发，这时电路才会接收 J、K 端的触发信号并改变状态，而在 CP 为其他值时，不管 J、K 为何值，电路状态不会改变。

② 在一个时钟脉冲 CP 的作用时间内，只有一个下降沿，电路最多只改变一次状态。因此，电路没有空翻问题。

5.2.3　集成 JK 触发器

集成 JK 触发器常用的芯片有 74LS112 和 CC4027，74LS112 属于 TTL 电路，是下降边沿触发的双 JK 触发器，CC4027 属于 CMOS 电路，是上升边沿触发的双 JK 触发器。74LS112 和 CC4027 引脚排列如图 5-12 所示。

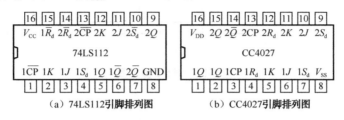

（a）74LS112引脚排列图　　　　（b）CC4027引脚排列图

图 5-12　集成边沿 JK 触发器引脚排列图

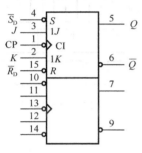

图 5-13　74LS112 逻辑符号图

74LS112 双 JK 触发器每个集成芯片包含两个具有复位、置位端的下降沿触发的 JK 触发器，逻辑符号如图 5-13 所示。常用于缓冲触发器、计数器和移位寄存器电路中，J、K 为输入端，Q、$\overline{Q}$ 是输出端，CP 为时钟脉冲信号输入端，逻辑符号图中 CP 引线上端的 ">" 表示边沿触发，无此符号表示电位触发；CP 脉冲引线端既有符号又有小圆圈时，表示触发器状态发生在时钟脉冲下降沿到来时刻，只有符号没有小圆圈时，表示触发器状态发生在时钟脉冲上升沿到来时刻；$\overline{S}_D$ 为直接置 1 端，$\overline{R}_D$ 为置 0 端，$\overline{S}_D$、$\overline{R}_D$ 引线端的小圆圈表示低电平有效。

表 5-6 为 74LS112 的逻辑功能特性表。

表 5-6　JK 触发器 74LS112 逻辑功能特性表

$\overline{R}_D$	$\overline{S}_D$	CP	J	K	Q^{n+1}	功能
0	0	×	×	×	不定	不允许
0	1	×	×	×	0	直接置 0
1	0	×	×	×	1	直接置 1
1	1	↓	0	0	Q^n	保持
1	1	↓	0	1	0	置 0
1	1	↓	1	0	1	置 1
1	1	↓	1	1	$\overline{Q^n}$	翻转
1	1	↑	×	×	Q^n	不变

【例 5-2】　已知边沿型 JK 触发器 CP、J、K 输入波形如图 5-14（a）所示，试分别按上升沿触发和下降沿触发画出其输出端 Q 波形（设 Q 初态为 0）。

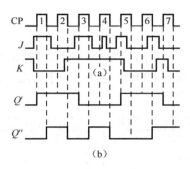

图 5-14 例 5-2 波形图

思考与练习

5-2-1 写出 JK 触发器的特性方程。

5-2-2 什么叫边沿触发器？它有哪些优点？

5-2-3 如图 5-15 所示为下降沿出发边沿 JK 触发器 CP、J、K 端的输入电压波形，试画出输出 Q 端的电压波形。设触发器的初始状态为 Q=0。

图 5-15 题 5-2-3 图

技能训练 1 JK 触发器功能测试

1. 训练目的

① 学会基本门电路构成触发器的方法。

② 掌握 JK 触发器功能分析及测试方法。

2. 仿真测试

① JK 触发器功能测试电路如图 5-16 所示。

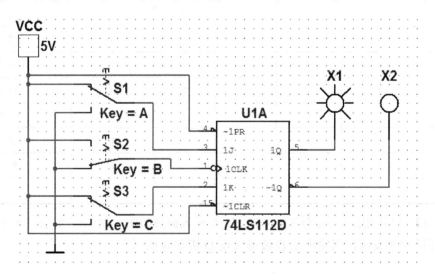

图 5-16 JK 触发器功能测试

② 打开仿真开关，启动仿真，分别按键盘 A 键、B 键、C 键，可改变 S1、S2、S3 的开关连接使触发电路的 *J*、*K*、CP 分别接高电平、低电平，观察逻辑探头 X1、X2 明暗变化。

③ 按表 5-7 数据测试 JK 触发器逻辑功能。

表 5-7　JK 触发器功能测试

J	K	Q^n	Q^{n+1}
0	0	0	
0	0	1	
0	1	0	
0	1	1	
1	0	0	
1	0	1	
1	1	0	
1	1	1	

3. 实验测试

参照图 5-16 连接实验电路，输出端用 LED 灯指示电路的状态，灯亮表示高电平 1，灯灭表示低电平 0。确认连接正确后，接通电源（+5V），改变输入端的高低电平，观察 LED 灯的亮与灭，分析 JK 触发器的逻辑功能。

5.3　任务 3　D 触发器的分析及应用

5.3.1　同步 D 触发器

1. 电路组成

为了避免同步 RS 触发器同时出现 *R* 和 *S* 都为 1 的情况，可在 *R* 和 *S* 之间接入非门 G$_5$，如图 5-17（a）所示，这种单端输入的触发器称为 D 触发器，图 5-17（b）为逻辑符号，*D* 为信号输入端。

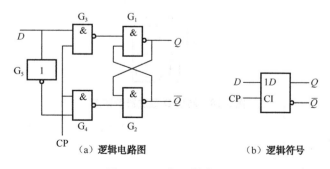

（a）逻辑电路图　　　　　　　　　（b）逻辑符号

图 5-17　同步 D 触发器

2. 逻辑功能

在 CP=0 时，G_3、G_4 被封锁，都输出 1，触发器保持原状态不变，不受 D 端输入信号的控制。

在 CP=1 时，G_3、G_4 解除封锁，可接收 D 端输入信号。如 $D=1$ 时，$\overline{D}=0$，触发器翻到 1 状态，即 $Q^{n+1}=1$，如果 $D=0$ 时，$\overline{D}=1$，触发器翻到 0 状态，即 $Q^{n+1}=0$。由此可列出同步 D 触发器的特性表（表 5-8）。

表 5-8　同步 D 触发器的特性表

D	Q^n	Q^{n+1}	说　明
0	0	0	输出状态与 D 相同
0	1	0	输出状态与 D 相同
1	0	1	输出状态与 D 相同
1	1	1	输出状态与 D 相同

由以上分析可知，同步 D 触发器的逻辑功能如下：当 CP 由 0 变为 1 后，触发器的状态翻转到和 D 的状态相同，当 CP 由 1 变为 0 后，触发器保持原状态不变。

3. 特性方程

根据表 5-8 可画出同步 D 触发器 Q^{n+1} 的卡诺图，如图 5-18 所示。由该图可得特性方程

$$Q^{n+1}=D \quad （CP=1 \text{ 期间有效}） \tag{5-5}$$

4. 驱动表

根据表 5-8 可列出在 CP=1 时的同步 D 触发器的驱动表（表 5-9）。

表 5-9　同步 D 触发器的驱动表

Q^n	$\longrightarrow$	Q^{n+1}	D	Q^n	Q^{n+1}	D
0		0	0	1	0	0
0		1	1	1	1	1

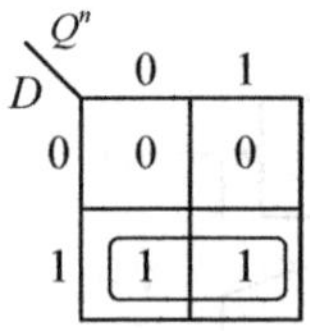

图 5-18　同步 D 触发器卡诺图

5. 状态转换图

根据表 5-9 可画出图 5-19 所示状态转换图。

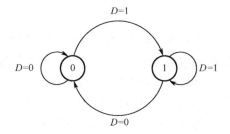

图 5-19 同步 D 触发器状态转换图

5.3.2 边沿 D 触发器

同步触发器在 CP=1 期间接收输入信号，如输入信号在此期间发生多次变化，其输出状态也会随之发生翻转，即出现了触发器的空翻，如图 5-20 所示。空翻现象限制了同步触发器的应用。

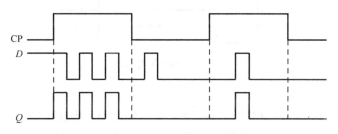

图 5-20 D 触发器的空翻现象

边沿触发器只能在时钟脉冲 CP 上升沿（或下降沿）时刻接收输入信号，因此，电路状态只能在 CP 上升沿（或下降沿）时刻翻转。在 CP 的其他时间内，电路状态不会发生变化，这样就提高了触发器工作的可靠性和抗干扰能力。边沿触发器没有空翻现象。

边沿 D 触发器的逻辑功能如下：

边沿 D 触发器也叫维持阻塞 D 触发器，它的逻辑符号如图 5-21 所示，D 为信号输入端，框内"＞"表示动态输入，它表明用时钟脉冲 CP 的上升沿触发。它的逻辑功能和前面讨论的同步 D 触发器相同，因此，它们的特性表、驱动表和特性方程也都相同，但边沿 D 触发器只有在 CP 上升沿到达时才有效。它的特性方程如下：

$$Q^{n+1} = D \quad （\text{CP 上升沿到达时刻有效}） \tag{5-6}$$

图 5-21 边沿 D 触发器

下面举例说明维持阻塞 D 触发器的工作情况。

【例 5-3】 如图 5-22 所示为维持阻塞 D 触发器的时钟脉冲 CP 和 D 端输入的电压波形，试画出触发器输出 Q 和 $\overline{Q}$ 的波形。设触发器的初始状态为 $Q = 0$。

解：第 1 个时钟脉冲 CP 上升沿到达时，D 端输入信号为 1，所以触发器由 0 翻转到 1 态。

而在 CP=1 期间 D 输入端信号虽然由 1 变为 0，但触发器的状态不改变，仍保持 1 状态。

第 2 个时钟脉冲 CP 上升沿到达时，D 端输入信号为 0，触发器由 1 翻转到 0 态。

第 3 个时钟脉冲 CP 上升沿到达时，D 端输入信号仍为 0，触发器 0 态保持不变。在 CP=1 期间 D 虽然出现了一个正脉冲，但触发器的状态不会改变。

第 4 个时钟脉冲 CP 上升沿到达时，D 端输入信号为 1，所以触发器由 0 翻转到 1 态。在 CP=1 期间 D 虽然出现了一个负脉冲，这时触发器的状态同样不会改变。

第 5 个时钟脉冲 CP 上升沿到达时，D 端输入信号为 0，这时，触发器由 1 翻转到 0 态。

根据以上分析可画出图 5-22 所示的输出端 Q 的波形，输出端 $\overline{Q}$ 的波形为 Q 的反相波形。

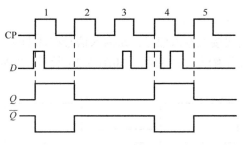

图 5-22　例 5-3 波形图

通过该例题分析可看到：

① 维持阻塞 D 触发器是用时钟脉冲 CP 上升沿触发的，也就是说，只有在 CP 上升沿到达时，电路才会接收 D 端的输入信号而改变状态，而在 CP 为其他值时，不管 D 端输入为 0 还是为 1，触发器的状态不会改变。

② 在一个时钟脉冲 CP 作用时间内，只有一个上升沿，电路状态最多只改变一次，因此，它没有空翻问题。

5.3.3　集成 D 触发器

常用的 D 触发器有 74LS74、CC4013 等，74LS74 为 TTL 集成边沿 D 触发器，CC4013 为 CMOS 集成边沿 D 触发器，图 5-23 为它们的引脚排列图。

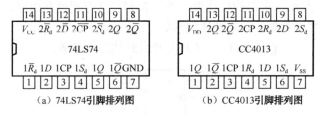

（a）74LS74引脚排列图　　　（b）CC4013引脚排列图

图 5-23　集成 D 触发器引脚排列图

74LS74 内部包含有两个带有清零端 $\overline{R_D}$ 和预置端 $\overline{S_D}$ 的触发器，D 为信号输入端，Q 和 $\overline{Q}$ 为信号输出端，CP 为时钟信号输入端。74LS74 是 CP 脉冲上升沿触发的，异步输入端 $\overline{R_D}$，$\overline{S_D}$ 为低电平有效，$\overline{S_D}$ 为异步置 1 端，$\overline{R_D}$ 为异步置 0 端。74LS74 逻辑符号如图 5-24 所示。

表 5-10 为 74LS74 逻辑功能表。

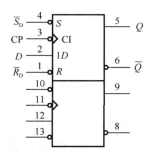

图 5-24　74LS74 逻辑符号图

表 5-10　集成 D 触发器 74LS74 逻辑功能表

$\overline{R_D}$	$\overline{S_D}$	CP	D	Q^{n+1}	功　能
0	0	×	×	不定	不允许
0	1	×	×	0	异步置 0
1	0	×	×	1	异步置 1
1	1	↑	0	0	置 0
1	1	↑	1	1	置 1
1	1	↓	×	Q^n	不变

思考与练习

5-3-1　写出 D 触发器的特性方程。

5-3-2　边沿 D 触发器是如何防止空翻现象的？

5-3-3　如图 5-25 所示为维持阻塞 D 触发器的时钟脉冲 CP 和 D 端输入的电压波形，试画出触发器输出 Q 和 $\overline{Q}$ 的波形。设触发器的初始状态为 $Q=0$。

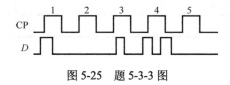

图 5-25　题 5-3-3 图

技能训练 2　D 触发器的功能测试

1. 训练目的

① 学会基本门电路构成触发器的方法。
② 掌握 D 触发器功能分析及测试方法。

2. 仿真测试

① 测试电路。

D 触发器逻辑功能测试电路如图 5-26 所示。

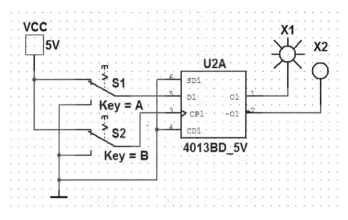

图 5-26　D 触发器功能测试

② 单击仿真开关，激活电路，时钟的上升沿用开关 S2 的状态模拟，观察两个逻辑探头的明暗变化，验证 D 触发器的逻辑功能。

③ 按照表 5-11 中数据测试电路并将测量结果填入表中。

表 5-11　D 触发器功能测试数据

CP	D	Q^n	Q^{n+1}
0	0	0	
0	0	1	
0	1	0	
0	1	1	
1	0	0	
1	0	1	
1	1	0	
1	1	1	

3. 实验测试

参照图 5-26 连接实验电路，输出端用 LED 灯指示电路的状态，灯亮表示高电平 1，灯灭表示低电平 0。确认连接正确后，接通电源（+5V），改变输入端的高低电平，观察 LED 灯的亮与灭，分析 D 触发器的逻辑功能。

5.4　任务 4　T 触发器和 T′ 触发器的分析

T 触发器是指根据 T 的输入信号不同，在时钟脉冲 CP 的作用下具有翻转和保持功能的电路，它的逻辑符号如图 5-27 所示。

T′ 触发器则是指每输入一个时钟脉冲 CP，状态变化一次的电路，它实际上是 T 触发器的翻转功能。

T 触发器和 T′ 触发器主要由 JK 触发器或 D 触发器构成。

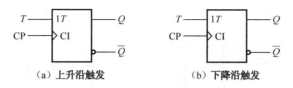

（a）上升沿触发　　　　　　（b）下降沿触发

图 5-27　T 触发器逻辑符号

5.4.1　由 JK 触发器构成 T 触发器和 T′ 触发器

1. 由 JK 触发器构成 T 触发器

将 JK 触发器的 J 和 K 相连作为 T 的输入端便构成 T 触发器，电路如图 5-28（a）所示。

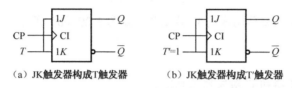

（a）JK 触发器构成 T 触发器　　　　（b）JK 触发器构成 T′触发器

图 5-28　由 JK 触发器构成 T 触发器和 T′ 触发器

将 T 代入 JK 触发器特性方程中的 J 和 K 便得到了 T 触发器的特性方程：

$$Q^{n+1} = T\overline{Q^n} + \overline{T}Q^n \tag{5-7}$$

当 $T=1$ 时，每输入一个时钟脉冲 CP，触发器的状态变化一次，即具有翻转功能；当 $T=0$ 时，输入时钟脉冲 CP 时，触发器状态保持不变，即具有保持功能。T 触发器常用来组成计数器。

2. 由 JK 触发器构成 T′ 触发器

将 JK 触发器的 J 和 K 相连作为 T′ 的输入端并接高电平 1 便构成 T′ 触发器，电路如图 5-28（b）所示。

T′ 触发器实际上是 T 触发器输入 $T=1$ 时的一个特例。将 $T=1$ 代入 JK 触发器特性方程便得到 T′ 触发器的特性方程。

$$Q^{n+1} = \overline{Q^n} \tag{5-8}$$

5.4.2　D 触发器构成 T 触发器和 T′ 触发器

1. D 触发器构成 T 触发器

T 触发器的特性方程为 $Q^{n+1} = T\overline{Q^n} + \overline{T}Q^n$，D 触发器的特性方程为 $Q^{n+1} = D$，使这两个特性方程相等，得

$$Q^{n+1} = D = T\overline{Q^n} + \overline{T}Q^n = T \oplus Q^n \tag{5-9}$$

根据式（5-9）可画出由 D 触发器构成的 T 触发器，如图 5-29（a）所示。

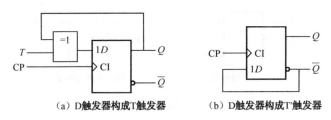

（a）D触发器构成T触发器　　　　（b）D触发器构成T′触发器

图 5-29　D 触发器构成 T 触发器和 T′ 触发器

2. D 触发器构成 T′ 触发器

将 $T=1$ 代入式中便得由 D 触发器构成的 T′ 触发器的特性方程：

$$Q^{n+1} = D = \overline{Q^n} \tag{5-10}$$

根据式可画出由 D 触发器构成的 T′ 触发器，如图 5-29（b）所示。

思考与练习

5-4-1　简述 T 触发器和 T′ 触发器的功能。
5-4-2　试用 JK 触发器连接成 T 触发器和 T′ 触发器。
5-4-3　试用 D 触发器连接成 T 触发器和 T′ 触发器。

操作训练 4　T 触发器和 T′ 触发器的功能测试

1. 训练目的

① 学会基本门电路构成触发器的方法。
② 掌握 T 触发器和 T′ 触发器功能分析及测试方法。

2. 仿真实验

（1）JK 触发器构成 T 触发器和 T′ 触发器
① 测试电路。
由 JK 触发器构成 T 和 T′ 触发器的仿真测试电路如图 5-30 所示。

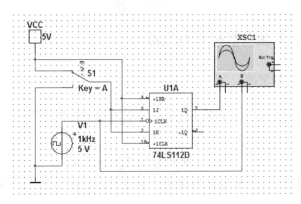

图 5-30　JK 触发器构成 T 触发器的仿真测试电路

② 打开仿真开关，启动仿真。

JK 触发器构成 T 触发器，按键盘上的 A 键，使 S1 分别接通高电平和低电平。用示波器观察并记录电路输入、输出的波形。

如果保持开关 S1 接通高电平，则 JK 触发器构成 T′ 触发器，用示波器观察并记录电路输入、输出的波形，如图 5-31 所示。

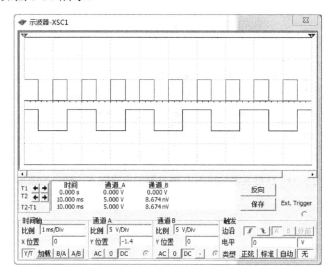

图 5-31　JK 触发器构成 T′ 触发器的输出波形

（2）D 触发器构成的 T′ 触发器功能测试

① 测试电路。

D 触发器构成的 T′ 触发器的仿真测试电路如图 5-32 所示。

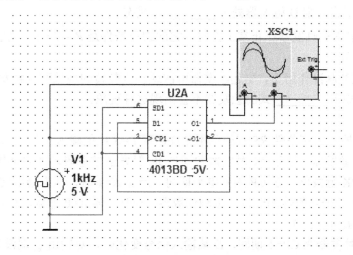

图 5-32　D 触发器构成的 T′ 触发器的仿真测试电路

② 打开仿真开关，启动仿真。

用示波器观察并记录电路输入、输出的波形，如图 5-33 所示。

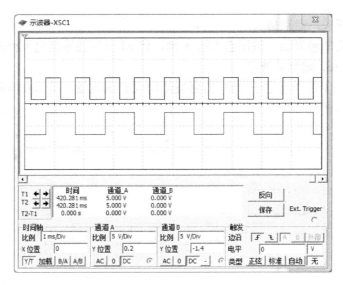

图 5-33　D 触发器构成的 T′ 触发器的电路输入、输出的波形

习题 5

1. 填空题

（1）触发器具有_____稳定状态，在外信号作用下_____可相互转换。

（2）边沿 JK 触发器具有_____、_____、_____、_____功能，其特征方程为_____。

（3）维持阻塞 D 触发器具有_____和_____功能，其特征方程为_____。如将输入端 D 和输出端 $\overline{Q}$ 相连，则 D 触发器处于_____状态。

（4）一个基本 RS 触发器在正常工作时，它的约束条件是 $\overline{R}+\overline{S}=1$，则它不允许输入 $\overline{S}=$_____且 $\overline{R}=$_____的信号。

（5）在一个 CP 脉冲作用下，引起触发器两次或多次翻转的现象称为触发器的_____，触发方式为_____式或_____式的触发器不会出现这种现象。

2. 判断题

（1）RS 触发器的约束条件 $RS=0$ 表示不允许出现 $R=S=1$ 的输入。（　　　）

（2）主从 JK 触发器、边沿 JK 触发器和同步 JK 触发器的逻辑功能完全相同。（　　　）

（3）对边沿 JK 触发器，在 CP 为高电平期间，当 $J=K=1$ 时，状态会翻转一次。（　　　）

（4）若要实现一个可暂停的一位二进制计数器，控制信号 $A=0$ 计数，$A=1$ 保持，可选用 T 触发器，且令 $T=A$。（　　　）

（5）同步 D 触发器在 CP=1 期间，D 端输入信号变化时，对输出 Q 端没有影响。（　　　）

3. 选择题

（1）存储 8 位二进制信息需要（　　　）个触发器。

A. 2　　　　　　　　B. 3　　　　　　　　C. 4　　　　　　　　D. 8

（2）对于 JK 触发器，若 $J=K$，则可完成（　　　）触发器的逻辑功能。

A. RS B. D C. T D. T′

（3）欲使 JK 触发器按 $Q^{n+1}=Q^n$ 工作，可使 JK 触发器的输入端（   ）。

A. $J=K=0$ B. $J=Q,K=\bar{Q}$ C. $J=\bar{Q},K=Q$ D. $J=Q,K=0$ E. $J=0,K=\bar{Q}$

（4）欲使 D 触发器按 $Q^{n+1}=\bar{Q}^n$ 工作，应使输入 $D=$（   ）。

A. 0 B. 1 C. Q D. $\bar{Q}$

（5）为实现将 JK 触发器转换为 D 触发器，应使（   ）。

A. $J=D,K=\bar{D}$ B. $K=D,J=\bar{D}$ C. $J=K=D$ D. $J=K=\bar{D}$

4. 已知基本 RS 触发器的两输入端 $\bar{S}$ 和 $\bar{R}$ 的波形如图 5-34 所示，试画出当初始状态分别为 0 和 1 两种情况下，输出端 Q 的波形图。

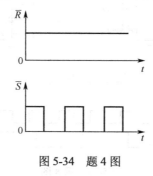

图 5-34 题 4 图

5. 已知同步 RS 触发器的初态为 0，当 S、R 和 CP 端有如图 5-35 所示的波形时，试画出输出端 Q 的波形图。

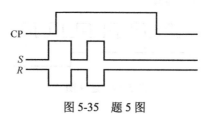

图 5-35 题 5 图

6. 已知主从 JK 触发器的输入端 CP、J 和 K 的波形如图 5-36 所示，试画出初始状态为 0 时，输出端 Q 的波形图。

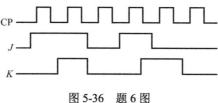

图 5-36 题 6 图

7. 已知如图 5-37 所示各触发器，它的输入脉冲 CP 的波形如图 5-37 中 CP 所示，当初始状态均为 1 时，试画出各触发器输出 Q 端和 $\bar{Q}$ 端的波形。

8. 已知维持阻塞 D 触发器波形的输入波形如 5-38 所示，试画出输出端 Q 和 $\bar{Q}$ 的波形。

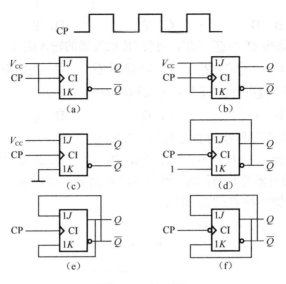

图 5-37　题 7 图

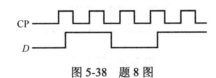

图 5-38　题 8 图

9．已知 T 触发器和 T′触发器的 CP、T 波形如图 5-39 所示，试分别画出 T 触发器和 T′触发器 Q 端波形（设均为 CP 上升沿触发）。

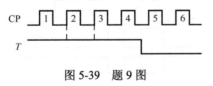

图 5-39　题 9 图

项目6

计数器、寄存器的分析及应用

知识目标

① 掌握时序电路的特点及分析方法。
② 掌握二进制计数器和十进制计数器的特点、功能。
③ 掌握任意进制计数器构成的方法。
④ 掌握寄存器的结构及工作原理。

技能目标

① 会识别常用集成计数器，会测试常用集成计数器的功能。
② 会用集成计数器设计任意进制计数器。
③ 熟悉寄存器功能的测试方法。
④ 能完成数字钟电路的安装、调试。

6.1 任务1 时序逻辑电路的分析

6.1.1 时序逻辑电路概述

时序逻辑电路又称时序电路，它主要由存储电路和组合电路两部分组成，如图 6-1 所示。在组合逻辑电路中，当输入信号发生变化时，输出信号也立刻随之响应，即在任何一个时刻的输出信号仅取决于当时的输入信号；而在时序逻辑电路中，任何时刻的输出信号不仅取决于当时的输入信号，而且还取决于电路原来的工作状态，即与以前的输入信号也有关系。

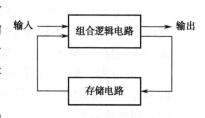

图 6-1 时序逻辑电路结构框图

1. 时序逻辑电路的分类

① 按触发时间分类，时序逻辑电路按各触发器接收时钟信号的不同，可分为同步时序电路和异步时序电路。在同步时序电路中，各触发器由统一的时钟信号控制，并在同一脉冲作用下发生状态变化；异步时序电路则无统一的时钟信号，各存储单元状态的变化不是同时发生的，因此状态转换有先有后。

② 按逻辑功能分类，时序逻辑电路可按逻辑功能的不同划分为计数器、寄存器、脉冲发生器等。在实际应用中，时序逻辑电路是千变万化的，这里提到的是几种比较典型的电路。

③ 按输出信号的特性分类，时序逻辑电路可按输出信号的特性可分为：米利型和穆尔型。米利型时序逻辑电路的输出不仅取决于存储电路的状态，还取决于电路的输入变量；穆尔型时序逻辑电路输出仅取决于存储电路的现态。可见，穆尔型电路是米利型电路的一种特例。

2. 时序逻辑电路功能的描述方法

时序逻辑电路功能的描述方法一般有以下几种。

① 逻辑表达式。根据时序逻辑电路的结构图，可写出时序电路的驱动方程、状态方程和输出方程。从理论上说，有了这 3 个表达式，时序逻辑电路的逻辑功能就被唯一地确定了，所以逻辑表达式可以描述时序电路的逻辑功能。

② 状态转换表。时序电路的输出 Y、次态 Q^{n+1} 和输入 X、现态 Q^n 间对应取值关系的表格称为状态转换表，简称状态表。

③ 状态转换图。状态转换图简称状态图，它是反映时序逻辑电路状态转换规律及相应输入输出取值情况的几何图形。电路的状态用圆圈表示（圆圈也可以不画出），状态转换用箭头表示，每个箭头旁标出转换的输入条件和相应的电路输出。

④ 时序波形图。时序波形图简称时序图。它直观地表达了输入信号、输出信号及电路的状态等取值在时间上的关系，便于用实验方法检查时序逻辑电路的功能。

上述 4 种描述方法从不同侧面突出了时序逻辑电路逻辑功能的特点，它们本质上是相通的，可以转换。在实际分析、设计中，可以根据具体情况选用。

6.1.2 时序逻辑电路的分析

分析时序逻辑电路一般按以下步骤进行。

（1）写出电路的方程组

① 时钟方程。根据给定时序逻辑电路图的触发脉冲，写出各触发器的时钟方程。在同步时序逻辑电路中，因为各触发器接的是同一个触发脉冲，时钟方程可以不写。

② 驱动力程。各个触发器输入端信号的逻辑表达式。

③ 状态方程。驱动方程代入相应触发器的特征方程，得到一组反映各触发器次态的方程式，即为时序逻辑电路的状态方程。

（2）列出状态表

由时序逻辑电路的状态方程和输出方程，列出该时序逻辑电路的状态表。要注意的是，触发器的次态方程只有在满足时钟条件时才会有效，否则电路将保持原来的状态不变。

（3）画状态转换图和时序波形图

可由状态表画出状态转换图，再由状态转换图（或状态表）画出时序图。

（4）说明电路的逻辑功能

一般情况下，根据时序逻辑电路的状态表或状态图就可以反映出电路的功能。但在实际应用中，若各个输入、输出信号有明确的物理含义时，常需要结合这些信号的物理含义，进一步说明电路的具体功能。

以上 4 个步骤是分析时序逻辑电路的基本步骤，实际应用中，可以根据具体情况加以取舍。

【例6-1】 试分析如图6-2所示同步逻辑电路的逻辑功能。

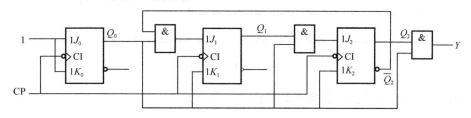

图6-2 例6-1 电路图

解： 各触发器时钟端同接在一个时钟脉冲 CP 上，为同步时序逻辑电路。

① 写出输出方程、驱动方程和状态方程

输出方程
$$Y = Q_2^n Q_0^n$$

驱动方程
$$J_0 = K_0 = 1$$

$$J_1 = \overline{Q_2^n} Q_0^n \qquad K_1 = Q_0^n$$

$$J_2 = Q_1^n Q_0^n \qquad K_2 = Q_0^n$$

状态方程
$$Q_0^{n+1} = J_0 \overline{Q_0^n} + \overline{K_0} Q_0^n = \overline{Q_0^n}$$

$$Q_1^{n+1} = J_1 \overline{Q_1^n} + \overline{K_1} Q_1^n = \overline{Q_2^n} Q_0^n \overline{Q_1^n} + \overline{Q_0^n} Q_1^n$$

$$Q_2^{n+1} = J_2 \overline{Q_2^n} + \overline{K_2} Q_2^n = Q_1^n Q_0^n \overline{Q_2^n} + \overline{Q_0^n} Q_2^n$$

②列状态转换真值表，见表6-1。

表6-1 例6-1 状态转换表

现 态			次 态			输 出
Q_2^n	Q_1^n	Q_0^n	Q_2^{n+1}	Q_1^{n+1}	Q_0^{n+1}	Y
0	0	0	0	0	1	0
0	0	1	0	1	0	0
0	1	0	0	1	1	0
0	1	1	1	0	0	0
1	0	0	1	0	1	0
1	0	1	0	0	0	1
1	1	0	1	1	1	0
1	1	1	0	0	0	1

③ 时序图（图6-3）。

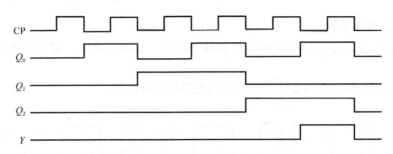

图 6-3　例 6-1 时序图

④ 根据表 6-1 画状态图，如图 6-4 所示。

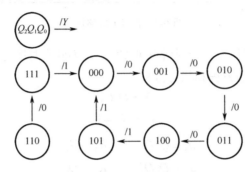

图 6-4　例 6-1 状态图

⑤ 功能描述。由图 6-4 可见．主循环的状态数为 6。且 110、111 这两个状态在 CP 的作用下最终也能进入主循环，具有自启动能力。所以图 6-2 所示电路是：同步自启动六进制加法计数器。

【例 6-2】　试分析如图 6-5 所示电路的逻辑功能。

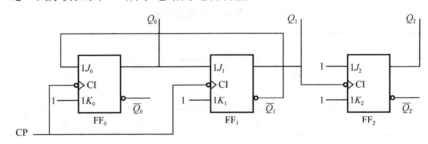

图 6-5　例 6-2 电路图

解： 本题为异步时序逻辑电路。

① 写出该电路的方程组。

时钟方程：　　　　　　　　$CP_0 = CP_1 = CP$　　　　$CP_2 = Q_2^n$

驱动方程；　　　　　　　　$J_0 = \overline{Q_1^n}$　　　$K_0 = 1$

$$J_1 = Q_0^n　　　　K_1 = 1$$

$$J_2 = K_2 = 1$$

② 写出状态方程。

将各驱动方程分别代入 JK 触发器的特征方程得到电路的状态方程。

$$Q_0^{n+1} = J_0\overline{Q_0^n} + \overline{K_0}Q_0^n = \overline{Q_1^n Q_0^n}$$

同理可得：

$$Q_1^{n+1} = \overline{Q_1^n}Q_0^n$$

$$Q_2^{n+1} = \overline{Q_2^n}$$

（5）进行计算，列出状态表

各触发器仅在其时钟脉冲的下降沿动作，其余时刻均处于保持状态，在列状态表时必须注意：

① 当现态 $Q_2^n Q_1^n Q_0^n = 000$ 时，代入 Q_0 及 Q_1 的状态方程中，可知在 CP 作用下，$Q_0^{n+1} = 1$，$Q_1^{n+1} = 0$。FF$_2$ 只有在 Q_2 的下降沿到来时才触发，而此时 Q_2 由 0→0，不是下降沿，所以 Q_2 保持原状态不变。

② 当现态 $Q_2^n Q_1^n Q_0^n = 010$ 时，因 $Q_1^{n+1} = 0$，由于此时 Q_1 由 1→0 产生一个下降沿，故 FF$_2$ 触发，Q_2 由 0→1，依次类推，可得其状态转换表，见表 6-2。

表 6-2 例 6-2 的状态转换图

序号	CP$_3$	CP$_2$	CP$_1$	Q_3	Q_2	Q_1
0	0	0	0	0	0	0
1	0	↓	↓	0	0	1
2	0	↓	↓	0	1	0
3	↓	↓	↓	1	0	0
4	0	↓	↓	1	0	1
5	0	↓	↓	1	1	0
6	↓	↓	↓	0	0	0

（6）画出状态转换图

图 6-5 中有 3 个触发器，它们的状态组合有 8 种，而表 6-2 中只包含了 6 种状态，需要分别求出其余两种状态下的输出和次态，将这些计算结果补充到表 6-2 中，状态表才完整。画出此电路的状态图，如图 6-6 所示。由图可知，当电路处于表 6-2 中所列比的 6 种状态以外的任何一种状态时，都会在时钟信号作用下最终进入表 6-2 中的状态循环中去，可见该电路能够自启动。

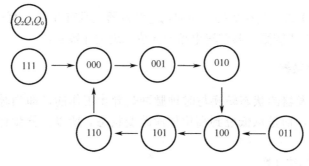

图 6-6 例 6-2 状态图

（7）逻辑功能

由状态转换图可知该电路是一个能自启动的异步六进制计数器。

异步时序电路的分析方法和同步时序电路的分析方法有所不同。由于异步时序电路中各触发器没有统一的时钟，各触发器的状态转换并不是同时发生的，触发器只有在它所要求的时钟脉冲触发沿到来时才可能翻转，才需要计算触发器的次态，否则触发器件保持原状态不变。因此，分析异步时序电路时必须写出各触发器的时钟方程，写状态方程时必须加上有效时钟条件。可见，分析异步时序电路要比分析同步时序电路复杂。

思考与练习

6-1-1 什么叫时序逻辑电路？有什么特点？

6-1-2 时序逻辑电路如何组成？它是如何分类的？

6-1-3 简述时序逻辑电路的分析方法。

6.2 任务2 计数器的分析与应用

用以统计输入计数脉冲 CP 个数的电路，称为计数器。它主要由触发器组成。计数器是最常见的时序电路，常用于计数、分频、定时及产生数字系统的时钟脉冲等。

计数器所能记忆的时钟脉冲个数（容量）称为计数器的模，用 M 表示。如 $M=6$ 计数器，又称 6 进制计数器，所以计数器的模实际上为计数电路的有效状态数。

计数器种类很多，特点各异，主要分类如下。

按照触发器是否同时翻转分为同步计数器和异步计数器。

按照计数顺序的增、减，分为加计数器、减计数器，计数顺序可增、可减称为可逆计数器。

按计数进制分为二进制计数器、十进制计数器、任意进制计数器。

二进制计数器：按二进制运算规律进行计数的电路称为二进制计数器。

十进制计数器：按十进制运算规律进行计数的电路称为十进制计数器。

任意进制计数器：二进制计数器和十进制计数器之外的其他进制计数器统称任意进制计数器，如五进制计数器，六十进制计数器等。

6.2.1 二进制计数器

由于二进制只有 0 和 1 两种数码，而双稳态触发器又具有 0 和 1 两种状态，所以用 n 个触发器可以表示 n 位二进制数，其逻辑电路即 n 位二进制计数器。

1. 异步二进制计数器

异步计数器各触发器的状态转换与时钟脉冲是异步工作的，即当脉冲到来时，各触发器的状态不同时翻转，而是从低位到高位依次改变状态。所以，异步计数器又称串行进位计数器。

（1）异步二进制加法计数器

图 6-7 所示为由 JK 触发器组成的 4 位异步二进制加法计数器的逻辑图。图中 JK 触发器

都接成 T' 触发器，用计数脉冲 CP 的下降沿触发。设计数器的初始状态为 $Q_3Q_2Q_1Q_0$=0000。

工作原理如下。

当输入第一个计数脉冲 CP 时，第一位触发器 FF_0 由 0 状态翻到 1 状态，Q_0 端输出正跃变，FF_1 不翻转，保持 0 状态不变。这时，计数器的状态为 $Q_3Q_2Q_1Q_0$=0001。

当输入第二个计数脉冲 CP 时，FF_0 由 1 状态翻到 0 状态，Q_0 端输出负跃变，FF_1 则由 0 翻转到 1 状态，FF_2 保持 0 状态不变。这时，计数器的状态为 $Q_3Q_2Q_1Q_0$=0010。

当连续输入计数脉冲 CP 时，根据上述计数规律，只要低位触发器由 1 状态翻转到 0 状态，相邻高位触发器的状态便改变。计数器中各触发器的状态转换顺序见表 6-3 所示。由该表可以看出，当输入第 16 个计数脉冲 CP 时，4 个触发器都返回到初始的 $Q_3Q_2Q_1Q_0$=0000 状态。同时，计数器 Q_3 输出一个负跃变的进位信号。从第 17 个计数脉冲 CP 开始，计数器又开始了新的计数循环，可见图 6-7 所示的电路为十六进制计数器。

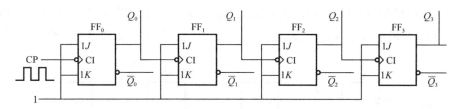

图 6-7 4 位异步二进制加法计数器

表 6-3 4 位二进制加法计数器状态表

计 数 顺 序	计 数 状 态			
	Q_3	Q_2	Q_1	Q_0
0	0	0	0	0
1	0	0	0	1
2	0	0	1	0
3	0	0	1	1
4	0	1	0	0
5	0	1	0	1
6	0	1	1	0
7	0	1	1	1
8	1	0	0	0
9	1	0	0	1
10	1	0	1	0
11	1	0	1	1
12	1	1	0	0
13	1	1	0	1
14	1	1	1	0
15	1	1	1	1
16	0	0	0	0

图 6-8 为 4 位二进制加法计数器的工作波形，由该图可看出：输入的计数脉冲每经一级触发器，其周期增加一倍，即频率降低一半。所以，图 6-7 所示计数器又是一个 16 分频器。

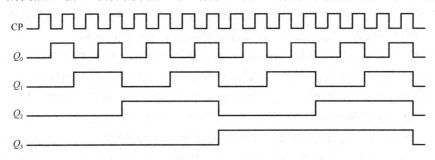

图 6-8　4 位二进制加法计数器波形图

若是上升沿触发的触发器，则只能由低位的 $\overline{Q}$ 端提供该位的时钟信号。图 6-9 为由 4 个 D 触发器构成的上升沿触发的 4 位异步二进制加法计数器。其工作原理请读者自行分析。

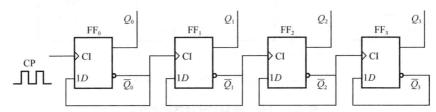

图 6-9　D 触发器组成 4 位二进制加法计数器

（2）异步二进制减法计数器

异步二进制减法计数是递增计数器的逆过程，根据二进制计数器的减法运算规则：1-1=0，0-1 不够，向高位借 1 作 2，这时可视为（1）0-1=1。如二进制数 0000-1 时，可视为（1）0000-1=1111，1111-1=1110，其余减法运算依次类推。由以上讨论可知，4 位二进制减法计数器实现减法运算的关键是在输入第一个减法计数脉冲后，计数器的状态应由 0000 翻转到 1111。

图 6-10 所示为由 JK 触发器组成的 4 位二进制减法计数器的逻辑图。$FF_0 \sim FF_3$ 都为 T' 触发器，负跃变触发。为了能实现向相邻高位触发器输出错位信号，要求低位触发器由 0 状态变为 1 状态时能使高位触发器的状态翻转，因此低位触发器应从 $\overline{Q}$ 端输出错位信号。

设电路在进行减法计数前，计数器的状态为 $Q_3Q_2Q_1Q_0=0000$，它的工作原理如下。

当在 CP 脉冲输入第一个减法计数脉冲时，FF0 由 0 状态翻转到 1 状态，$\overline{Q}$ 输出一个负跃变的借位信号，使 FF_1 由 0 状态翻转到 1 状态，$\overline{Q_1}$ 输出负跃变的错位信号，使 FF_2 由 0 状态翻转到 1 状态。

同理，FF_3 也由 0 状态翻转到 1 状态，$\overline{Q_3}$ 输出一个负跃变的错位信号，使计数器翻转到 $Q_3Q_2Q_1Q_0=1111$。当 CP 端输入第二个减法计数脉冲时，计数器的状态为 $Q_3Q_2Q_1Q_0=1110$。当 CP 端连续输入减法计数脉冲时，电路状态发生变化的情况见表 6-4。图 6-11 为减法计数器的工作波形。

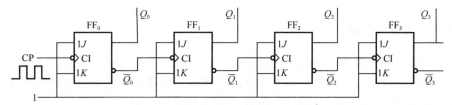

图 6-10　由 JK 触发器组成的 4 位二进制减法计数器

表 6-4　4 位二进制减法计数器状态表

计 数 顺 序	计 数 状 态			
	Q_3	Q_2	Q_1	Q_0
0	0	0	0	0
1	1	1	1	1
2	1	1	1	0
3	1	1	0	1
4	1	1	0	0
5	1	0	1	1
6	1	0	1	0
7	1	0	0	1
8	1	0	0	0
9	0	1	1	1
10	0	1	1	0
11	0	1	0	1
12	0	1	0	0
13	0	0	1	1
14	0	0	1	0
15	0	0	0	1
16	0	0	0	0

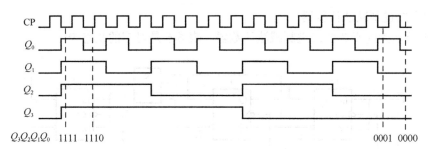

图 6-11　4 位二进制减法计数器工作波形图

2. 同步二进制计数器

异步计数器中各触发器之间是串行进位的，它的进位（或借位）信号是逐级传递的，因而使计数速度受到限制，工作频率不能太高。而同步计数器中各触发器同时受到时钟脉冲的触发，各个触发器的翻转与时钟同步，所以工作速度较快，工作频率较高。因此同步触发器又称并行进位计数器。

（1）同步二进制加法计数器

用 JK 触发器组成的同步 3 位二进制加法计数器如图 6-12 所示。表 6-5 是同步 3 位二进制加法计数器的状态表。由表可见，当来一个时钟脉冲 CP 时，Q_0 就翻转一次，而且要在 Q_0 为 1 时翻转，Q_2 要在 Q_1 和 Q_0 都是 1 时翻转。

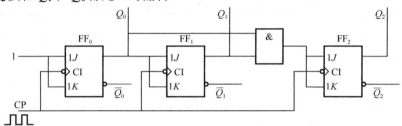

图 6-12　同步 3 位二进制加法计数器

表 6-5　同步 3 位二进制加法计算器状态表

CP	Q_2	Q_1	Q_0
0	0	0	0
1	0	0	1
2	0	1	0
3	0	1	1
4	1	0	0
5	1	0	1
6	1	1	0
7	1	1	1
8	0	0	0

（2）同步二进制减法计数器

图 6-13 所示为同步 3 位二进制减法计数器。表 6-6 是对应的状态表。

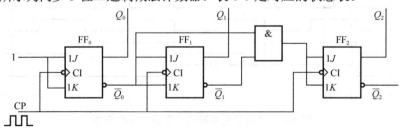

图 6-13　同步 3 位二进制减法计数器

表 6-6 同步 3 位二进制减法计数器状态表

CP	Q_2	Q_1	Q_0
0	0	0	0
1	1	1	1
2	1	1	0
3	1	0	1
4	1	0	0
5	0	1	1
6	0	1	0
7	0	0	1
8	0	0	0

6.2.2 十进制计数器

1. 异步十进制加法计数器

异步十进制加法计数器是在 4 位异步二进制加法计数器的基础上加以修改，使计数器在计数过程中跳过 1010～1111 这 6 个状态而得到的。

如图 6-14 所示电路是异步 8421BCD 码十进制加法计数器的典型电路。利用异步时序电路的分析方法可以分析其逻辑功能，其状态表见表 6-7。图 6-15 为异步 8421BCD 码十进制加法器状态图。图 6-16 为十进制加法计数器时序图。

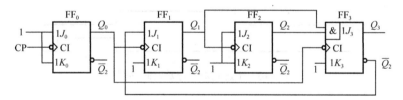

图 6-14 异步十进制加法器

表 6-7 异步 8421BCD 码十进制计数器状态表

计　数	Q_3	Q_2	Q_1	Q_0
0	0	0	0	0
1	0	0	0	1
2	0	0	1	0
3	0	0	1	1
4	0	1	0	0
5	0	1	0	1

续表

计　　数	Q_3	Q_2	Q_1	Q_0
6	0	1	1	0
7	0	1	1	1
8	1	0	0	0
9	1	0	0	1
10	1	0	1	0

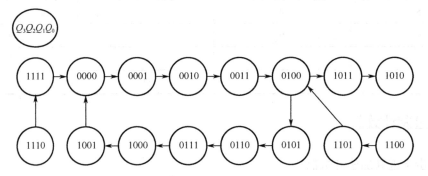

图 6-15　异步 8421BCD 码十进制加法器状态图

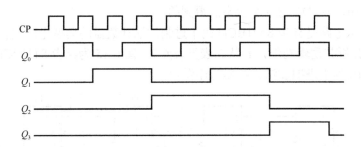

图 6-16　十进制加法计数器时序图

2. 同步十进制加法计数器

图 6-17 所示，为由 JK 触发器组成的 8421BCD 码同步十进制加法计数器的逻辑图，用下降沿触发。它的状态转换表见表 6-8。

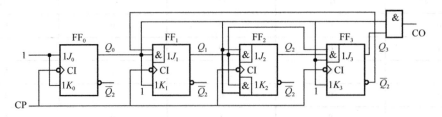

图 6-17　同步十进制加法计数器

表 6-8　同步十进制加法计数器状态转换表

计数脉冲序号	现　态				次　态				输出
	Q_3^n	Q_2^n	Q_1^n	Q_0^n	Q_3^{n+1}	Q_2^{n+1}	Q_1^{n+1}	Q_0^{n+1}	CO
0	0	0	0	0	0	0	0	1	0
1	0	0	0	1	0	0	1	0	0
2	0	0	1	0	0	0	1	1	0
3	0	0	1	1	0	1	0	0	0
4	0	1	0	0	0	1	0	1	0
5	0	1	0	1	0	1	1	0	0
6	0	1	1	0	0	1	1	1	0
7	0	1	1	1	1	0	0	0	0
8	1	0	0	0	1	0	0	1	0
9	0	1	0	0	0	0	1	0	1

6.2.3　集成计数器

用触发器组成计数器，电路复杂且可靠性差。随着电子技术的发展，一般均采用集成计数器芯片构成各种功能的计数器。

1. 集成同步二进制计数器 74LS161 和 74LS163

集成同步二进制计数器芯片有许多品种，这里介绍常用的集成 4 位同步二进制加法计数器 74LS161 和 74LS163。图 6-18 是 74LS161 和 74LS163 的逻辑功能示意图，图中 $\overline{LD}$ 为同步置数控制端，$\overline{CR}$ 为异步清零控制端，CT_P 和 CT_T 为计数控制端，$D_0 \sim D_3$ 为并行数据输入端，$Q_0 \sim Q_3$ 为输出端，C_0 为进位输出端。表 6-9 为 74LS161 的功能表。

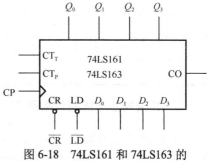

图 6-18　74LS161 和 74LS163 的逻辑功能示意图

表 6-9　74LS161 的功能表

输　入									输　出				
$\overline{CR}$	$\overline{LD}$	CT_P	CT_T	CP	D_3	D_2	D_1	D_0	Q_3	Q_2	Q_1	Q_0	CO
0	×	×	×	×	×	×	×	×	0	0	0	0	0
1	0	×	×	↑	d_3	d_2	d_1	d_0	d_3	d_2	d_1	d_0	
1	1	1	1	↑	×	×	×	×	计数				
1	1	0	×	×	×	×	×	×	保持				
1	1	×	0	×	×	×	×	×	保持				0

74LS161 逻辑功能：

① 异步清零。当 $\overline{CR}=0$ 时，其他输入信号都不起作用（包括时钟脉冲 CP），计数器输出

将被直接置零，称为异步清零。

② 同步并行预置数。在 $\overline{CR}$ =1，$\overline{LD}$ =0 时，在时钟脉冲 CP 的上升沿作用下，$D_3 \sim D_0$ 输入端的数据分别被 $Q_3 \sim Q_0$ 接收。由于计数器必须在 CP 上升沿来到后才接受数据，所以称为同步并行预置数操作。

③ 计数。当 $\overline{CR} = \overline{LD} = CT_P = CT_T = 1$，CP 端输入计数脉冲时，计数器进行二进制加法计数，这时进位输出 $CO = Q_3 Q_2 Q_1 Q_0$。

④ 保持。在 $\overline{CR} = \overline{LD} = 1$ 的条件下，且 CT_P 和 CT_T 中有一个为 0 时，不管有无 CP 作用，计数器都将保持原有状态不变（停止计数）。需要说明的是，当 $CT_P = 0$，$CT_T = 1$ 时，进位输出 $CO = Q_3 Q_2 Q_1 Q_0$ 也保持不变；而当 $CT_T = 0$ 时，不管 CT_P 状态如何，进位输出 $CO = 0$。

图 6-18 是集成 4 位同步二进制加法计数器 74LS163 的逻辑功能示意图。功能表见表 6-10。由该表可以看出 74LS163 为同步清零，这就是说，在同步清零控制端 $\overline{CR}$ 为低电平时，计数器并不被清零，还需要再输入一个计数脉冲 CP 的上升沿后才能被清零。而 74LS161 则为异步清零，这是 74LS163 和 74LS161 的主要区别，它们的其他功能完全相同。

表 6-10　74LS163 的功能表

输　　入									输　　出				
$\overline{CR}$	$\overline{LD}$	CT_P	CT_T	CP	D_3	D_2	D_1	D_0	Q_3	Q_2	Q_1	Q_0	CO
0	×	×	×	↑	×	×	×	×	0	0	0	0	0
1	0	×	×	↑	d_3	d_2	d_1	d_0	d_3	d_2	d_1	d_0	
1	1	1	1	↑	×	×	×	×	计数				
1	1	0	×	×	×	×	×	×	保持				
1	1	×	0	×	×	×	×	×	保持				0

2. 集成同步十进制计数器 74LS160 和 74LS162

图 6-19 所示为集成同步十进制加法计数器 74LS160 和 74LS162 的逻辑功能示意图。图中 $\overline{LD}$ 为同步置数控制端，$\overline{CR}$ 为异步清零控制端，CT_P 和 CT_T 为计数控制端，$D_0 \sim D_3$ 为并行数据输入端，CO 为进位输出端。表 6-11 为 74LS160 的功能表。

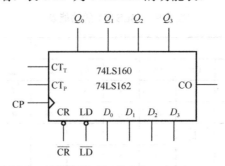

图 6-19　74LS160 和 74LS162 的逻辑功能示意图

表 6-11 74LS160 的功能表

输　　入									输　　出				
$\overline{\text{CR}}$	$\overline{\text{LD}}$	CT_P	CT_T	CP	D_3	D_2	D_1	D_0	Q_3	Q_2	Q_1	Q_0	CO
0	×	×	×	×	×	×	×	×	0	0	0	0	0
1	0	×	×	↑	d_3	d_2	d_1	d_0	d_3	d_2	d_1	d_0	
1	1	1	1	↑	×	×	×	×	计数				
1	1	0	×	×	×	×	×	×	保持				
1	1	×	0	×	×	×	×	×	保持				0

由表 6-11 可知，74LS160 主要有如下功能。

① 异步清零功能。当 $\overline{\text{CR}}$=0 时，无论 CP 和其他输入端有无信号输入，计数器被清零，这时 $Q_3Q_2Q_1Q_0$=0。

② 同步并行置数功能。当 $\overline{\text{CR}}$=1，$\overline{\text{LD}}$=0 时，而后在输入时钟脉冲 CP 上升沿的作用下，$D_3 \sim D_0$ 端并行输入数据 $d_3 \sim d_0$ 被置入计数器相应的触发器中，这时，$Q_3Q_2Q_1Q_0=d_3d_2d_1d_0$。

③ 计数功能。当 $\overline{\text{CR}}=\overline{\text{LD}}=\text{CT}_\text{P}=\text{CT}_\text{T}=1$，CP 端输入计数脉冲时，计数器按照 8421BCD 码的规律进行十进制加法计数。

④ 保持功能。当 $\overline{\text{CR}}=\overline{\text{LD}}=1$，且 CT_P、CT_T 中有 0 时，计数器保持原来的状态不变。在计数器执行保持功能时，如 CT_P=0、CT_T=1，则 CO=$\text{CT}_\text{T}Q_3Q_0$=Q_3Q_0；如 CT_P=1、CT_T=0，则 CO=$\text{CT}_\text{T}Q_3Q_0$=0。

图 6-19 所示为集成同步十进制加法计数器 74LS162 的逻辑功能示意图，其功能表见表 6-12。由该表可看出：与 74LS160 相比，74LS162 除为同步清零外，其余功能都和 74LS160 相同。

表 6-12 74LS162 的功能表

输　　入									输　　出				
$\overline{\text{CR}}$	$\overline{\text{LD}}$	CT_P	CT_T	CP	D_3	D_2	D_1	D_0	Q_3	Q_2	Q_1	Q_0	CO
0	×	×	×	↑	×	×	×	×	0	0	0	0	0
1	0	×	×	↑	d_3	d_2	d_1	d_0	d_3	d_2	d_1	d_0	
1	1	1	1	↑	×	×	×	×	计数				
1	1	0	×	×	×	×	×	×	保持				
1	1	×	0	×	×	×	×	×	保持				0

6.2.4 N 进制计数器

N 进制计数器也称任意进制计数器。获得 N 进制计数器常用的方法有两种：一是用触发器和门电路进行设计，二是用现成的集成电路构成，目前大量生产和销售的计数器集成芯片是 4 位二进制计数器和十进制计数器，当需要用其他任意进制计数器时，只要将这些计数器通过反馈线进行不同的连接就可实现。用这种方法构成的 N 进制计数器电路结构非常简单，因此在实际应用中被广泛采用。

1. 反馈清零法

计数过程中，将某个中间状态反馈到清零端，强行使计数器返回到 0，再重新开始计数，可构成比原集成计数器模小的任意进制计数器。反馈清零法适用于有清零输入的集成计数器，分为异步清零和同步清零两种方法。

（1）异步清零法

在异步清零端有效时，不受时钟脉冲及任何信号影响，直接使计数器清零，因而可采用瞬时过渡状态作为清零信号。

【例 6-3】 用 74LS161 构成十一进制计数器。

解： 由题意 N=11，而 74LS161 的计数过程中有 16 个状态，多了 5 个状态，此时只要设法跳过 5 个状态即可。

由图 6-20 可知，74LS161 从 0000 状态开始计数，当输入第 11 个 CP 脉冲（上升沿）时，输出为 1011，通过与非门译码后，反馈给异步清零 $\overline{\text{CR}}$ 端一个清零信号，立即使 $Q_3Q_2Q_1Q_0$=0000。接着 $\overline{\text{CR}}$ 端的清零信号也随之消失，74LS161 从 0000 状态开始新的计数周期。需要注意的是，此电路一进入 1011 状态后，就会立即被置成 0000 状态，即 1011 状态仅在极短的瞬间出现，因此称为过渡状态。其状态图如图 6-21 所示。

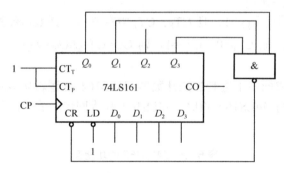

图 6-20　用 74LS161 构成十一进制计数器

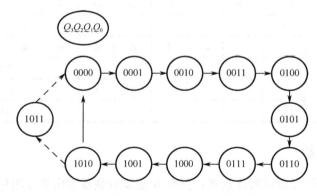

图 6-21　74LS161 构成十一进制计数器状态图

（2）同步清零法

同步清零法必须在清零信号有效时，再来一个 CP 时钟脉冲触发沿，才能使触发器清零。

例如，采用 74LS163 构成同步清零十一进制计数器，其电路如图 6-22 所示，该计数器的反馈清零信号为 1010，与电路图中反馈清零信号 1011 不同，其状态图如图 6-23 所示。

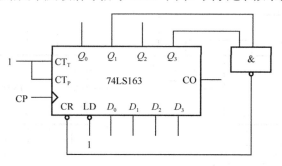

图 6-22　74LS163 构成同步清零十一进制计数器

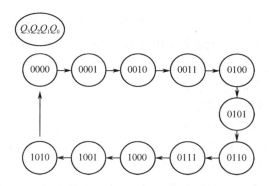

图 6-23　74LS163 构成同步清零十一进制计数器的状态图

2. 反馈置数法

反馈置数法适用于具有预置数功能的集成计数器，对于具有同步置数功能的计数器，则与同步清零类似，即同步置数输入端获得置数有效信号后，计数器不能立刻置数，而是在下一个 CP 脉冲作用后，计数器才会被置数。

对于具有异步置数功能的计数器，只要置数信号满足（不需要脉冲 CP 作用），就可立即置数，因此异步反馈置数法仍需瞬时过渡状态作为置数信号。

【例 6-4】　试用 74LS161 同步置数功能构成十进制计数器。

解：由于 74LS161 的同步置数控制端获得低电平的置数信号时，并行输入数据输入端 $D_0 \sim D_3$ 输入的数据并不能被置入计数器，还要再来一个计数脉冲 CP 后，$D_0 \sim D_3$ 端输入的数据才被置入计数器，因此，其构成十进制计数器的方法与同步清零法基本相同，写出 $S_{10-1}=S_9$ 的二进制代码，S_9=1001。画出逻辑图，如图 6-24 所示。

【例 6-5】　试用 74LS161 的同步置数功能构成一个十进制计数器，其状态在 0110～1111 间循环。

解：由于计数器的计数起始状态 $Q_3Q_2Q_1Q_0$=0110，因此，并行数据输入端应接入计数起始数据，即取 $D_3D_2D_1D_0$=0110。当输入第 9 个计数脉冲 CP 时，计数器的输出状态 $Q_3Q_2Q_1Q_0$=1111，这时，进位信号 CO=1 通过反相器将输出低电平 0 加到同步置数控制端。当输入第 10 个计数脉冲时，计数器便回到初始的预置状态 $Q_3Q_2Q_1Q_0$=0110，从而实现了十进制计数，电路如图 6-25 所示。

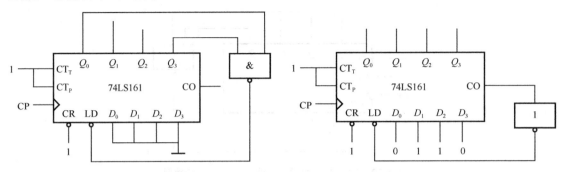

图 6-24　74LS161 同步置数功能构成十进制计数器　　　图 6-25　利用进位输出 CO 端构成十进制计数器

说明： ① 例 6-4 是利用 4 位自然二进制数的前 10 个状态 0000～1001 来实现十进制计数的，例 6-5 是利用 4 位自然二进制数的后 10 个状态 0110～1111 来实现十进制计数的，这时，从 74LS161 的进位输出端 CO 取得反馈置数信号较为简单。例 6-4 和例 6-5 也说明了利用同步置数功能构成十进制计数器的两种方法。

② 同步置数与异步置数的区别。

异步置数与时钟脉冲无关，只要异步置数端出现有效电平，置数输入端的数据立刻被置入计数器。因此，利用异步置数功能构成 N 进制计数器时，应在输入第 N 个 CP 脉冲时，通过控制电路产生置数信号，使计数器立即置数。

同步置数与时钟脉冲有关，当同步置数端出现有效电平时，并不能立刻置数，只是为置数创造了条件，再输入一个 CP 脉冲才能进行置数。因此，利用同步置数功能构成 N 进制计数器时，应在输入第 $(N-1)$ 个 CP 脉冲时，通过控制电路产生置数信号，这样，在输入第 N 个 CP 脉冲时，计数器才被置数。

③ 反馈清零法和反馈置数法的主要区别。

反馈清零法将反馈控制信号加至清零端 $\overline{CR}$ 上；而反馈置数法则将反馈控制信号加至置数端 LD 上，且必须给置数输入端 $D_3\sim D_0$ 加上计数起始状态值。反馈归零法构成计数器的初值一定是 0，而反馈置数法的初值可以是 0，也可以不是 0 。

3. 级联法

级联就是把两个以上的集成计数器连接起来，从而获得任意进制计数器。例如，可把一个 N_1 进制计数器和一个 N_2 进制计数器串联起来构成 $N=N_1N_2$ 进制计数器。

图 6-26 所示为由两片 74LS160 级联成 100 进制同步加法计数器。由图可以看出：低位片 74LS160（1）在计到 9 以前，其进位输出 CO=0，高位片 74LS160（2）的 CT_T=0，保持原状态不变。当低位片计到 9 时，其输出 CO=1，即高位片的 CT_T=1，这时，高位片才能接收 CP 的计数脉冲。所以，输入第 10 个计数脉冲时，低位片回到 0 状态，同时，使高位片加 1。显然，电路为 100 进制计数器。

图 6-27 所示为由两片 74LS161 级联成 50 进制的计数器，十进制数对应的二进制数为 00110010，所以，当计数器计到 50 时，计数器的状态为 $Q_3'Q_2'Q_1'Q_0'Q_3Q_2Q_1Q_0$ = 00110010，所以，

当 74LS161（2）计到 0011，74LS161（1）计到 0010 时，通过与非门控制使两片同时清零，实现从 0000 0000 到 0011 0001 的 50 进制计数。在此电路工作中，00110010 状态会瞬间出现，但不属于计数器的有效状态。

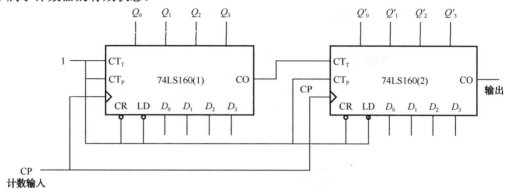

图 6-26　两片 74LS160 构成 100 进制计数器

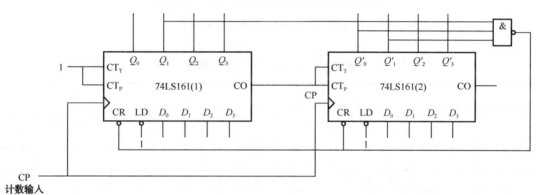

图 6-27　74LS161 构成的 50 进制计数器

思考与练习

6-2-1　什么叫异步计数器？什么叫同步计数器？什么叫加减计数器？

6-2-2　简述用同步清零控制端和同步置数控制端构成 N 进制计数器的方法。

6-2-3　简述用异步清零控制端和异步置数控制端构成 N 进制计数器的方法。

操作训练1　集成计数器功能及应用测试

1. 训练目的

① 熟悉集成计数器的功能及测试方法。

② 掌握用集成计数器构成任意进制计数器的方法。

2. 仿真训练

（1）集成芯片 74LS161 功能测试

① 连接仿真电路。

集成芯片 74LS161 功能仿真测试电路如图 6-28 所示电路。

② 启动仿真，拨动逻辑电平开关，按表 6-13 的数据测试 74LS161 的功能。

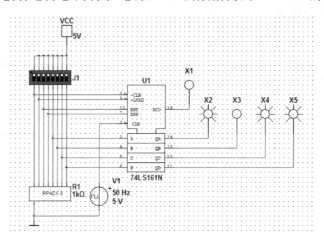

图 6-28　74LS161 功能仿真测试电路

表 6-13　74LS161 功能测试数据

输　入									输　出				
$\overline{CR}$	$\overline{LD}$	CT_P	CT_T	CP	D_3	D_2	D_1	D_0	Q_3	Q_2	Q_1	Q_0	CO
0	×	×	×	×	×	×	×	×					0
1	0	×	×	↑	d_3	d_2	d_1	d_0					
1	1	1	1	↑	×	×	×	×					
1	1	0	×	×	×	×	×	×					
1	1	×	0	×	×	×	×	×					0

（2）反馈清零法构成六进制计数器

① 连接仿真电路。

用异步清零端 $\overline{CR}$ 归零方法实现，在电路工作区编辑如图 6-29 所示电路。

② 启动仿真，可以看到计数器从 0～5 计数并通过数码管显示。

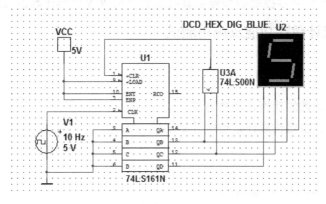

图 6-29　反馈清零法构成六进制计数器

（3）反馈置数法构成 6 进制计数器

① 用同步置数端 $\overline{LD}$ 归零方法实现，编辑仿真电路如图 6-30 所示。

② 启动仿真，可以看到计数器从 0～6 进行计数并通过数码管显示。

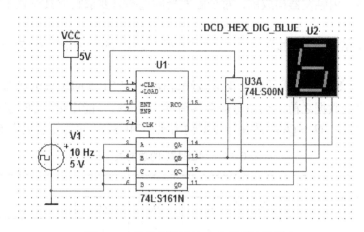

图 6-30　反馈置数法构成六进制计数器

3. 实验测试

（1）集成芯片 74LS161 功能测试

仿照图 6-28 连接实验电路，输出端用 LED 代替，观察 LED 的亮、灭，确定 74LS161 的输出状态。

（2）反馈清零法构成六进制计数器

仿照图 6-29 连接实验电路，观察数码管的数字变化情况。

（3）反馈置数法构成六进制计数器

仿照图 6-30 连接实验电路，观察数码管的数字变化情况。

6.3　任务3　寄存器的分析与应用

在计算机和数字仪表中，常常需要把一些数码或运算结果暂时存储起来，然后根据需要取出进行处理或运算。用来暂时存放数据、指令和运算结果的数字逻辑部件称为寄存器，几乎在所有的数字系统中都要用到寄存器。由于一个触发器能寄存1位二进制代码 0 或 1，因此，N 位寄存器用 N 个触发器组成，常用的有 4 位、8 位、16 位寄存器。

寄存器存入数码的方式有并行和串行两种。并行方式就是各位数码从对应位同时输入到寄存器中，串行方式就是数码从一个输入端逐位输入寄存器。

从寄存器取出数码的方式也有并行和串行两种。在并行方式中，被取出的数码在对应的输出端同时出现；在串行方式中，被取出的数码在一个输出端逐位输出。

并行方式和串行方式相比较，并行存取方式的速度比串行方式快得多，但所用的数据线将比串行方式多。

寄存器按功能可以分为数码寄存器和移位寄存器。

6.3.1 数码寄存器

数码寄存器只供暂时存放数码，可以根据需要将存放的数码随时取出参加运算或者进行数据处理。寄存器是由触发器构成的，对于触发器的选择只要求它们具有置 1、置 0 的功能即可。

无论是用同步结构的 RS 触发器、主从结构的触发器，还是边沿触发结构的触发器，都可以组成寄存器。

图 6-31 是由 D 触发器组成的 4 位集成数码寄存器 74LS175 的逻辑电路图。其中 $\overline{CR}$ 是异步清零端，通常存储数据之前，须先将寄存器清零，否则有可能出错；CP 为时钟脉冲；$D_0\sim D_3$ 是并行数据输入端；$Q_0\sim Q_3$ 端是并行数据输出端。74LS175 的功能表见表 6-14。

表 6-14　74LS175 的功能表

输　入						输　出			
$\overline{CR}$	CP	D_3	D_2	D_1	D_0	Q_3	Q_2	Q_1	Q_0
0	×	×	×	×	×	0	0	0	0
1	↑	d_3	d_2	d_1	d_0	d_3	d_2	d_1	d_0
1	0	×	×	×	×	保持			

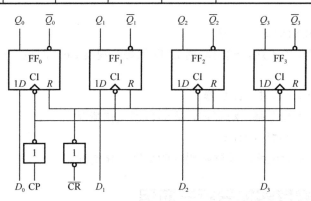

图 6-31　寄存器 74LS175 的逻辑图

① 置 0 功能。无论寄存器中原来有无数码。只要 $\overline{CR}$ =0，触发器 $FF_0\sim FF_3$ 都被置 0，即 $Q_3Q_2Q_1Q_0$=0000。

② 并行送数功能。取 $\overline{CR}$ =1，无论寄存器原来有无数码，只要输入时钟脉冲 CP 的上升沿，并行数据输入端 $D_3\sim D_0$ 输入的数据 $d_3\sim d_0$ 都被置入 4 个 D 触发器 $FF_0\sim FF_3$ 中，这时 $Q_3Q_2Q_1Q_0$=$d_3d_2d_1d_0$，由 Q_3、Q_2、Q_1、Q_0 并行输出数据。

③ 保持功能。当 $\overline{CR}$ =1，CP=0 时寄存器中寄存的数码保持不变，即 $FF_0\sim FF_3$ 的状态保持不变。

6.3.2 移位寄存器

移位寄存器是一类应用很广的时序逻辑电路。移位寄存器不仅能寄存数码，而且还能根据要求，在移位时钟脉冲作用下，将数码逐位左移或者右移。

移位寄存器的移位方向分为单向移位和双向移位。单向移位寄存器有左移移位寄存器、右移移位寄存器之分；双向移位寄存器又称可逆移位寄存器，在门电路的控制下，既可左移又可右移。

1. 单向移位寄存器

将若干个触发器串接即可构成单向移位寄存器。由 3 个 D 触发器连接组成的右移位寄存器，如图 6-32 所示，由图可得：

$$Q_0^{n+1} = D_0, \quad Q_1^{n+1} = Q_0^n, \quad Q_2^{n+1} = Q_1^n$$

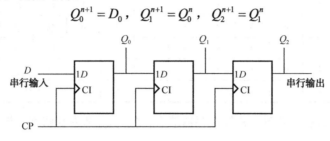

图 6-32　3 位右移位寄存器

假设移位寄存器的初始状态 $Q_2Q_1Q_0 = 000$，串行输入数据 $D=101$，从低位 Q_0 到高位 Q_2 依次输入。当输入第一个数码时，$D_0=1$，$D_1=Q_0=0$，$D_2=Q_1=0$，所以，当第一个移位脉冲到来后 $Q_2Q_1Q_0 = 001$，即第一个数码 1 存入 FF_0 中，其原来的状态 0 移入 FF_1 中，数码左移了一位。依次类推，在第 4 个移位脉冲到来后，$Q_2Q_1Q_0 = 101$，3 位串行数码全部移入寄存器中，若从 3 个触发器的 Q 端得到并行的数码输出，这种工作方式称为串行输入/并行输出方式；若再经过 3 个 CP 移位脉冲，则所存的数码逐位从 Q_2 端输出，就构成了串行输入/串行输出的工作方式。右移位寄存器工作过程示意图如图 6-33 所示。

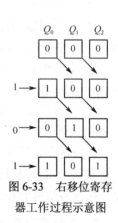

图 6-33　右移位寄存器工作过程示意图

2. 双向移位寄存器

在计算机中经常使用的移位寄存器需要同时具有左移位和右移位的功能，即双向移位寄存器。它在一般移位寄存器的基础上加上左、右移位控制信号，右移串行输入，左移串行输入。在左移位或右移位控制信号取 0 或 1 的两种不同情况下，当 CP 作用时，电路即可实现左移功能或右移功能。

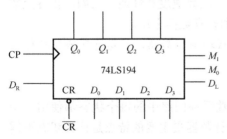

图 6-34　74LS194 逻辑功能示意图

图 6-34 所示为 4 位双向移位寄存器 74LS194 的逻辑功能示意图，图中 $\overline{CR}$ 为清零端，$D_0 \sim D_3$ 为并行数码输入端，D_R 为右移串行数码输入端，D_L 为左移串行数码输入端，M_0 和 M_1 为工作方式控制端，$Q_0 \sim Q_3$ 为并行数码输出端，CP 为移位脉冲输入端。74LS194 的功能表见表 6-15，由该表可知它有如下功能。

表 6-15　74LS194 功能表

输　入										输　出				说　明
$\overline{CR}$	M_1	M_0	CP	D_L	D_R	D_0	D_1	D_2	D_3	Q_0	Q_1	Q_2	Q_3	
0	×	×	×	×	×	×	×	×	×	0	0	0	0	清零
1	×	×	0	×	×	×	×	×	×	保持				
1	1	1	↑	×	×	d_0	d_1	d_2	d_3	d_0	d_1	d_2	d_3	并行置数
1	0	1	↑	×	1	×	×	×	×	1	Q_0	Q_1	Q_2	右移输入 1
1	0	1	↑	×	0	×	×	×	×	0	Q_0	Q_1	Q_2	右移输入 0
1	1	0	↑	1	×	×	×	×	×	Q_1	Q_2	Q_3	1	左移输入 1
1	1	0	↑	0	×	×	×	×	×	Q_1	Q_2	Q_3	0	左移输入 0
1	0	0	×	×	×	×	×	×	×	保持				

① 清零功能。当 $\overline{CR}$ =0 时，移位寄存器清零，$Q_0\sim Q_3$ 都为 0 状态，与时钟脉冲的有无没有关系，为异步清零。

② 保持功能。当 $\overline{CR}$ =1，CP=0，或 $\overline{CR}$ =1，M_1M_0=00 时，移位寄存器保持状态不变。

③ 并行送数功能。当 $\overline{CR}$ =1，M_1M_0=11 时，在 CP 的上升沿作用下，使 $D_0\sim D_3$ 输入的数码 $d_1\sim d_3$ 并行送入寄存器，$Q_0Q_1Q_2Q_3=d_0d_1d_2d_3$，是同步并行送数。

④ 右移串行送数功能。当 $\overline{CR}$ =1，M_1M_0=01 时，在 CP 的上升沿作用下，执行右移功能，D_R 端输入的数码依次送入寄存器。

⑤ 左移串行送数功能。当 $\overline{CR}$ =1，M_1M_0=10 时，在 CP 的上升沿作用下，执行左移功能，D_L 端输入的数码依次送入寄存器。

移位寄存器用来构成计数器，这是在实际工程中经常用到的。比如用移位寄存器构成环形计数器、扭环形计数器和自启动扭环形计数器等。它还可用于数据寄存。比如，两个数相加、相减其结果的存放等。

3. 移位寄存器的应用

寄存器作为一种时序逻辑电路功能器件，其广泛应用于计算机和各类数字系统之中，主要用来暂时保存二进制信息，并且写入/读出速度很快。比如，在计算机 CPU（中央处理单元）中，尤其是新型 CPU 中大量使用寄存器，用以提高计算机运算速度和性能。又如，在各类数字器件和接口电路中，也大量使用寄存器作为数据缓冲和暂存数据之用。

下面介绍移位寄存器作为计数器的应用：一是连接成环形计数器，二是连接成扭环计数器。

（1）环形计数器

环形计数器是用移位寄存器构成的。环形计数器计数循环回路中的每个状态都使用一个触发器，也就是 n 个触发器仅表示 n 个有效状态。环形计数器最主要的特点是计数状态不需要译码电路，可直接由触发器状态端接出作为译码信号用。

由 74LS194 构成的环形计数器如图 6-35（a）所示，最右侧触发器的 Q_3 端连接到寄存器最左侧的右移串行数据输入端 D_R，这也是称为"环形"计数器的原因。

由移位寄存器 74LS194 构成的计数器必须预先进行寄存器初始状态设置：

电路预置 $D_0D_1D_2D_3=1000$，$S_0=1$，并通过在 S_1 施加一个高电平脉冲，即 $M_1M_0=11$，完成寄存器并行写入 $Q_0Q_1Q_2Q_3=1000$。当 M_1 高电平脉冲结束后，即 $M_1M_0=01$ 时，寄存器工作于右移方式，寄存器中的"1"随着 CP 时钟逐位右移，并经 Q_3 到 D_R 移入 Q_0，往复循环。由此可画出此电路的状态转换图和时序图，如图 6-35（b）、（c）所示。观察计数循环为 1000→0100→0010→0001→1000（初始状态）。

可以看到，环形计数器以每个触发器逐个置"1"表示计数状态。尽管环形计数器使用触发器比较多，但是这种电路没有竞争冒险，电路可靠，而且不需要外加计数状态的译码电路，因此常用于需要可靠控制的系统之中。

（2）扭环计数器

由 74LS194 构成的扭环计数器如图 6-36（a）所示。与上述环形计数器不同的是连接到 D_R 的是 $\overline{Q_3}$ 端，而不是 Q_3 端，对于寄存器内部电路而言是引自 Q_3 端，与环形计数器相比好像环路"扭"了一下，这也是"扭环"计数器的由来。扭环计数器中触发器的利用率提高了一倍，计数状态数为 $2n$，n 为触发器数。

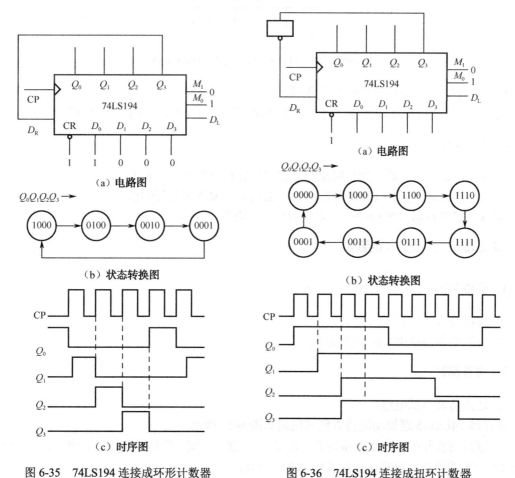

图 6-35　74LS194 连接成环形计数器　　图 6-36　74LS194 连接成扭环计数器

这个电路在开始计数之前，也要预先设置电路初始状态为"0000"，这可以通过异步清零实现。通过分析可画出电路的状态转换图和时序图，如图 6-35（b）、（c）所示。

利用移位寄存器组成扭环形计数器有一定的规律。如 4 位移位寄存器的第 4 个输出端 Q_3 通过非门加到 D_R 端上，便构成了 8 进制（2×4=8）进制扭环计数器，即 8 分频电路。

当由移位寄存器的第 N 位输出通过非门加到右移串行数码输入端 D_R 时，则构成 $2N$ 进制扭环形计数器，即偶数分频电路。

如将移位寄存器的第 N 和第 $N-1$ 位的输出通过与非门加到右移串行数码输入 D_R 端时，则构成 $2N-1$ 进制扭环形计数器，即奇数分频电路。如图 6-37 所示，Q_3 为第 4 为输出，Q_2 为第 3 位输出，它构成 2×4-1=7 进制扭环计数器，即 7 分频电路。

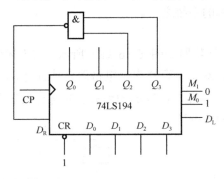

图 6-37　74LS194 连接成 7 进制扭环计数器

扭环计数器的主要特点是计数循环回路中状态之间的转换，每次只有一个触发器的状态发生改变，工作比较可靠。另外，扭环计数器计数状态的译码电路也比较简单。

思考与练习

6-3-1　什么叫寄存器？什么叫移位寄存器？它们有什么异同点？

6-3-2　什么是串行输入和串行输出？什么是并行输入和并行输出？

6-3-3　试用 D 触发器构成一个 4 位右移位寄存器。

操作训练 2　寄存器功能测试

1. 训练目的

① 掌握寄存器的逻辑功能。
② 掌握寄存器逻辑功能的测试方法。

2. 仿真测试

① 连接仿真测试电路。
寄存器 74LS175 逻辑功能仿真测试电路如图 6-38 所示。
② 打开仿真开关，启动电路仿真，按键盘 A 键、B 键、C 键、D 键、E 键、F 键，分别设置 S1～S6 的状态，观察指示灯 X1～X4 的亮灭。
③ 按照表 6-16 所示验证 74LS175 的逻辑功能。

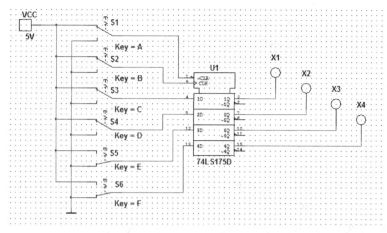

图 6-38 74LS175 逻辑功能仿真测试电路

表 6-16 验证 74LS175 的功能

输　入						输　出			
$\overline{CR}$	CP	D_3	D_2	D_1	D_0	Q_3	Q_2	Q_1	Q_0
0	×	×	×	×	×				
1	↑	d_3	d_2	d_1	d_0				
1	0	×	×	×	×				

3. 实验测试

仿照图 6-38 连接实验电路，输出端用 LED 代替，观察 LED 的亮、灭，确定 74LS175 的逻辑功能。

习题 6

1．填空题

（1）对于时序逻辑电路来说，某时刻电路的输出状态不仅取决于该时刻的_____，而且还取决电路的_____，因此，时序逻辑电路具有_____性。

（2）时序逻辑电路由_____电路和_____电路两部分组成，_____电路必不可少。

（3）计数器按进制分，有_____进制计数器、_____进制计数器和_____进制计数器。

（4）集成计数器的清零方式分为_____和_____，置数方式分为_____和_____。

（5）一个 4 位二进制加法计数器的起始计数状态 $Q_3Q_2Q_1Q_0=1010$，当最低位接收到 4 个计数脉冲时，输出的状态为 $Q_3Q_2Q_1Q_0$_____。

2．判断题

（1）同步时序电路具有统一的时钟 CP 控制。（　　　）

（2）十进制计数器由十个触发器组成。（　　　）

（3）异步计数器的计数速度最快。（　　　）

（4）4 位二进制计数器也是一个十六分频电路。（　　）

（5）双向移位寄存器可同时执行左移和右移功能。（　　）

3．选择题

（1）同步计数器和异步计数器比较，同步计数器的显著优点是（　　）。

A．工作速度高　　　　　　　　　　B．触发器利用率高

C．电路简单　　　　　　　　　　　D．不受时钟 CP 控制

（2）把一个五进制计数器与一个四进制计数器串联可得到（　　）进制计数器。

A．4　　　　　　B．5　　　　　　C．9　　　　　　D．20

（3）8 位移位寄存器，串行输入时经（　　）个脉冲后，8 位数码全部移入寄存器中。

A．1　　　　　　B．2　　　　　　C．4　　　　　　D．8

（4）一位 8421BCD 码计数器至少需要（　　）个触发器。

A．3　　　　　　B．4　　　　　　C．5　　　　　　D．10

（5）加/减计数器的功能是（　　）。

A．既能进行加法计数又能进行减法计数

B．加法计数和减法计数同时进行

C．既能进行二进制计数又能进行十进制计数

D．既能进行同步计数又能进行异步计数

4．试分析图 6-39 所示同步时序逻辑电路的逻辑功能。列出状态转换真值表，画出状态转换图和时序图。

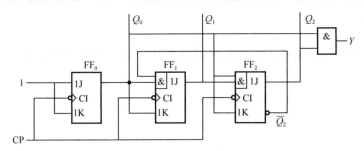

图 6-39　题 4 图

5．分析图 6-40 所示电路，它是多少进制计数器？

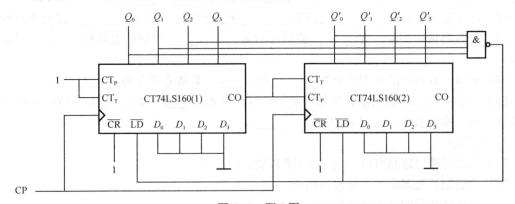

图 6-40　题 5 图

6．试分别用以下集成计数器构成七进制计数器。

（1）利用 CT74LS161 的异步清零功能；

（2）利用 CT74LS163 的同步清零功能；

（3）利用 CT74LS161 和 CT74LS163 的同步置数功能。

7．试用 CT74LS160 的异步清零和同步置数功能构成下列计数器。

（1）六十进制计数器；

（2）二十四进制计数器。

8．图 6-41 所示的数码寄存器，上升沿若原来状态 $Q_2Q_1Q_0$=101，现输入数码 $D_2D_1D_0$=011，CP 上升沿来到后，$Q_2Q_1Q_0$ 等于多少？

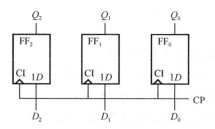

图 6-41　题 8 图

9．试用 74LS194 构成六进制扭环计数器。

555定时器的分析及应用

知识目标

① 掌握 555 定时器的电路组成及工作原理。
② 熟悉 555 定时器构成的多谐振荡器的工作原理。
③ 熟悉 555 定时器构成的单稳态电路的工作原理。
④ 熟悉 555 定时器构成的施密特触发器的工作原理。

技能目标

① 熟悉 555 定时器的应用。
② 掌握 555 定时器构成的多谐振荡器、单稳态电路、施密特触发器的测试方法。

7.1 任务 1 555 定时器分析

555 定时器是一种将模拟功能器件和数字逻辑功能器件巧妙结合在一起的中规模集成电路。电路功能灵活,适用范围广泛。使用时,通常在外部接上几个适当的阻容元件,就可以方便地构成脉冲产生和整形电路。因此,555 定时器在工业控制、定时、仿声、电子乐器及防盗报警等方面应用十分广泛。

555 定时器电压范围较宽,例如 TTL555 定时器为 5～16V,输出最大负载电流可达 200mA,可直接驱动微电动机、指示灯及扬声器等;COMS555 定时器的电源电压为 3～18V,输出最大电流为 4mA。TTL 单定时型号最后 3 位数字为 555,双定时为 556;COMS 单定时器型号的最后 4 位数字为 7555,单定时器型号为 7556。TTL 和 CMOS 定时器的逻辑功能和外部引脚排列完全相同。

1. 555 定时器的电路组成

TTL 型 555 集成定时器的电路结构如图 7-1 所示,它由基本 RS 触发器、比较器、电阻分压器、晶体管开关和输出缓冲器五个部分组成。图 7-2 为它的逻辑符号图,电路引脚名称和功能如下:

TH:高触发端。

$\overline{\text{TR}}$:低触发端。

CO:控制电压端。

DIS：放电端。

OUT：输出端。

$\overline{R}$：清零端。

V_{CC}：电源。

GND：接地端。

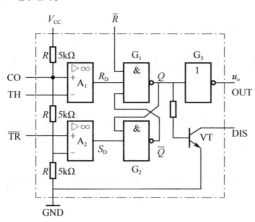

图 7-1 555 集成定时器的电路结构图

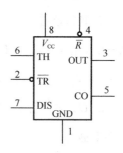

图 7-2 555 定时器逻辑符号图

（1）基本 RS 触发器

由两个与非门 G_1、G_2 组成，$\overline{R}$ 是专门设置的可从外部进行置 0 的复位端，当 $\overline{R}=0$ 时，使 $Q=0$，$\overline{Q}=1$。

（2）比较器

A_1、A_2 是两个电压比较器。比较器有两个输入端，同相输入端"+"和反相输入端"–"，如果 U_+ 和 U_- 表示相应输入上所加的电压，则当 $U_+ > U_-$ 时，其输出为高电平 U_{OH}；反之，$U_+ < U_-$ 时，输出为低电平 U_{OL}。两个输入端基本上不向外电路索取电流，即输入电阻趋近于无穷大。比较器 A_1 的输出为基本 RS 触发器内部置 0 的复位端 $\overline{R}_D$，而比较器 A_2 的输出为基本 RS 触发器的内部置 1 端 $\overline{S}_D$。

（3）电阻分压器

三个阻值均为 5kΩ 的电阻串联起来构成分压器（555 也因此而得名），为比较器 A_1 和 A_2 提供参考电压，当电压控制输入端 CO 悬空时，比较器 A_1 的"+"端 $U_+ = \dfrac{2}{3}V_{CC}$，比较器 A_2 的"–"端 $U_- = V_{CC}$。如果在电压控制端 CO 另加控制电压，则可改变比较器 A_1、A_2 的参考电压，比较器 A_1 的"+"端 $U_+ = V_{CO}$，比较器 A_2 的"–"端 $U_- = \dfrac{1}{2}V_{CO}$。工作中不使用 CO 端时，一般都通过一个电容（0.01～0.047μF）接地，以旁路高频干扰。

（4）晶体管开关和输出缓冲器

晶体管 VT 构成开关，其状态受 $\overline{Q}$ 端控制，当 $\overline{Q}=0$ 时 TD 截止，$\overline{Q}=1$ 时 VT 导通。输出缓冲器就是接在输出端的反相器 G_3，其作用是提高定时器的带负载能力和隔离负载对定时器的影响。

可见，555 定时器不仅提供了一个复位电平为 $\frac{2}{3}V_{CC}$、置位电平为 $\frac{1}{3}V_{CC}$，且可通过 $\overline{R}$ 端直接从外部进行置 0 的基本 RS 触发器，而且还给出了一个状态受该触发器 $\overline{Q}$ 端控制的晶体管（或者 MOS 管）开关，因此使用起来十分方便。

2. 555 定时器的基本逻辑功能

① $\overline{R}=0$，$\overline{Q}=1$，输出电压 $u_o=U_{OL}$ 为低电平，VT 饱和导通。

② $\overline{R}=1$，$U_{RH}>\frac{2}{3}V_{CC}$，$U_{\overline{TR}}>\frac{1}{3}V_{CC}$ 时，A_1 输出低电平，A_2 输出高电平，$Q=0$，$\overline{Q}=1$，$u_o=U_{OL}$，VT 饱和导通。

③ $\overline{R}=1$，$U_{TH}<\frac{2}{3}V_{CC}$，$U_{\overline{TR}}>\frac{1}{3}V_{CC}$ 时，A_1、A_2 输出均为高电平，基本 RS 触发器保持原来状态不变，因此，u_o、VT 也保持原状态不变。

④ $\overline{R}=1$，$U_{TH}<\frac{2}{3}V_{CC}$，$U_{\overline{TR}}<\frac{1}{3}V_{CC}$ 时，A_1 输出高电平，A_2 输出低电平，$Q=1$，$\overline{Q}=0$，$u_o=U_{OH}$，VT 截止。

555 定时器的逻辑功能见表 7-1。

表 7-1 555 定时器的功能

输　　入			输　　出	
$\overline{R}$	$U_{\overline{TR}}$	U_{TH}	U_o	VT 的状态
0	×	×	0	导通
1	$>\frac{1}{3}V_{CC}$	$>\frac{2}{3}V_{CC}$	0	导通
1	$>\frac{1}{3}V_{CC}$	$<\frac{2}{3}V_{CC}$	原状态	保持
1	$<\frac{1}{3}V_{CC}$	$<\frac{2}{3}V_{CC}$	1	截止
1	$<\frac{1}{3}V_{CC}$	$>\frac{2}{3}V_{CC}$	1	截止

思考与练习

7-1-1 555 定时器有哪几种？各有什么特点？

7-1-2 555 定时器由哪几部分组成？

7-1-3 555 定时器的主要功能是什么？

7.2　555 定时器的应用

7.2.1　用 555 定时器组成的多谐振荡器

多谐振荡器是能够产生矩形脉冲信号的自激振荡器。它不需要输入脉冲信号，接通电源就可自动输出矩形脉冲信号。由于矩形波是很多谐波分量叠加的结果，所以矩形波振荡器叫做多谐振荡器。多谐振荡器没有稳定的状态，只有两个暂稳态。

如图 7-3 所示是用 555 定时器构成的多谐振荡器。R_1、R_2、C 是外接定时元件。将 555 定时器的 TH（6 脚）接到 $\overline{TR}$（2 脚），$\overline{TR}$ 端接定时电容 C，晶体三极管集电极（7 脚）接到 R_1、R_2 的连接点，将 4 脚和 8 脚接 V_{CC}。

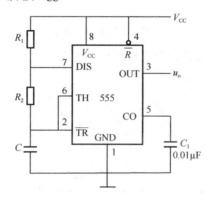

图 7-3　由 555 定时器构成的多谐振荡器

电路组成及其工作原理如下。

1. 过渡时期

假定在接通电源前电容 C 上无电荷，电路刚接通的瞬间，$U_C=0$。这时 6、2 脚电位都为低电平，三极管 VT 截止，电容 C 由电源 V_{CC} 经过 R_1、R_2 对 C 充电，使 U_C 电位不断升高，这是刚通电时电路的过渡时期。

2. 暂稳态 I

当充电到 U_C 略大于 $\frac{2}{3}U_{CC}$，6、2 脚为高电平，电压比较器 A_1 输出 u_{c1} 为低电平，电压比较器 A_2 输出 u_{c2} 为高电平，RS 触发器置 0，即 $Q=0$，$\overline{Q}=1$，对应输出 u_o 为低电平，同时 7 脚三极管 VT 饱和导通，电容 C 经过 R_2 及 7 脚三极管对地放电，6 脚电位 U_C 按指数规律下降，当放电到电容电压 U_C 略低于 $\frac{1}{3}U_{CC}$ 时，6 脚、2 脚为低电平，电压比较器 A_1 输出高电平，A_2 输出低电平，基本 RS 触发器置 1，$Q=1$，$\overline{Q}=0$，对应输出 u_o 为高电平，同时三极管截止。

3. 充电阶段（第二暂稳态）

当 U_C 放电到略低于 $\frac{1}{3}U_{CC}$ 时，6、2 脚电位都为低电平，电压比较器 A_1 输出低电平，A_2 输出低电平，基本 RS 触发器置 1，$Q=1$，$\overline{Q}=0$，对应输出 u_o 为高电平，同时三极管截止，这时电源 V_{CC} 经 R_1、R_2 对 C 充电，6 脚电位 U_C 按指数规律上升。当充电到 U_C 略高于 $\frac{2}{3}U_{CC}$，6、2 脚为高电平，电压 A_1 输出 u_{c1} 为低电平，电压比较器 u_{c2} 为高电平，RS 触发器置 0，即 $Q=0$，$\overline{Q}=1$，对应输出 u_o 为低电平，同时 7 脚三极管 VT 饱和导通，又开始重复过程 2。

由图可得，555 定时器组成的多谐振荡器的震荡周期 T 为

$$T = t_{W1} + t_{W2} \tag{7-1}$$

计算可得

$$T = 0.7(R_1 + 2R_2)C \tag{7-2}$$

由 555 定时器组成的多谐振荡器的工作波形如图 7-4 所示。

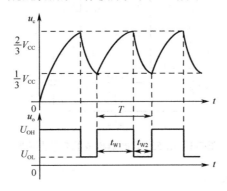

图 7-4　由 555 定时器组成的多谐振荡器的工作波形

7.2.2　555 定时器构成的单稳态电路

单稳态触发器又称单稳态电路，它只有一种稳定状态的电路。如果没有外界信号触发，它始终保持一种状态不变，当有外界信号触发时，它将由一种状态转变成另外一种状态，但这种状态是不稳定状态，称为暂态，一段时间后它会自动返回到原状态。

1. 电路结构及原理

图 7-5 所示的是用 555 定时器构成的单稳态触发器的电路。电路中的定时元件电阻 R 和电容 C 构成充放电回路，负触发脉冲 u_i 加在低触发端上。常态下输入信号 $u_i=1$，输出信号 $u_o=0$。

① 稳态。接通电源稳态时，$u_i=1$，555 内部触发器 $Q=0$，开关管饱和导通，$U_C=0$，$u_o=0$。

② 暂稳态。当触发信号负脉冲到来时，即 u_i 下跳为 0 时，555 内部比较器输出低电平，使 $Q=1$，则开关管截止，电源 V_{CC} 通过 R 对电容 C 充电，U_C 上升，电路进入暂稳态。在充电过程未结束时，由于内部 RS 触发器的保持作用，即使 u_i 回到高电平 1，不影响内部触发器和

开关管的状态，即不影响充电的进行。当 U_C 上升到 $\frac{2}{3}V_{CC}$ 时，高触发端 TH（6 端）使 555 内部比较器 A_1 输出低电平 0，从而使触发器翻转，Q 变为 0，开关管饱和导通，输出 u_o=0。暂稳态结束。

③ 自动恢复过程。暂稳态结束后，电容通过开关管快速放电，电路自动恢复到稳态时的情况，电路又可以接收新的触发脉冲信号了。

输出脉冲宽度，即定时时间

$$T_W = \tau_{充} \ln \frac{u_C(\infty) - u_C(0_+)}{u_C(\infty) - u_C(T_W)} = RC \ln \frac{V_{CC} - 0}{V_{CC} - \frac{2}{3}V_{CC}} = RC \ln 3 \approx 1.1RC \tag{7-3}$$

该电路要求输入脉冲触发信号的宽度要小于输出脉冲宽度。若输入脉冲宽度大于输出脉冲宽度，可以在输入端加一个及 RC 微分电路解决。

由 555 定时器组成的单稳态触发器的工作波形如图 7-6 所示。

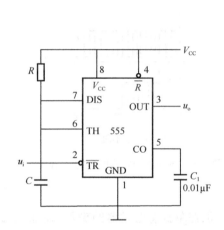
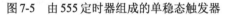

图 7-5 由 555 定时器组成的单稳态触发器

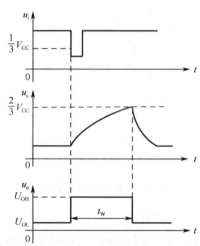

图 7-6 由 555 定时器组成的单稳态触发器的工作波形

2. 单稳态触发器的应用

单稳态触发器的主要功能有脉冲整形、脉冲定时和脉冲展宽，具体应用很广泛，下面举例说明其应用。

（1）脉冲整形

利用单稳态触发器可以将不规则的信号转换成矩形信号，给单稳态触发器输入端输入不规则的信号 u_i 时，当 u_i 信号电压上升到触发电平 U_{TH} 时，单稳态触发器被触发，状态改变，输出为高电平 U_{OH}，过了 t_W 时间后，触发器又返回到原状态，从而在输出端得到一个宽度为 t_W 的矩形脉冲，如图 7-7 所示。

（2）脉冲定时

由于单稳态触发器可产生宽度和幅度都符合要求的矩形脉冲，因此，可利用它来形成定时电路。例如，在数字系统中，常需要一个一定宽度的矩形脉冲去控制门电路的开启和关闭，如图 7-8（a）所示单稳态电路输出的 u_B 脉冲控制与门电路的开启和关闭，在 u_B 高电平期间，

允许 u_A 脉冲通过，在 u_B 低电平期间，不允许 u_A 脉冲通过。工作波形如图 7-8（b）所示。

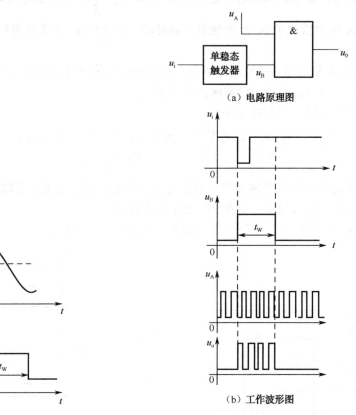

（a）电路原理图

（b）工作波形图

图 7-7　单稳态触发器整形功能　　　　　图 7-8　单稳态触发器的定时作用

（3）脉冲展宽

当脉冲宽度较窄时，可用单稳态触发器展宽，将其加在单稳态触发器的输入端，输出端 Q 就可获得展宽的脉冲波形，如图 7-9 所示。如选择合适的 R、C 值，可获得宽度符合要求的矩形脉冲。

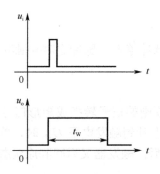

图 7-9　单稳态触发器脉冲展宽

7.2.3　用 555 定时器构成的施密特触发器电路

单稳态触发器只有一个稳定状态，施密特触发器有两个稳定状态，具有滞回特性，即有两个阈值电平，具有较强的抗干扰能力。它能把变化缓慢的或不规则的波形，整形成为符合数字电路要求的矩形波。

1. 电路结构及原理

如图 7-10 所示是用 555 定时器构成的施密特触发器电路。图中将两触发端 TH 和 $\overline{TR}$ 接在一起作为输入端。设输入 u_i 为三角波，则电路工作如下。

① 当输入 $0<u_i\leqslant\frac{1}{3}U_{CC}$ 时，555 定时器内部比较器 A_1、A_2 输出为 1、0，触发器 $Q=1$，使电路输出 u_o 为高电平，同时三极管 VT 截止。

② 当输入信号增加到 $\frac{1}{3}U_{CC}<u_i<\frac{2}{3}U_{CC}$，比较器 A_1、A_2 输出全部为 1，RS 触发器状态不变，电路输出 u_o 为高电平。

③ 当 $u_i>\frac{2}{3}U_{CC}$ 时，比较器 A_1、A_2 输出为 0、1，使触发器翻转，$Q=0$，电路输出 u_o 为低电平，同时三极管 VT 导通。

④ 当 u_i 从最大值再次回来时，必须到达 $u_i\leqslant\frac{1}{3}U_{CC}$ 时，内部触发器才会翻转为高电平 1。

电路两次翻转对应不同的电压值，即上限阈值电平 U_{T+} 和下限阈值电平 U_{T-}，这里 $U_{T+}=\frac{2}{3}U_{CC}$，$U_{T-}=\frac{1}{3}U_{CC}$。

回差电压或滞回电压

$$\Delta U = U_{T+} - U_{T-} = \frac{1}{3}V_{CC}$$

由 555 定时器组成的施密特触发器的工作波形如图 7-11 所示。

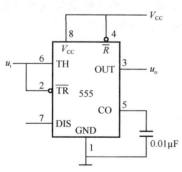
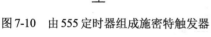

图 7-10 由 555 定时器组成施密特触发器

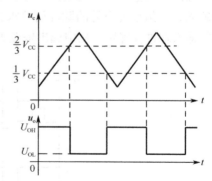

图 7-11 由 555 定时器组成的施密特触发器的工作波形

2. 施密特触发器的应用

（1）波形变换

施密特触发器常用于将三角波、正弦波及变化缓慢的波形变换成矩形脉冲，这时将需要变换的波形送到施密特触发器的输入端，输出便为很好的矩形脉冲，如图 7-12 所示。

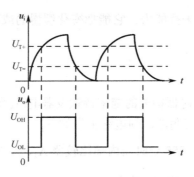

图 7-12　脉冲变换

（2）脉冲整形

脉冲信号经传输线传输受到干扰后，其上升沿和下降沿都将明显变坏，这时可用施密特触发器进行整形，将受到干扰的信号作为施密特触发器的输入信号，输出便为矩形脉冲，如图 7-13 所示。

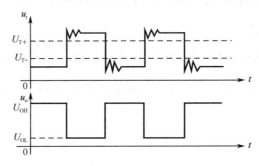

图 7-13　脉冲整形

（3）脉冲幅度鉴别

当输入为一组幅度不等的脉冲而要求去掉幅度较小的脉冲时，可将这些脉冲送到施密特触发器的输入端进行鉴别，从中选出幅度大于 U_{T+} 的脉冲输出，如图 7-14 所示。

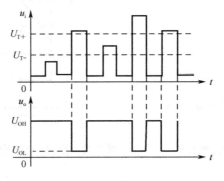

图 7-14　脉冲幅度鉴别

思考与练习

7-2-1　多谐振荡器的特点是什么？简述 555 定时器组成的多谐振荡器的工作原理。

7-2-2　单稳态触发器有什么特点？简述 555 定时器组成的单稳态触发器的工作原理。

7-2-3 施密特触发器有什么特点？简述 555 定时器组成的施密特触发器的工作原理。

技能训练 1 555 定时器的应用

1. 训练目的

① 掌握 555 定时器的主要功能和工作原理。

② 理解用 555 定时器构成多谐振荡器、单稳态触发器和施密特电路的基本原理。

③ 理解用 555 定时器构成多谐振荡器、单稳态触发器和施密特电路的基本调试方法。

2. 仿真测试

（1）555 定时器组成多谐振荡器电路测试

① 测试电路如图 7-15 所示。

单击【工具】→【Circuit Wizard】→【555 Timer Wizard】命令，启动定时器使用向导，如图 7-15 所示。

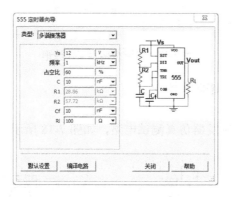

图 7-15 555 定时器向导

在类型中选择"多谐振荡器"，参数设置如图 7-15 所示。单击"编译电路"，在电路工作区中即可生成多谐振荡器电路，如图 7-16 所示。

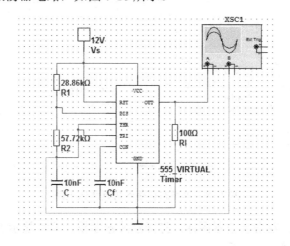

图 7-16 多谐振荡器仿真测试电路

② 单击仿真开关，双击示波器图标，打开示波器面板，即可显示 555 多谐振荡器的工作波形，如图 7-17 所示。

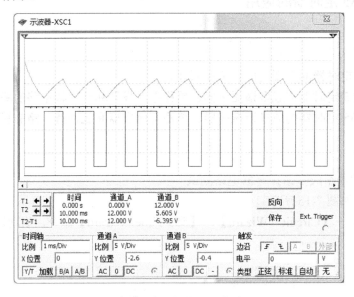

图 7-17 多谐振荡器工作波形

（2）555 定时器组成单稳态触发器

① 电路连接。

555 定时器组成单稳态触发器仿真测试电路，如图 7-18 所示。

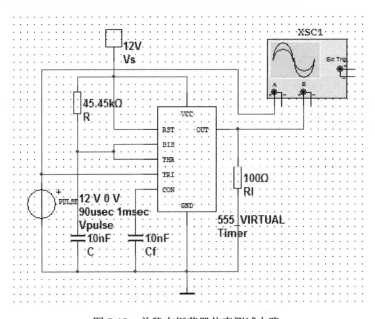

图 7-18 单稳态振荡器仿真测试电路

② 单击仿真开关，双击示波器图标，打开示波器面板，即可显示 555 定时器组成单稳态触发器的工作波形，如图 7-19 所示。

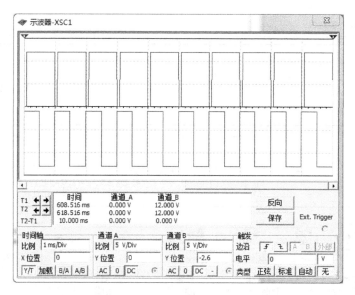

图7-19　555定时器组成单稳态触发器的工作波形

（3）用555定时器构成施密特触发器

① 电路连接。

555定时器组成施密特触发器仿真测试电路，如图7-20所示。

② 单击仿真开关，双击示波器图标，打开示波器面板，即可显示555定时器组成施密特触发器的工作波形，如图7-21所示。

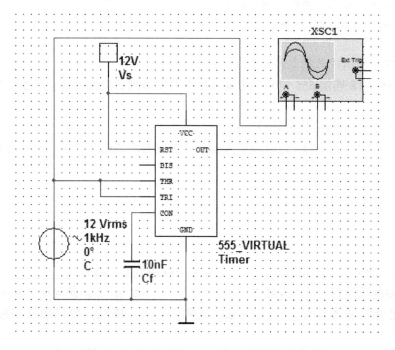

图7-20　555定时器组成施密特触发器仿真测试电路

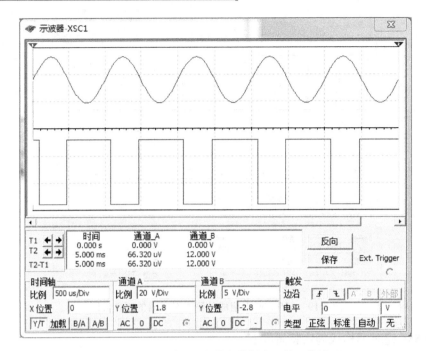

图 7-21　555 定时器组成施密特触发器的工作波形

3.　实验测试

（1）555 定时器组成多谐振荡器电路测试

可以仿照图 7-16 连接 555 定时器组成多谐振荡器测试电路，用示波器观察多谐振荡器的波形。

（2）555 定时器组成单稳态触发器

可以仿照图 7-18 连接 555 定时器组成单稳态触发器测试电路，用示波器观察单稳态触发器的波形。

（3）用 555 定时器构成施密特触发器

可以仿照图 7-20 连接 555 定时器组成施密特触发器测试电路，用示波器观察施密特触发器的波形。

习题 7

1.　填空题

（1）常见的脉冲产生电路有_____，常见的脉冲整形电路有_____、_____。

（2）多谐振荡器没有_____状态，只有两个_____状态，其振荡周期 T 取决于_____。

（3）施密特触发器具有_____现象，又称_____特性；单稳触发器最重要的参数为_____。

（4）在由 555 定时器组成的多谐振荡器中，其输出脉冲的周期 T 为_____。

（5）在由 555 定时器组成的单稳态触发器中，其输出脉冲宽度 t_W 为_____。

2．判断题

（1）施密特触发器可用于将三角波变换成正弦波。（　　）

（2）施密特触发器有两个稳态。（　　）

（3）多谐振荡器的输出信号的周期与阻容元件的参数成正比。（　　）

（4）石英晶体多谐振荡器的振荡频率与电路中的 R、C 成正比。（　　）

（5）单稳态触发器的暂稳态时间与输入触发脉冲宽度成正比。（　　）

3．选择题

（1）多谐振荡器可产生（　　）。

A．正弦波　　　　B．矩形脉冲　　　　　C．三角波　　　　　　D．锯齿波

（2）石英晶体多谐振荡器的突出优点是（　　）。

A．速度高　　　　B．电路简单　　　　　C．振荡频率稳定　　　D．输出波形边沿陡峭

（3）555 定时器可以组成（　　）。

A．多谐振荡器　　B．单稳态触发器　　　C．施密特触发器　　　D．JK 触发器

（4）用 555 定时器组成施密特触发器，当输入控制端 CO 外接 10V 电压时，回差电压为（　　）。

A．3.33V　　　　B．5V　　　　　　　C．6.66V　　　　　　D．10V

（5）以下各电路中，（　　）可以产生脉冲定时。

A．多谐振荡器　　B．单稳态触发器　　　C．施密特触发器　　　D．石英晶体多谐振荡器

4．如图 7-22 所示，555 定时器组成的多谐振荡器。已知 $R_1 = 10\text{k}\Omega$、$R_2 = 15\text{k}\Omega$，$C = 0.1\mu\text{F}$，$V_{DD} = 12\text{V}$，试求：

（1）多谐振荡器的振荡频率；

（2）画出 u_C 和 u_O 的波形。

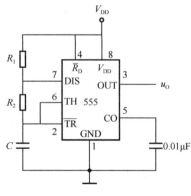

图 7-22　题 4 图

5．由 555 定时器组成的单稳态电路如图 7-23 所示，输出定时时间为 1s 的正脉冲，$R = 27\text{k}\Omega$，试确定定时元件 C 的取值。

6．图 7-24 所示电路是一个防盗装置，A、B 两端用一细铜丝接通，将此铜丝置于盗窃者必经之处。当盗窃者将钢丝碰掉后，扬声器即发生报警声。试分析电路的工作原理。

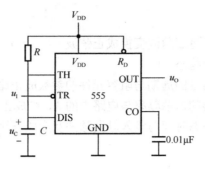

图 7-23　题 5 图

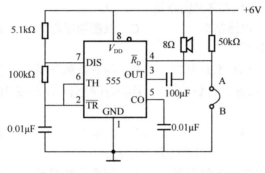

图 7-24　题 6 图

项目8

D/A、A/D转换器分析及应用

知识目标

① 熟悉 D/A 转换器的作用、构成及工作原理。
② 熟悉 A/D 转换器的作用、构成及工作原理。
③ 了解 D/A、A/D 转换器的主要技术参数。

能力目标

① 掌握集成 D/A、A/D 转换器的应用。
② 掌握数字电压表的电路组成及工作原理。
③ 能完成数字电压表电路的组装与调试。

在计算机控制系统中，经常要将生产过程中的模拟量转换成数字量，送到计算机进行处理，处理的结果（数字量）又要转换成模拟量以实现对生产过程的控制。能实现将模拟量转换成数字量的装置称为模/数转换器，简称 A/D 转换器或 ADC；能实现将数字量转换成模拟量的装置称为数/模转换器，简称 D/A 转换器或 DAC。二者构成了模拟、数字领域的桥梁。

A/D 转换和 D/A 转换是生产过程自动化控制不可缺少的重要组成部分，它还广泛应用于数字测量、数字通信等领域。图 8-1 是一个典型的数字控制系统框图，由图可见 A/D 和 D/A 转换器在系统中的重要地位。

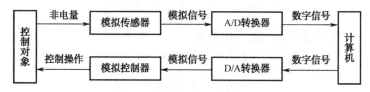

图 8-1　典型的数字控制系统框图

8.1　任务1　D/A 转换器的分析及应用

D/A 转换器是用以将输入的二进制代码转换为相应模拟电压输出的电路。它是数字系统和模拟系统的接口。

D/A 转换器的种类很多，按解码网络分有 T 型网络 D/A 转换器、权电阻 D/A 转换器、权电流 D/A 转换器等。这里主要介绍一种常见的 *R-2R* 倒 T 型网络 D/A 转换器。

8.1.1 R–$2R$ 倒 T 型网络 D/A 转换器

1. 电路组成

图 8-2 所示为 4 位倒 T 形电阻网络 D/A 转换器，它主要由电子模拟开关 $S_0 \sim S_3$、R-$2R$ 倒 T 形电阻网络、基准电压和求和运算放大器等部分组成。电子开关 $S_0 \sim S_3$ 由输入代码控制，如 i 位代码 d_i=1 时，S_i 接 1，将电阻 $2R$ 接运算放大器的虚地，电流 I_i 流入求和运算放大器；如 d_i=0 时，S_i 接 0，将电阻 $2R$ 接地。因此，无论电子模拟开关 S_i 处于何种位置，流经电阻 $2R$ 支路的电流大小不变，即与 S_i 位置无关。

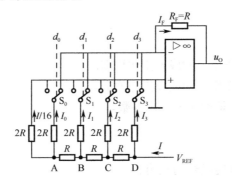

图 8-2 4 位 R-$2R$ 倒 T 型电阻网络 D/A 转换器

2. 工作原理

在图 8-2 中，因同相输入端接地，则反相输入端为虚地，无论模拟电子开关 S_i 接反相输入还是接同相输入端，均相当于接地。因此，A、B、C、D 四个节点，向左看等效电阻均为 $2R$，且对地等效电阻均为 R。所以，由 V_{REF} 流出的总电流是固定不变的，其值为 $I = \dfrac{V_{REF}}{R}$，并且每经过一个节点，电流被分流一半。因此，从数字量高位到低位的电流分别为

$$I_3 = \frac{I}{2}, \ \ I_2 = \frac{I}{4}, \ \ I_1 = \frac{I}{8}, \ \ I_0 = \frac{I}{16}$$

所以，流入求和运算放大器的输入电流 I_F

$$\begin{aligned}
I_F &= I_3 d_3 + I_2 d_2 + I_1 d_1 + I_0 d_0 \\
&= \frac{I}{2} d_3 + \frac{I}{4} d_2 + \frac{I}{8} d_1 + \frac{I}{16} d_0 \\
&= \frac{I}{2^4}(2^3 d_3 + 2^2 d_2 + 2^1 d_1 + 2^0 d_0) \\
&= \frac{V_{REF}}{2^4 R}(2^3 d_3 + 2^2 d_2 + 2^1 d_1 + 2^0 d_0)
\end{aligned} \tag{8-1}$$

放大器的输出电压 u_o 为

$$\begin{aligned}
u_o &= -I_F R_F \\
&= -R_F \frac{V_{REF}}{2^4 R}(2^3 d_3 + 2^2 d_2 + 2^1 d_1 + 2^0 d_0)
\end{aligned} \tag{8-2}$$

当 $R=R_F$ 时，放大器的输出电压 u_o 为

$$u_o = -\frac{V_{REF}}{2^4}(2^3 d_3 + 2^2 d_2 + 2^1 d_1 + 2^0 d_0) \tag{8-3}$$

由此可以看出：输出模拟电压 u_o 与输入数字量成正比。

由于倒 T 型电阻网络 D/A 转换器中各支路的电流恒定不变，直接流入运算放大器的反相输入端，它们之间不存在传输时间差，因而提高了转换速度，所以，倒 T 电阻网络 D/A 转换器的应用很广泛。

3. D/A 转换器的主要技术参数

（1）分辨率

分辨率是指转换器所能分辨的最小输出电压（对应数字量只是最低位为 1）与最大输出电压（对应数字量各位全为 1）之比。

例如，10 位 D/A 的分辨率为 $\dfrac{1}{2^{10}-1} = \dfrac{1}{1\,023} \approx 0.000978$。

（2）线性度

理想 D/A 输出的模拟电压量与输入的数字量大小成正比，呈线性关系。但由于各种器件非线性的原因，实际并非如此，通常把输出偏离理想转换特性的最大偏差与满刻度输出之比定义为非线性误差。误差越小，线性度就越好。

（3）转换精度

转换精度是指 D/A 实际模拟输出与理想模拟稳态输出的差值，它包括非线性误差系数和漂移误差等。

（4）转换速度

转换速度是指从输入数字量开始到输出电压达到稳定值所需要的时间，它包括建立时间和转换速率两个参数。一般位数越多，精度越高，但是转换时间越长。

*8.1.2　集成 D/A 转换器介绍

常用集成 D/A 转换器有两类：一类内部仅含有电阻网络和电子模拟开关两部分，常用于一般的电子电路。另一类内部除含有电阻网络和电子模拟开关外，还带有数据锁存器，并具有片选控制和数据输入控制端，便于和微处理器进行连接，多用于微机控制系统中。

1. 集成 D/A 转换器 AD7520

AD7520 为 10 位 CMOS 电流开关 R-$2R$ 倒 T 型电阻网络 D/A 转换器，电路如图 8-3 所示。芯片内部包含倒 T 型电阻网络 $R=10\text{k}\Omega$ 和 $R=20\text{k}\Omega$、CMOS 电流开关和反馈电阻 R_F。使用时必须外接运算放大器和基准电压 V_{REF}。模拟电压输出 u_o 为

$$u_o = -R_F \frac{V_{REF}}{2^{10}R}(2^9 d_9 + 2^8 d_8 + \cdots + 2^1 d_1 + 2^0 d_0) \tag{8-4}$$

AD7520 的基准电压 V_{REF} 可正可负。当 V_{REF} 为正时，输出电压为负；反之，V_{REF} 为负时，输出电压为正，I_{OUT1} 和 I_{OUT2} 为电流输出端。

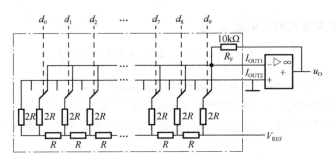

图 8-3　AD7520 的内部电路

图 8-4 所示电路为 AD7520 中某一位的 CMOS 电子模拟开关。图中 $V_1 \sim V_3$ 组成电子偏移电路；V_4、V_5 和 V_6、V_7 组成两级反相器，用以控制开关管 V_9、V_8，以实现单刀双掷功能。工作原理如下。

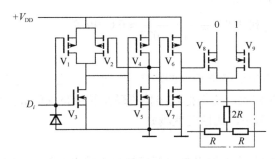

图 8-4　CMOS 电子模拟开关

当 i 位数据 D_i =1 时，V_1 截止，V_3 导通，输出低电平 0，经 V_4、V_5 组成的反相器后输出高电平 1，使 V_9 导通；同时，V_6、V_7 组成的反相器输出低电平 0，使 V_8 截止。这时，$2R$ 支路电阻经 V_9 接位置 1。当 D_i =0 时，则 V_8 导通，V_9 截止，$2R$ 支路电阻接位置 0。从而实现了单刀双掷开关的功能。

AD7520 共有 16 个引脚，如图 8-5 所示。

各引脚的功能如下。

I_{OUT1}：模拟电流输出端，接到运算放大器的反相输入端。

I_{OUT2}：模拟电流输出端，一般接"地"。

GND：接"地"端。

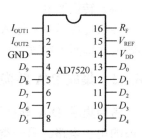

图 8-5　AD7520 引脚功能

$D_9 \sim D_0$：十位数字量的输入端。

V_{DD}：CMOS 模拟开关的电源接线端。

V_{REF}：参考电压电源接线端，可为正值或负值。

R_F：芯片内部一个电阻 R 的引出端，该电阻作为运算放大器的反馈电阻，它的另一端在芯片内部。

2. 集成 D/A 转换器 DA0832

DA0832 芯片是 8 位倒 T 电阻网络型转换器，它与单片机、CPLD、FPGA 可直接连接，且接口电路简单，转换控制容易，在单片机及数字电路中得到广泛应用。

DA0832芯片的特点是具有两个寄存器，输入的8位数据首先存入寄存器，而输出的模拟量由DAC寄存器的数据决定。当把数据从输入寄存器转入DAC寄存器后，输入寄存器就可以接受新的数据而不影响模拟量的输出。

DA0832共有以下3种工作方式，如图8-6所示。

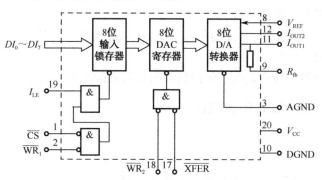

图8-6 DAC 0832 D/A 转换逻辑框图

（1）双缓冲工作方式

双缓冲工作方式是通过控制信号将输入数据锁存于寄存器中，当需要D/A转换时，再将输入寄存器的数据转入DAC寄存器中，并进行D/A转换。对于多路D/A转换接口，要求并行输出时，必须采用双缓冲同步工作方式。

（2）单缓冲工作方式

单缓冲工作方式是在DAC两个寄存器中有一个是常通状态，或者两个寄存器同时选通及锁存。

（3）直通工作方式

直通工作方式是使两个寄存器一直处于选通状态，寄存器的输出跟随输入数据的变化而变化，输出模拟量也随着输入数据同时变化。

由于DAC0832输出是电流型的，所以必须用运算放大器将模拟电流转换为模拟电压。

引脚图如图8-7所示。

引脚功能如下。

$D_0 \sim D_7$：8位数字量数据输入。

I_{LE}：数据锁存允许信号，高电平有效。

$\overline{CS}$：片选信号输入线，低电平有效。

$\overline{WR_1}$：输入寄存器的写选通信号，低电平有效。

$\overline{XFER}$：数据传输信号线，低电平有效。

$\overline{WR_2}$：为DAC寄存器写选通输入线。

I_{OUT1}、I_{OUT2}：电流输出线，I_{OUT1}与I_{OUT2}的和为常数。

R_F：反馈信号输入线。

V_{REF}：基准电压输入线。

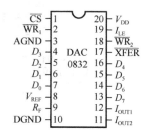

图8-7 DAC0832 引脚排列

V_{DD}：电源输入线。

DGND：数字地。

AGND：模拟地。

思考与练习

8-1-1　D/A 转换器的作用是什么？

8-1-2　在倒 T 型电阻网络 D/A 转换器中，流经 2R 支路中电流的大小与电子模拟开关的位置有没有关系？为什么？

8-1-3　D/A 转换器中转换速度、转换精度和位数之间的关系是什么？

技能训练 1　D/A 转换器的功能测试

1. 训练目的

① 理解 DAC 转换的原理，转换的方式及各自的特点。

② 学会 DAC 集成芯片的结构、功能测试。

2. 仿真测试

① 连接仿真测试电路。

DAC 转换器功能仿真测试电路如图 8-8 所示，设置字信号发生器为加计数器，能够连续地输出从 0～255 的数字，如图 8-9 所示。

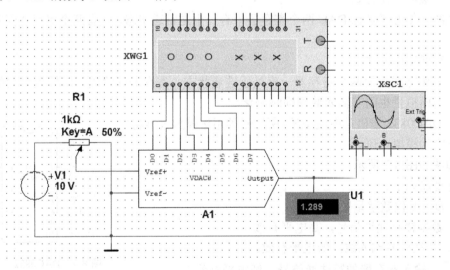

图 8-8　DAC 转换器功能仿真测试电路

② 单击仿真开关，调整 1k 电位器，使 DAC 输出电压尽量接近 5V，双击示波器图标，打开示波器面板，观察示波器显示的电压波形和电压表指示数值，如图 8-10 所示

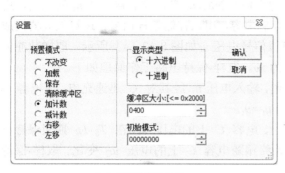

（a）设置为加计数器

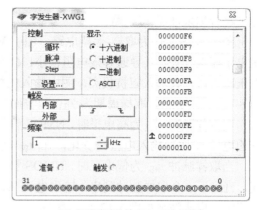

（b）设置连续地输出 0～255 的数字

图 8-9　设置字信号发生器

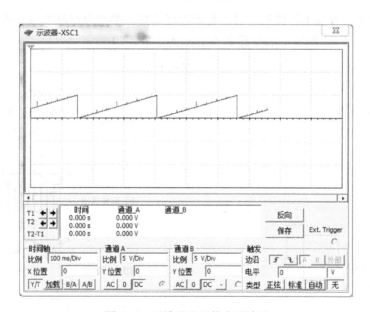

图 8-10　示波器显示的电压波形

8.2　任务2　A/D 转换器的分析及应用

A/D 转换器，可将输入的模拟电压量转换成与输入量成正比的数字量。要实现将连续化的模拟量变为离散的数字量，通常要经过采样、保持、量化和编码 4 个步骤。

8.2.1　A/D 转换的一般过程

1. 采样与保持

采样是对模拟量在一系列离散的时刻进行采集，得到一系列等距不等幅的脉冲信号。在采样过程中，每次采样结果都要暂存即保持一定时间，以便于转换成数字量。采样电路和保持电路合称采样-保持电路。

图 8-11 所示，为取样-保持电路。图中 V 为增强型 NMOS 管，受取样脉冲 u_S 的控制，用做电子模拟开关，其导通等效电阻很小，C 为存储电容，用以存储取样信号，运算放大器构成电压跟随器，其输入阻抗极高。图中输入的模拟信号电压 u_i 如图 8-12（a）所示，取样脉冲如图 8-12（b）所示，取样周期为 T_S，取样时间为 t_W。取样-保持电路工作原理如下。

当取样脉冲 u_S 为高电平时，NMOS 管导通，输入电压 u_i 经其对 C 迅速充电，使电容 C 上的电压 u_C 跟随输入电压 u_i 变化，在 t_W 期间 $u_C=u_i$。

当取样脉冲 u_S 为低电平时，NMOS 管截止，电容 C 上的电压 u_C 在 T_S-t_W 期间保持不变，直到下一个取样脉冲到来。输出电压 u_o 始终跟随电容 C 上的电压 u_C 变化。取样-保持电路输出电压波形如图 8-12（c）所示。

在每次取样结束保持期内的输出电压 u_o 为 A/D 转换器输入的样值电压，以便进行量化和编码。

为了能较好地恢复原来的模拟信号，根据取样定理，要求取样脉冲 u_S 的频率 f_s 必须大于等于输入模拟信号 u_i 频谱中最高频率 $f_{I(max)}$ 的 2 倍，即

$$f_s \geq 2f_{I(max)}$$

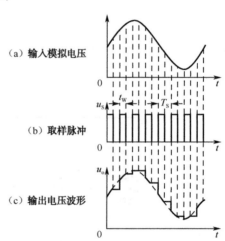

（a）输入模拟电压

（b）取样脉冲

（c）输出电压波形

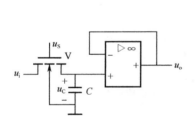

图 8-11　取样-保持电路　　　　　图 8-12　取样-保持电路输出电压波形

2. 量化与编码

在保持期间，采样的模拟电压经过量化与编码电路后转换成一组 n 位二进制数据。任何一个数字量的大小，可以用某个最小数量单位的整数倍来表示。因此，在用数字量表示采样电压大小时，必须规定一个合适的最小数量单位，也叫量化单位，用 Δ 表示。量化单位一般是数字量最低位为 1 时所对应的模拟量。

假如把 0～1V 模拟电压信号转换成 3 位二进制数，则有 000～111 八种可能值，这时可取 Δ =1/8（V）。由 0 到最大值的模拟电压信号就被划分为 0、1/8、2/8…7/8 共八个电压等级。可见在划分中，有些模拟电压值不一定能被 Δ 整除，所以必然会带来误差，即量化误差。为了减小量化误差，可将 Δ 取小一些，比如取 Δ =2/15（V）。

把量化后的数值对应地用二进制数来表示，称为编码。编码方式一般采用自然二进制数。

*8.2.2 A/D 转换器的类型

A/D 转换器的类型很多，从转换过程看可分为两类：直接 A/D 转换器和间接 A/D 转换器。直接 A/D 转换器是将输入模拟信号与参考电压相比较，从而直接得到转换的数字量。其典型电路有并行比较型 ADC 和逐次逼近型 ADC。而间接 A/D 转换器是将输入模拟信号转换成中间变量，比如时间量，再将时间量转换成数字量。这种电路转换速度不高，但可以做到较高的精度，其典型电路是双积分型 ADC。

1. 逐次逼近型 ADC

图 8-13 是 4 位逐次逼近型 ADC 的原理框图，它由比较器、电压输出 DAC、参考电源和逐次逼近寄存器（里面有移位寄存器和数码奇存器）等组成。

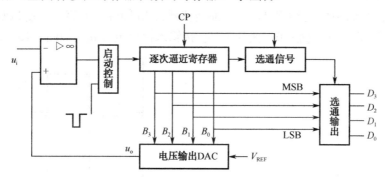

图 8-13 4 位逐次逼近型 ADC 的原理图

工作原理如下。

转换前，首先由启动信号对寄存器清零并启动电路工作。开始转换后，时钟信号将寄存器最高位 B_3 置 "1"，使数码为 1000。该数码输入到 DAC，经转换为模拟输出 $u_o=V_{REF}/2$。与比较器的输入模拟信号 u_i 进行第一次比较，比较的结果决定是否保留 B_3 的高电平。若 $u_o<u_i$，则保留 B_3，并同时将 B_3 置为 "1"；若 $u_o>u_i$，则清除 B_3，使 $B_3=0$，并同时将 B_2 置为 "1"。接着按照同样的方法进行第二次比较，以决定是否保留 B_2 的高电平。如此逐位比较下去，直至最低位比较完毕，整个转换过程就像用天平称量重物一样。转换结束时再用一个 CP 控制将最后的数码作为转换的数字量选通输出，即最后一个 CP 控制使输出 $D_3D_2D_1D_0=B_3B_2B_1B_0$。

逐次逼近型 ADC 应用非常广泛，转换速度较快，误差较低。对于 n 位逐次逼近型 ADC 完成一次转换则至少需要 $n+1$ 个 CP 脉冲，位数越多，转换时间相对越长。

2. 双积分型 ADC

双积分型 ADC 转换器是一种间接型 A/D 转换器。它的基本原理是将输入的模拟电压 u_i 先转换成与 u_i 成正比的时间间隔，在此时间内用计数器对恒定频率的时钟脉冲计数，计数结束时，计数器记录的数字量正比于输入的模拟电压，从而实现模拟量到数字量的转换。

图 8-14 是一个双积分型 A/D 转换器的原理图。它由基准电压-V_{REF}、积分器、检零比较器、计数器和定时触发器组成，其中基准电压要与输入模拟电压极性相反。

积分器是 A/D 转换器的核心部分。通过开关 S_2 对被测模拟电压 u_i 和与其极性相反的基准电压 V_{REF} 进行两次方向相反的积分，时间常数 $\tau = RC$。这也是双积分 A/D 转换器的来历。

检零比较器在积分器之后，用以检查积分器输出电压 u_o 的过零时刻。当 $u_o \geq 0$ 时，输出 $u_C = 0$；当 $u_o < 0$ 时，输出 $u_C = 1$。

时钟控制门有三个输入端，第一个接检零比较器的输出 u_C，第二个接转换控制信号 u_S，第三个接标准时钟脉冲源 CP。当 $u_C = 1$，$u_S = 1$ 时，G_1 打开，计数器对时钟脉冲 CP 计数；当 $u_C = 0$ 时，G_1 关闭，计数器停止计数。

计数器由 n 个触发器组成，当 n 位二进制计数器计到 $2n$ 个时钟脉冲时，计数器由 $11\cdots1$ 回到 $00\cdots0$ 状态，并送出进位信号使定时触发器 FF_n 置 1，即 $Q_n = 1$，开关 S_2 接基准电压 $-V_{REF}$，计数器由 0 开始计数，将与输入模拟电压 u_i 成正比的时间间隔转换成数字量。

工作原理如下。

（1）转换准备

转换控制信号 $u_S = 0$，G_2 输出 1，一方面是使开关 S_1 闭合，电容 C 充分放电；另一方面是使计数器清零，FF_n 输出 $Q_n = 0$，使开关 S_2 接输入模拟电压 u_i，如图 8-15（a）所示。

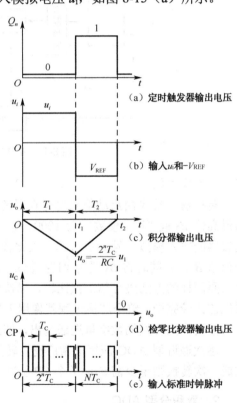

（a）定时触发器输出电压

（b）输入 u_i 和 $-V_{REF}$

$$u_o = -\frac{2^n T_C}{RC} u_i$$

（c）积分器输出电压

（d）检零比较器输出电压

（e）输入标准时钟脉冲

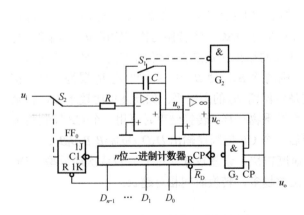

图 8-14　双积分型 A/D 转换器的原理图　　　图 8-15　双积分 A/D 转换器的工作波形

（2）第一次积分（取样阶段）

在时间 $t = 0$ 时，转换控制信号 u_S 由 0 变为 1，G_2 输出 0，开关 S_1 断开，开关 S_2 接入模拟电压 u_i，如图 8-15（b）所示。u_i 经电阻 R 对电容 C 进行充电，积分器开始对 u_i 进行积分；积分器的输出电压 $u_o(t)$ 为

$$u_o(t) = -\frac{1}{RC}\int_0^1 u_1 dt = -\frac{u_1}{RC}t$$

可见 $u_o(t)$ 以 $\dfrac{u_1}{RC}$ 的斜率随时间下降。对应的积分器输出波形图如图 8-15（c）所示。

由于积分器 $u_o<0$，过零比较器输出 $u_C=1$，如图 8-15（d）所示。这时时钟控制门 G_1 打开，计数器开始对周期为 T_C 的时钟脉冲 CP 进行计数，如图 8-15（e）所示。经时间 $T_1=2^n T_C$ 后，计数器计满 2^n 个 CP 脉冲，各计数触发器自动返回 0 状态，同时给定时触发器 FF_n 送出一个进位信号，FF_n 置 1，使开关 S_2 接 $-V_{REF}$。

第一次积分结束后，对应时间为 $t=t_1=T_1$，这时积分器输出电压 $u_o(t_1)$ 为

$$u_o(t_1) = -\frac{T_1}{RC}u_1 = -\frac{2^n T_C}{RC}u_1$$

由于 $T_1=2^n T_C$ 为定值，故对 u_i 的积分为定时积分。输出电压 $u_o(t)$ 与输入电压 u_i 成正比。

（3）第二次积分（比较阶段）

在时间 $t=t_1$（$t_1=T_1$）时，第一次积分结束，开关 S_2 接 $-V_{REF}$，电容 C 开始放电，积分器对 $-V_{REF}$ 进行反向积分（第二次积分）。

由于积分器 $u_o<0$，检零比较器输出 $u_C=1$，计数器从 0 开始第二次计数。当积分器输出电压 $u_o(t)$ 上升到 $u_o(t)=0$ 时，由 $u_C=0$，G_1 关闭，计数器停止计数。

第二次积分的时间 $T_2=t_2-t_1$。这时输出电压 $u_o(t_2)$ 为

$$u_o(t_2) = u_o(t_1) + \frac{-1}{RC}\int_{t_1}^{t_2} -V_{REF} dt = 0$$

所以

$$\frac{2^n T_C}{RC}u_1 = \frac{V_{REF}}{RC}T_2$$

$$T_2 = \frac{2^n T_C}{V_{REF}}u_1$$

由此可知，第二次积分的时间间隔 T_2 与输入模拟电压 u_i 是成正比的。

如在 T_2 时间内，计数器计的脉冲个数为 N，由于 $T_2=NT_C$，则

$$N = \frac{2^n}{V_{REF}}u_1$$

由上式可知，计数器计的脉冲个数 N 与输入模拟电压 u_i 成正比，因此，计数器计了 N 个 CP 脉冲后所处的状态表示了输入 u_i 的数字量，从而实现了模拟量到数字量的转换。计数器的位数就是 A/D 转换器输出数字量的位数。

双积分 A/D 转换器的主要优点是工作稳定，抗干扰能力强，转换精度高；它的缺点是工作速度低。由于双积分 A/D 转换器的优点突出，所以，在工作速度要求不高时，应用十分广泛。

8.2.3　A/D 转换器的主要参数

1. 分辨率

分辨率是指 A/D 转换器输出数字量的最低位变化一个数码时，对应输入模拟量的变化

量。显然 A/D 转换器的位数越多，分辨最小模拟电压的值就越小。

例如，一个最大输出电压为 5V 的 8 位 A/D 转换器的分辨率为 $5V / 2^8 = 19.53mA$

2. 相对精度

相对精度是指 A/D 转换器实际输出的数字量与理论输出数字量之间的差值。通常用最低有效位 LSB 的倍数来表示。

例如，相对精度不大于 1/2 LSB，即说明实际输出数字量和理想上得到的输出数字量之间的误差不大于最低位 1 的一半。

3. 转换速度

转换速度是指 A/D 转换器完成一次转换所需的时间，即从接到转换控制信号开始到输出端得到稳定数字量所需的时间。转换时间越小，转换速度越高。

8.2.4 常用的集成 ADC 简介

1. 集成电路 ADC0809

ADC0809 是 CMOS 单片型逐次逼近式 A/D 转换器，内部结构如图 8-16 所示，它由 8 路模拟开关、地址锁存与译码器、比较器、8 位开关树型 A/D 转换器、逐次逼近寄存器、逻辑控制和定时电路组成。它可以根据地址码锁存译码后的信号，只选通 8 路模拟输入信号中的一个进行 A/D 转换。是目前国内应用最广泛的 8 位通用 A/D 芯片。

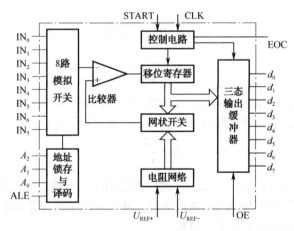

图 8-16　ADC0809 逻辑框图

1）引脚功能

ADC0809 芯片有 28 条引脚，采用双列直插式封装，如图 8-17 所示。下面说明各引脚功能。

$IN_0 \sim IN_7$：8 路模拟量输入端。

$A_2A_1A_0$：3 位地址码输入端。

ALE：地址锁存允许控制端，高电平有效。

START：A/D 转换启动脉冲输入端，高电平有效。

EOC：A/D 转换结束信号，当 A/D 转换结束时，此端输出一个高电平（转换期间一直为低电平）。

OE：数据输出允许信号，高电平有效。当 A/D 转换结束时，此端输入一个高电平，才能打开输出三态门，输出数字量。

CLK：时钟脉冲输入端。当时钟频率为 640kHZ 时，A/D 转换时间为 100μs。

V_{REF}（+）、V_{REF}（−）：基准电压。

$D_0 \sim D_7$：A/D 转换输出的 8 位数字信号。

2）ADC0809 的工作过程

首先输入 3 位地址，并使 ALE=1，将地址存入地址锁存器中。此地址经译码选通 8 路模拟输入之一到比较器。START 上升沿将逐次逼近寄存器复位。下降沿启动 A/D 转换，之后 EOC 输出信号变低，指示转换正在进行。直到 A/D 转换完成，EOC 变为高电平，指示 A/D 转换结束，结果数据已存入锁存器，这

图 8-17　ADC0809 引脚图

个信号可用做中断申请。当 OE 输入高电平时，输出三态门打开，转换结果的数字量输出到数据总线上。

A/D 转换后得到的数据应及时传送给单片机进行处理。数据传送的关键问题是如何确认 A/D 转换的完成，因为只有确认完成后，才能进行传送。为此可采用下述三种方式。

（1）定时传送方式

对于一种 A/D 转换器来说，转换时间作为一项技术指标是已知的和固定的。可据此设计一个延时子程序，A/D 转换启动后即调用此子程序，延迟时间一到，转换肯定已经完成了，接着就可进行数据传送。

（2）查询方式

A/D 转换芯片有表明转换完成的状态信号，例如 ADC0809 的 EOC 端。因此可以用查询方式，测试 EOC 的状态，即可确认转换是否完成，并接着进行数据传送。

（3）中断方式

把表明转换完成的状态信号（EOC）作为中断请求信号，以中断方式进行数据传送。

不管使用上述哪种方式，只要一旦确定转换完成，即可通过指令进行数据传送。首先送出口地址并在信号有效时，OE 信号即有效，把转换数据送上数据总线，供单片机接收。

3）主要特性

① 8 路输入通道，8 位 A/D 转换器，即分辨率为 8 位。

② 具有转换启停控制端。

③ 转换时间为 100μs（时钟为 640kHz 时），130μs（时钟为 500kHz 时）。

④ 单个+5V 电源供电。

⑤ 模拟输入电压范围 0～+5V，不需要零点和满刻度校准。

⑥ 工作温度范围为-40～+85 摄氏度。

⑦ 低功耗，约 15mW。

2. A/D 转换芯片 MC14433

MC14433 芯片是一个低功耗 $3\frac{1}{2}$ 位双积分式 A/D 转换器，所谓 $3\frac{1}{2}$ 位，是指输出的十进制数，其最高位仅有 0 和 1 两种状态，因此称此位为 $\frac{1}{2}$ 位，MC14433 电路框图如图 8-18 所示。

MC14433 A/D 转换器主要由模拟部分和数字部分组成，具有外接元件少、输入阻抗高、功耗低、电源电压范围宽、精度高等特点，并且具有自动校零和自动极性转换功能，使用时只要外接两个电阻和两个电容即可构成一个完整的 A/D 转换器。

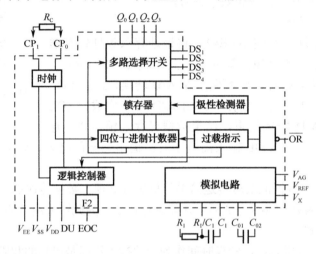

图 8-18　MC14433 A/D 转换器电路框图

MC14433 的逻辑电路包括时钟信号发生器、4 位十进制计数器、多路开关、逻辑控制器、极性检测器和溢出指示器等。时钟信号由芯片内部的反相器、电容以及外接电阻 R_C 所构成。R_C 通常可取 750kΩ、470 kΩ、360 kΩ 等典型值，相应的时钟频率 f_0 依次为 50kHz、66 kHz、100 kHz。采用外部时钟频率时，不接 R_C。4 位十进制计数器的计数范围为 0～1 999。锁存器用来存放 A/D 转换结果。

MC14433 输出为 BCD 码，4 位十进制数按时间顺序从 Q_0～Q_3 输出，DS_1～DS_4 是多路选择开关的选通信号，即位选通信号。当某一个 DS 信号为高电平时，相应的位被选通，此刻 Q_0～Q_3 输出的 BCD 码与该位数据相对应。

MC14433 具有自动调零、自动极性转换等功能，可测量正或负的电压值。它的使用调试方便，能与微处理器或其他数字系统兼容，广泛应用于数字万用表、数字温度计、数字量具及遥测、遥控系统。

MC14433 引脚图如图 8-19 所示。

（1）MC14433 引脚图

V_{AG}（1 脚）：模拟地，作为输入模拟电压和参考电压的参考点。

V_{REF}（2 脚）：参考电压输入端。

V_X（3 脚）：被测电压输入端。

图 8-19　CC14433 引脚图

R_1（4 脚）、R_1/C_1（5 脚）、C_1（6 脚）：外接电阻、电容的接线端。

C_1=0.1μF，R_1=470kΩ（2V 量程）；R_1=27kΩ（200mV 量程）。

C_{01}（7 脚）、C_{02}（8 脚）：补偿电容 C_0 接线端。

DU（9 脚）：实时显示控制输入端。

CP_1（10 脚）、CP_0（11 脚）：时钟振荡外接电阻端,典型值 470kΩ。

V_{EE}（12 脚）：电路的电源最负端，接-5V。

V_{SS}（13 脚）：电源公共地（通常与 1 脚连接）。

E_{OC}（14 脚）：转换结束信号。

$\overline{OR}$（15 脚）：溢出信号输出。

$DS_1 \sim DS_4$（16～19 脚）：输出位选通信号。

$Q_0 \sim Q_3$（20～23 脚）： 转换结果的 BCD 码输出端。

V_{DD}（24 脚）：正电源输入端，接+5V。

（2）主要特性

① 分辨率：$3\frac{1}{2}$ 位。

② 精度：读数的±0.05%±1 个字。

③ 量程：1.999V 和 199.9mV 两挡（对应参考电压分别为 2V 和 200mV）。

④ 转换速率：3～25 次/s。

⑤ 输入阻抗：≥1 000MΩ。

⑥ 时钟频率：30～300kHz。

⑦ 电源电压范围：±4.5～±8V。

⑧ 模拟电压输入通道数为 1。

思考与练习

8-2-1　实现 A/D 转换要经过哪 4 个步骤？

8-2-2　什么是量化与编码？编码后的量是数字量还是模拟量？

8-2-3　逐次逼近型 ADC 和双积分型 ADC 的工作原理是什么？

操作训练 1　A/D 转换器的功能测试

1. 训练目的

① 掌握 A/D 转换器的基本工作原理和主要功能。
② 熟悉 A/D 转换器基本功能的测试方法。

2. 仿真测试

① 建立如图 8-20 所示电路。1kΩ电位器用来改变模拟输入电压，范围是 0～10V，函数信号发生器按图 8-21 设置。

② 单击仿真开关，进行仿真分析。调整 1kΩ电位器，使模拟输入电压尽可能接近 10V，观察并记录逻辑分析仪输出 8 位数字的波形，然后再输入其他的模拟电压，并在表 8-1 中记录

相应的数字输出。

③ 计算记录的每个输出二进制数对应的十进制数，根据记录的数据，计算 ADC 量化误差。

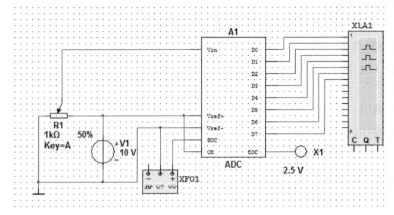

图 8-20   A/D 转换器基本功能的测试

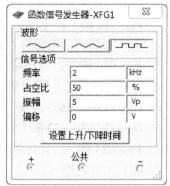

图 8-21   设置函数信号发生器

表 8-1   A/D 转换器的仿真数据

V_{IN}/V	10.0	5.0	3.0	1.0
输出 8 位数字（二进制）				
对应十进制数				

习题 8

1. 填空题

（1）将模拟信号转换为数字信号，需要经过＿＿＿＿＿、＿＿＿＿＿、＿＿＿＿＿、＿＿＿＿＿四个过程。

（2）D/A 转换器用以将输入的＿＿＿＿转换为相应＿＿＿＿输出的电路。

（3）R-$2R$ 倒 T 型网络 D/A 转换器主要由＿＿＿＿、＿＿＿＿、＿＿＿＿ 和＿＿＿＿等部分组成。

（4）A/D 转换器从转换过程看可分为＿＿＿＿和＿＿＿＿两类。

（5）A/D 转换器的位数越多，能分辨最小模拟电压的值就＿＿＿＿。

2. 判断题

（1）D/A 转换器的位数越多，转换精度越高。（　　）

（2）双积分型 A/D 转换器的转换精度高、抗干扰能力强，常用于数字式仪表中。（　　）

（3）采样定理的规定是为了能不失真地恢复原模拟信号，而又不使电路过于复杂。（　　）

（4）A/D 转换器完成一次转换所需的时间越小，转换速度越慢。（　　）

（5）A/D 转换器的二进制数的位数越多，量化单位Δ越小。（　　）

3．选择题

（1）R-2R 倒 T 型电阻网络 D/A 转换器中的阻值为（ ）。

A．分散值　　　　B．R 和 2R　　　　C．2R 和 3R　　　　D．R 和 R/2

（2）将一个时间上连续变化的模拟量转换为时间上断续（离散）的模拟量的过程称为（ ）。

A．采样　　　　B．量化　　　　C．保持　　　　D．编码

（3）用二进制码表示指定离散电平的过程称为（ ）。

A．采样　　　　B．量化　　　　C．保持　　　　D．编码

（4）将幅值上、时间上离散的阶梯电平统一归并到最邻近的指定电平的过程称为（ ）。

A．采样　　　　B．量化　　　　C．保持　　　　D．编码

（5）以下四种转换器，（ ）是 A/D 转换器且转换速度最高。

A．并联比较型　　　B．逐次逼近型　　　C．双积分型　　　D．施密特触发器

4．实现模数转换要经过哪些过程？

5．已知某数模转换电路，输入 3 位数字量，基准电压 $V_{REF}=-8V$，当输入数字量 $D_2D_1D_0$ 如图 8-22 所示时，求相应的输出模拟量 u_o。

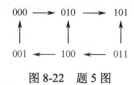

图 8-22　题 5 图

6．模数转换电路输入的模拟电压不大于 10V，基准电压应为多大？如转换成 8 位二进制代码，它能分辨最小的模拟电压有多大？如转换成 16 位二进制代码，它能分辨最小的模拟电压有多大？

项目 9

数字电路应用与产品制作

9.1 基本门电路的应用与制作

9.1.1 触摸式延时开关的制作

触摸式延时开关电路，可用于楼道灯控制电路或触摸控制电路。下面介绍的触摸式延时开关电路主要由反相器 G_1、G_2，三极管 VT 和继电器组成，实物外形及电路图如图 9-1 所示。

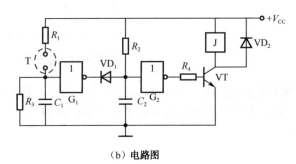

（a）实物外形　　　　　　　　　　　（b）电路图

图 9-1　触摸式延时开关

1. 电路分析

① 未触摸触点 T 时，门 G_1 输入为低电平，输出为高电平，二极管 VD_1 截止，C_2 充电至高电平，门 G_2 输出为低电平，三极管 VT 截止，继电器 J 不得电。

② 触摸触点 T 时，C_1 充电至高电平，门 G_1 输出低电平，二极管 VD_1 导通，C_2 放电，门 G_2 输入低电平，输出高电平，三极管 VT 饱和导通，继电器 J 得电动作。

③ 当人手触摸离开后，C_1 通过 R_3 放电，至门 G_1 输入端低电平时，输出高电平，二极管 VD_1 截止，C_2 充电，至门 G_2 输入端高电平时，输出低电平，三极管 VT 截止，继电器 J 失电复位。延时时间为 R_3C_1 放电时间与 R_2C_2 充电时间之和。

2. 电路元器件

集成门电路	CD4069	1 片
三极管 VT	S9013	1 个

二极管 VD	IN4001	1 个
继电器	G3F-5V	1 个
电阻	R_1=100kΩ，R_2=1MΩ，R_3=5.1MΩ，R_4=10kΩ	各 1 个
电容	C_1=0.1μF，C_2=22μF	各 1 个

3. 电路安装与调试

（1）检测元器件

集成门电路 CD4069 为 CMOS 芯片，内含 6 个非门，根据它的逻辑功能及引脚排列，可采用技能训练中逻辑门电路测试方法对集成芯片测试。

用万用表电阻 R×1k 挡，测试二极管正反向电阻，如果测试结果是正向电阻小，反向电阻大，则二极管是正常的。

用万用表电阻 R×1k 挡，测试三极管集电结和发射结的正反向电阻，与正常值比较，判断三极管是否正常。

用万用表电阻 R×1k 挡，测试电阻阻值是否正常，用万用表电阻挡，测试电容是否有充电、放电现象，判断电容是否正常。

（2）电路安装与调试

① 将检测合格的元器件按照电路图连接安装在面包板上，也可以焊接在万能电路板上。

② 插接集成电路时，先校准两排引脚，使之与底板上插孔对应，轻轻用力将电路插上，然后在确定引脚与插孔吻合后，稍用力将其插紧，以免将集成电路的引脚弯曲、折断或者接触不良。

③ 导线应粗细适当，一般选取直径为 0.6～0.8mm 的单股导线，最好用不同色线以区分不同用途，如电源线用红色，接地线用黑色。

④ 电路安装完后，要仔细检查电路连接，确认无误后再接入电源。

本电路安装完成不需要调试，即可实现触摸延时功能。

9.1.2 逻辑状态测试笔的制作

逻辑状态测试笔可以方便、直观地检测出逻辑电路的高、低电平，在某些数字电路的调试、维修中，比使用万用表、示波器等仪器检测显得简便有效。利用集成门电路制作逻辑状态测试笔的参考电路如图 9-2 所示。

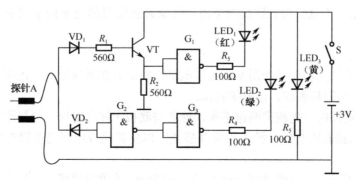

图 9-2 逻辑状态测试笔电路图

1. 电路分析

当测试探针 A 测得高电平时，VD_1 导通，三极管 VT 发射极输出高电平，经 G_1 反相后，输出低电平，发光二极管 LED_1 导通发红光。又因 VD_2 截止，相当于 G_1 输入端开路，呈高电平，输出低电平，G_3 输出高电平，绿色发光二极管 LED_2 截止不发光。

当测试探针 A 测得低电平时，VD_2 导通，G_2 输入低电平，输出高电平，G_3 输出低电平，发光二极管 LED_2 导通发绿光。又因 VD_1 截止，三极管 VT 截止，G_1 输入低电平，输出高电平，红色发光二极管 LED_1 截止不发光。

当测试探针 A 测得为周期性低速脉冲（如秒脉冲）时，发光二极管 LED_1、LED_2 会交替发光。

LED_3 为逻辑状态测试笔电源指示灯，当开关 S 闭合时，LED_3 导通发光。

逻辑状态测试笔测试时和被测电路共地。

2. 电路元器件

集成门电路芯片	CC4011	1 片
发光二极管	3122D（红）、3124D（绿）、3125D（黄）	各 1 个
二极管	IN4148	2 个
三极管	S8050	1 个
电阻	100Ω	3 个
电阻	560Ω	1 个
开关		1 个
探针	万用表红、黑表笔	各 1 个

3. 电路安装与调试

（1）元器件检测

集成门电路芯片 CC4011 为四 2 输入与非门，它的逻辑功能及引脚排列与 74LS00 一致，可采用技能训练中逻辑门电路测试方法对集成芯片测试。

将发光二极管正极接逻辑电平，负极接地，测试发光二极管，正极端接高电平时 LED 发光，低电平熄灭。

用万用表电阻挡测试二极管正反向电阻，如果测试结果的是正向电阻小，反向电阻大，则二极管是正常的。

（2）电路安装

① 将检测合格的元器件按照图 9-2 所示电路连接安装在面包板上，也可以焊接在万能电路板上，测试探针用万用表红、黑表笔制作。

② 插接集成电路时，先校准两排引脚，使之与底板上插孔对应，轻轻用力将电路插上，然后在确定引脚与插孔吻合后，稍用力将其插紧，以免将集成电路的引脚弯曲、折断或者接触不良。

③ 导线应粗细适当，一般选取直径为 0.6～0.8mm 的单股导线，最好用不同色线以区分不同用途，如电源线用红色，接地线用黑色。

④ 布线应有次序地进行，随意乱接容易造成漏接或接错，较好的方法是接好固定电平点，如电源线、地线、门电路闲置输入端、触发器异步置位复位端等，其次，按信号源的顺序从输入到输出依次布线。

⑤ 电路安装完后，要仔细检查电路连接，确认无误后再接入电源。

4. 电路调试

① 将测试探针与本电路地端相连，则 LED$_2$ 绿灯应该发光，将测试探针与电源正极相接，则 LED$_1$ 红灯应该发光。如果红绿灯没有按以上情况发光，则说明电路存在故障。

② 按图 9-3 接线，用逻辑状态测试笔探针测可调电压，调节电位器 RP，增大 RP 的阻值，使逻辑状态测试笔 LED$_1$ 红色刚好发光，电压表显示的值即为逻辑状态测试笔高电平的起始值；继续调节电位器 RP，减小 RP 的阻值，使逻辑状态测试笔 LED$_2$ 绿色刚好发光，电压表显示的值即为该逻辑测试笔的低电平起始值。

改变电路图 9-2 中的 R_1 的阻值，可对上述起始值进行适当的调整。逻辑状态测试笔的实物如图 9-4 所示。

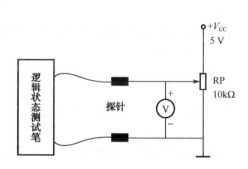

图 9-3 逻辑状态测试笔性能测试电路

图 9-4 逻辑状态测试笔

5. 故障分析与排除

逻辑状态测试笔制作中产生的故障主要有：元件接触不良或损坏、集成芯片连接错误或损坏、布线错误等。

排除故障可采用逻辑状态法判断，所谓逻辑状态法是针对数字电路而言的，只判断电路各部位的逻辑状态，即可确定电路是否正常工作。在无逻辑笔的情况下，用万用表测量相关点电位的高低来进行判断。

图 9-2 所示的电路，可采用从左到右顺序测试一些关键点的逻辑电平，例如，通电后，在探针和地之间加高电平，而高电平 LED$_1$（红色）指示灯不亮，此时，测量三极管的发射极 e 的电位应为高电平，否则为三极管 VT 或者二极管 VD$_1$ 损坏，可对怀疑元件进行测量或代换确定。如果 VT 的发射极电位正常，则 G$_1$ 的输出端应为低电平，否则为 G$_1$ 失效，可用替换法证实，如 G$_1$ 的输出端电位正常，则为 LED$_1$ 损坏。当通电后，探针测试低电平而 LED$_2$（绿色）不亮时，与上述检查方法类似。

9.2 组合逻辑电路的设计与制作

9.2.1 产品质量显示仪的设计与制作

产品质量显示仪在检测产品时能够显示质量等级，本产品由 3 个质检员（分别是 A、B、C）同时检测一个产品，三种质量等级分别是优质、合格和不合格：若质检员认为产品合格，则不按按钮，若质检员认为产品不合格，则按下按钮。电路输出用 3 个发光二极管表示产品的三种质量等级。具体设计要求如下。

① 若 3 个质检员都认为产品合格，则产品质量为优质，其对应的二极管点亮；

② 若 3 个质检员中只有 2 人认为产品合格，则产品质量合格，其对应的二极管点亮；

③ 若 3 个质检员中只有 1 人认为产品合格，或者三个质检员都认为产品不合格，则产品质量不合格，其对应的二极管点亮。

1. 电路设计

（1）分析设计要求

设质检员认为产品合格，则不按按钮，电路得到的输入信号是数字逻辑 1，若质检员认为产品不合格，则按下按钮，电路得到的输入信号是数字逻辑 0。

电路输出用 3 个发光二极管表示产品的三种质量等级，三种质量等级分别是优质（命名为 X）、合格（命名为 Y）、不合格（命名为 Z）。

① 若 3 个质检员都认为产品合格，则产品质量为优质，优质对应的二极管点亮，其余两个二极管为熄灭状态（$X=1$，$Y=0$，$Z=0$）；

② 若 3 个质检员中只有 2 人认为产品合格，则产品质量合格，合格对应的二极管点亮，其余两个二级管为熄灭状态（$X=0$，$Y=1$，$Z=0$）；

③ 若 3 个质检员中只有一人认为产品合格，或者三个质检员都认为产品不合格，则产品质量不合格，不合格对应的二极管点亮，其余两个二极管为熄灭状态（$X=0$，$Y=0$，$Z=1$）。

（2）列真值表

根据分析要求列出产品质量显示仪真值表，见表 9-1。

表 9-1　产品质量显示仪真值表

输　　入			输　　出			
A	B	C	X	Y	Z	结果
0	0	0	0	0	1	不合格
0	0	1	0	0	1	不合格
0	1	0	0	0	1	不合格
0	1	1	0	1	0	合格
1	0	0	0	0	1	不合格
1	0	1	0	1	0	合格
1	1	0	0	1	0	合格
1	1	1	1	0	0	优质

（3）写输出表达式

由以上输入输出逻辑可以列出三个输出信号的表达式

$$X = ABC$$
$$Y = (AB + BC + AC)\bar{X}$$
$$Z = \overline{X + Y}$$

（4）根据表达式画出逻辑电路图

由上述三个公式得知，电路要用到与门、或门、非门，与门选用 74LS08，或门选用 74LS32，非门选用 74LS04。

电路设计如图 9-5 所示。

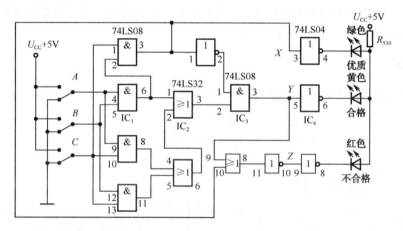

图 9-5　产品质量显示仪电路图

2. 电路元器件

集成门电路	74LS08	2 片；
	74LS20 ，74LS04	各 1 片
电阻	510Ω	1 个
LED 发光二极管		3 个
开关		3 个

3. 电路安装与调试

① 将检测合格的元器件按照图 9-5 所示电路连接安装在面包板或万能电路板上。

② 插接集成电路时，先校准两排引脚，使之与底板上插孔对应，轻轻用力将电路插上，然后在确定引脚与插孔吻合后，稍用力将其插紧，以免将集成电路的引脚弯曲、折断或者接触不良。

③ 导线应粗细适当，一般选取直径为 0.6～0.8mm 的单股导线，最好用不同色线以区分不同用途，如电源线用红色，接地线用黑色。

④ 布线应有次序地进行，随意乱接容易造成漏接或接错，较好的方法是接好固定电平点，如电源线、地线、门电路闲置输入端、触发器异步置位复位端等，其次，按信号源的顺序从

输入到输出依次布线。

⑤ 电路安装完后，要仔细检查电路连接，确认无误后再接入电源。

4. 电路调试

A、B、C 输入端分别输入高电平和低电平，高电平可将输入端接电源，低电平可接地实现。验证输出结果能否实现产品质量显示功能。

9.2.2 4 位二进制数加法数码显示电路的制作

计算器能够进行数学运算，在现代生活中广泛应用。二进制数加法数码显示电路是构成计算器的基础，本制作应用 74LS85 制作二进制数加法数码显示电路，能实现 4 位二进制数相加，并能通过译码显示电路实现数码显示。

1. 电路图

4 位二进制数加法数码显示电路如图 9-6 所示。

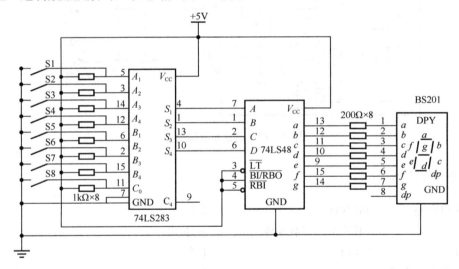

图 9-6 4 位二进制数加法数码显示电路

2. 电路分析

74LS283 为集成 4 位二进制超前进位加法器，74LS48 为集成 7 段译码驱动器，高电平有效，BS201 为共阴极 LED 显示器。74LS283 能够实现两个 4 位二进制数相加，输入到译码驱动器驱动共阴极 LED 显示器显示相加结果。

3. 电路元器件型号及参数

集成电路	74LS283、74LS48	各 1 片
数码显示管	BS201	1 个
发光二极管（LED）		4 个
电阻	1kΩ，200Ω	各 8 个

开关   8 只

4. 电路安装

（1）元器件检测

集成 4 位二进制超前进位加法器 74LS283 的检测采用图 9-7 所示，逻辑开关通断的不同组合，实现输入不同的 4 位二进制数 $A_3A_2A_1A_0$、$B_3B_2B_1B_0$，$S_4S_3S_2S_1$ 为其和数输出，观察发光二极管的发光和熄灭情况，灯亮为 1，灯灭为 0，将测试结果与理论分析对比是否一致，确定 74LS283 功能是否正常。

电路中其他元件的检测，与前面项目中检测方法相同。

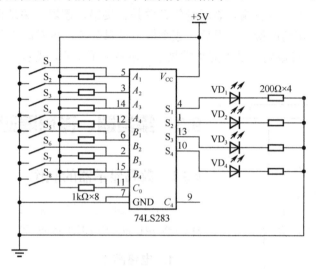

图 9-7　74LS283 测试电路

（2）电路安装

① 将检测合格的元器件按照图 9-6 所示电路连接安装在面包板上，也可以焊接在万能电路板上。

② 插接集成电路时，先校准两排引脚，使之与底板上插孔对应，轻轻用力将电路插上，然后在确定引脚与插孔吻合后，稍用力将其插紧，以免将集成电路的引脚弯曲、折断或者接触不良。

③ 导线应粗细适当，一般选取直径为 0.6～0.8mm 的单股导线，最好用不同色线以区分不同用途，如电源线用红色，接地线用黑色。

④ 布线应有次序地进行，随意乱接容易造成漏接或接错，较好的方法是接好固定电平点，如电源线、地线、门电路闲置输入端、触发器异步置位复位端等，其次，按信号源的顺序从输入到输出依次布线。

⑤ 电路安装完后，要仔细检查电路连接，确认无误后再接入电源。

5. 电路调试

当按下逻辑开关 S_1～S_8 时，74LS283 的输入端实现输入不同的 4 位二进制数 $A_3A_2A_1A_0$、$B_3B_2B_1B_0$，如果电路正常工作，数码管将依次显示 $A_3A_2A_1A_0$ 和 $B_3B_2B_1B_0$ 和数输出。如果电路不能正确显示，则电路存在故障。

6. 故障分析与排除

电路通常有以下几种故障现象：

通电后，按下逻辑电平开关，数码管没有显示。

通电后，按下逻辑电平开关，数码管显示不正确。

通电后，按下逻辑电平开关，数码管显示不稳定。

一般从以下几点查找故障。

① 查电源：电源电压是否为+5V，每个芯片是否都接上，各接地点是否可靠接地。

② 查逻辑开关：若电源正常，查看逻辑开关是否接错，逻辑开关是否正常。

③ 查 74LS283：在前面检查无误后，逐个按下逻辑开关，查看编码器输出是否正确。

④ 查 74LS48：查看数码管是否能正常显示，如显示不正确，查看与数码管的连接是否正常。

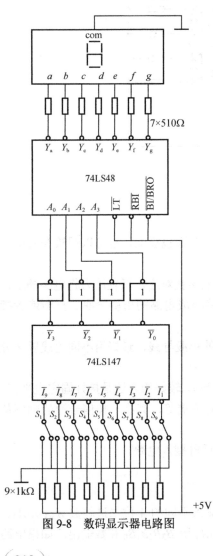

图 9-8　数码显示器电路图

9.3　编码器、译码器应用与制作

9.3.1　数码显示器的制作

制作的数码显示器由优先编码器 74LS147、显示译码器 74LS48 和 LED 数码管等组成。

1. 电路图

数码显示器的参考电路如图 9-8 所示。

2. 电路分析

数码显示器由编码电路、反相电路和译码显示电路三部分组成。

① 编码器由 74LS147、电路逻辑电平开关 $S_1 \sim S_9$、限流电阻组成。74LS147 为二-十进制优先编码器，$\overline{I_9}$ 的优先级最高，其次是 $\overline{I_8}$，其余依次类推，$\overline{I_1}$ 的级别最低。

② 反相电路使用集成芯片 74LS04，其作用是将优先编码器 74LS147 输出的 8421BCD 反码转换为原码形式的 8421BCD 码。

③ 译码显示电路由译码驱动器 74LS48、限流电阻以及共阴极数码管组成。作用是将编码器输出的 8421BCD 以数字的形式显示。

3．电路元器件

集成芯片	74LS147、74LS04、74LS48	各 1 片
LED 数码管	共阴极数码管 LC5011	1 个
电阻	510Ω 8 只；1kΩ	9 个
开关		9 个

4．电路安装

1）元器件检测

（1）LED 数码管的检测

LED 数码管的检测方法较多，这里介绍简便易行的方法。用 3V 电池负极引出线固定接 LED 数码管的公共阴极上，正极引出线依次移动接触笔画的正极。这一根引线接触到某一笔画的正极时，对应的笔画就会显示出来。

（2）优先编码器 74LS147 的检测

用逻辑电平测试优先编码器 74LS147，将所有的输入端接逻辑电平开关，输出端接 LED 显示器，按逻辑功能表接入相应的输入信号，验证其功能是否正确。

（3）反相器的检测

集成反相器 74LS04 内含六个独立的非门，本项目中使用其中的四个非门，可选其中的任意四个非门，检测方法将输入端接逻辑电平开关，测试输出端逻辑电平值是否与输入端符合反相关系。

2）电路安装

① 将检测合格的元器件按照图 9-8 所示电路连接安装在面包板上，也可以焊接在万能电路板上。

② 插接集成电路时，先校准两排引脚，使之与底板上插孔对应，轻轻用力将电路插上，然后在确定引脚与插孔吻合后，稍用力将其插紧，以免将集成电路的引脚弯曲、折断或者接触不良。

③ 电路安装完后，要仔细检查电路连接，确认无误后再接入电源。

5．电路调试

当按下逻辑开关 $S_1 \sim S_9$ 时，分别让 74LS147 的输入端 $I_1 \sim I_9$ 输入低电平（其余为高电平）如果电路正常工作，数码管将依次显示数字 1～9。如不能正确显示，则电路存在故障。

6．故障分析与排除

电路通常有以下几种故障现象。

通电后，按下逻辑电平开关，数码管没有显示。

通电后，按下逻辑电平开关，数码管显示不正确。

通电后，按下逻辑电平开关，数码管显示不稳定。

一般从以下几点查找故障。

① 查电源：电源电压是否为+5V，每个芯片是否都接上，各接地点是否可靠接地。

② 查逻辑开关：若电源正常，查看逻辑开关是否接错，逻辑开关是否正常。

③ 查 74LS147：在前面检查无误后，逐个按下逻辑开关，查看编码器输出是否正确。

④ 查反相器：在前面检查无误后，查反相器能否正常反相工作。

⑤ 查 74LS48：改变反相器的输出，查看数码管是否能正常显示，如显示不正确，查看与数码管的连接是否正常。

9.3.2 旋转彩灯的制作

将 16 只发光二极管排成一个圆形图案，按照顺序每次点亮一只发光二极管，形成旋转彩灯。

1. 旋转彩灯电路图

实现旋转彩灯的电路图，如图 9-9 所示。

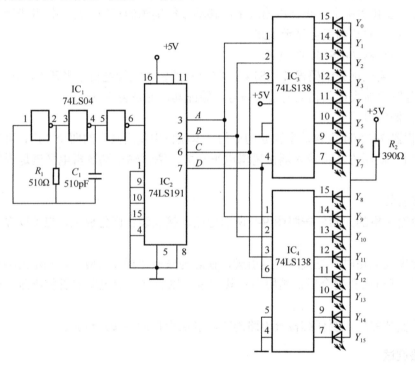

图 9-9 旋转彩灯电路

2. 电路分析

图中 IC_1、R_1、C_1 组成时钟脉冲发生器，IC_2 为十六进制计数器，输出四位二进制数，在每一个时钟脉冲作用下输出的二进制数加"1"，计数器计满后自动回"0"，重新开始计数，如此不断重复（脉冲发生器和计数器的功能将在后续内容介绍）。

两片 74LS138 组成一个 4-16 线译码器，对每个计数器输出的 4 位二进制译码，输出端连接 16 只发光二极管。

由于输入二进制数不断加"1"，被点亮的发光二极管也不断改变位置，形成灯光移动，改变振荡器振荡频率，就能改变灯光的移动速度。

3. 电路元器件

集成芯片74LS138　　2片；74LS04、74LS191集成芯片　　　　各1片
直流电源+5V（可用干电池代替）　　　　　　　　　　　　　1台
LED发光二极管　　　　　　　　　　　　　　　　　　　　16个
电阻　　　　510Ω，390Ω　　　　　　　　　　　　　　　各1个
电容　　　　510pF　　　　　　　　　　　　　　　　　　1个

4. 电路安装

① 将检测合格的元器件按照图9-9所示电路连接安装在面包板上，也可以焊接在万能电路板上。

② 插接集成电路时，先校准两排引脚，使之与底板上插孔对应，轻轻用力将电路插上，然后在确定引脚与插孔吻合后，稍用力将其插紧，以免将集成电路的引脚弯曲、折断或者接触不良。

③ 电路安装完后，要仔细检查电路连接，确认无误后再接入电源。

5. 电路调试

本电路安装完成，通电即可实现旋转彩灯功能。实物如图9-10所示。

6. 故障分析与排除

组装好旋转彩灯的电路后，接通电源，正常情况下应能出现灯光移动效果。如果达不到移动效果，说明电路出现故障。其故障原因分析如下。

（1）灯不亮

① 电源不正常，一般电路出现故障后，首先检查电源工作是否正常，检查集成芯片的16脚是否有+5V电压，同时还要检测8脚是否为0。

图9-10　旋转彩灯实物

② 发光二极管极性接反、断路或者限流电阻故障。检查电阻 R_2 两端电压为0，说明发光二极管断路或接反，电压为+5V说明电阻断路或阻值过大。

③ 使能端连接错误。检测 IC_3 的第6脚应为高电平，IC_3 的第5脚以及 IC_4 的第4、5脚均应为低电平。

（2）部分循环灯亮

如果有连续的8只发光二极管亮而另外8只不亮，不亮的8只发光二极管对应的译码器使能端接线错误，检查使能端电位。部分灯亮、部分灯不亮，发光二极管接反或断线，检查二极管接线和极性。译码器的数据输入端接线不正确，如 A 线开路造成译码器输入端 A 始终为1，则16只二极管中的一半不亮。

（3）固定一只灯亮

有 1 只灯亮，说明译码器工作正常，故障为译码器输入固定不变，检查计数器或振荡器。

（4）灯光移动顺序错乱

灯光不是顺序移动，而是跳动，但每 16 拍重复，译码器与计数器的数据连接错误，如计数器的 A、B、C 接错，检查译码器与计数器的数据连接。

9.4 触发器应用与制作

9.4.1 四路抢答器的设计制作

在一些文艺娱乐、智力竞赛等活动中，经常用到抢答器。抢答器的基本功能就是能鉴别出首先发出抢答信号的选手，也称第一信号鉴别器，要求如下。

用集成触发器和与非门等元器件制作一个四人智力竞赛抢答电路。要求第一个按下抢答按钮者，其相应的发光二极管发光，表示此人抢答成功；而紧随其后的其他开关再被按下均无效，指示灯保持第一个开关按下时所对应的状态不变；电路具有复原功能，电路复原后可以进行下一轮抢答。

1. 参考电路

本设计有多种设计方案，参考电路如图 9-11 所示。

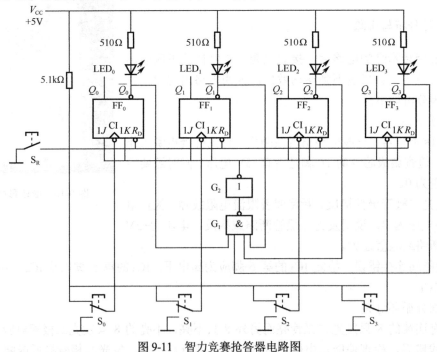

图 9-11　智力竞赛抢答器电路图

2. 电路分析

图 9-11 所示为 4 个 JK 触发器组成的智力竞赛抢答电路，用以判别 $S_0 \sim S_3$ 送入的 4 个信

号中哪一个信号最先到达。工作过程如下。

开始工作前，先按复位开关 S_R，FF_0～FF_3 都被置 0，$\overline{Q_0}$～$\overline{Q_3}$ 都输出高电平 1，发光二极管 LED_0～LED_3 不发光。这时，G_1 输入都为高电平 1，G_2 输出 1，FF_0～FF_3 的 $J=K=1$，这时 4 个触发器处于接收信号状态。在 S_0～S_3 的 4 个开关中，如 S_3 第一个按下时，则 FF_3 首先由 0 状态翻转到 1 状态，$\overline{Q_3}=0$，这一方面使发光二极管 LDE_3 发光，同时使 G_2 输出 0，这时 FF_0～FF_3 的 J 和 K 都为低电平 0，都执行保持功能。因此，在 S_3 按下后，其他 3 个开关 S_0～S_2 任何一个再按下时，FF_0～FF_2 的状态不会改变，仍为 0 状态，发光二极管 LED_0～LED_2 也不会亮，所以，根据发光二极管的发光可以判断开关 S_3 第一个按下。

如要重复进行第一信号判别时，则在每次进行判别前应先按复位开关 S_R，使 FF_0～FF_3 处于接收状态。

3. 电路元器件型号及参数

集成门电路芯片	74LS112　74LS20	各 1 片
发光二极管	3124D（绿）	各 4 个
二极管	IN4148	2 个
电阻	5.1kΩ　1 只，510Ω	4 个
开关		5 个

4. 电路安装

（1）元器件检测

JK 触发器 74LS112、集成门电路 74LS20，采用技能训练中逻辑功能测试方法测试。

通过逻辑电平测试发光二极管，高电平时 LED 发光，低电平熄灭。

用万用表电阻挡测试二极管正反向电阻，如正向电阻小，反向电阻大，二极管正常。

（2）电路安装

① 将检测合格的元器件按照图 9-11 所示电路连接安装在面包板上，也可以焊接在万能电路板上。

② 插接集成电路时，先校准两排引脚，使之与底板上插孔对应，轻轻用力将电路插上，然后在确定引脚与插孔吻合后，稍用力将其插紧，以免将集成电路的引脚弯曲、折断或者接触不良。

③ 电路安装完后，要仔细检查电路连接，确认无误后再接入电源。

5. 电路调试

① 通电后，按下清零开关 S_R 后，所有指示灯灭。

② 分别按下 S_1、S_2、S_3、S_4 各键，观察对应指示灯是否点亮。

③ 当其中某一指示灯点亮时，再按其他键，正常情况下其他指示灯不亮。如另有指示灯亮，则电路存在故障。

6. 故障分析与排除

智力竞赛抢答器电路产生的故障主要有：元件接触不良或损坏，集成芯片连接错误或损坏，布线错误等。

通电后，分别按下 S_1、S_2、S_3、S_4 按键，对应指示灯应点亮，如不能亮，则所对应线路存在故障，可先检查按键是否接触不良或损坏，如按键正常，查 74LS20 是否正常，与触发器连接是否断开，74LS112 是否正常，如上述元器件及连接都正常，则检查 LED 与电源连接是否正常，LED 灯与限流电阻连接是否正常，限流电阻是否断路，如以上都正常，则 LED 灯损坏。通电后，按下清零开关 S_R 后，所有指示应灯灭。如指示灯亮，则集成电路 74LS112 损坏。

9.4.2 8 路抢答器电路设计与制作

采用 D 触发器数字集成电路制作数字显示 8 路抢答器，利用数字集成电路的锁存特性，在单向晶闸管的控制下，实现优先抢答、音响提示和数字显示等功能，要求如下。

① 设计一个可供 8 名选手参加比赛的 8 路数字显示抢答器。他们的编号分别为 1、2、3……，各用一个抢答按钮，编号与参赛者的号码一一对应，此外还有一个按钮给主持人用来清零。

② 抢答器具有数据锁存功能，并将锁存的数据用 LED 数码管显示出来。在主持人将系统清零后，若有参赛者按动按钮，数码管立即显示出最先动作的选手的编号，也可同时用蜂鸣器发出间歇声响，并保持到主持人清零以后。

③ 抢答器对抢答选手动作的先后有很强的分辨能力，即使他们的动作仅相差几毫秒，也能分辨出先动作的选手。

④ 主持人有可控制的开关，通过手动清零复位。

1. 参考电路

该抢答器电路由复位电路、抢答触发控制电路、LED 数码显示电路和音频电路等组成，如图 9-12 所示。

2. 电路分析

复位电路由复位按钮 S_0、二极管 VD_9、电阻器 R_{11} 和电容器 C_1 组成。抢答触发控制电路由抢答按钮 S_1，S_8、电阻器 $R_1 \sim R_8$、隔离二极管 $VD_1 \sim VD_8$，触发器集成电路 IC_1（74LS273）和晶闸管 VT 等组成。

LED 数码显示电路由 LED 显示驱动集成电路 IC_2 和 LED 数码显示器等组成。IC_2 为 CH233，它能实现二进制数码转换成十进制数码，该集成电路输出电流大，可直接驱动数码管。

音频电路由电容器 C_2、扬声器 BL 和音乐集成电路 IC_3（选用 KD 型"叮咚"音乐集成电路作为音响提示电路）等组成。

接通电源后，复位电路产生复位电压并加至 IC_1 的 CR 端，使 IC_1 清零复位。在未按动抢答按钮 S_1，S_8 时，IC_1 的 8 个输入端（$D_1 \sim D_8$）和 8 个输出端（$Q_1 \sim Q_8$）均为低电平，晶闸管 VT 处于截止状态，LED 数码显示器无显示，扬声器 BL 无声音。

当按动抢答按钮 $S_1 \sim S_8$ 中某一开关时，与该开关相接的隔离二极管将导通，使 VT 导通，其阴极变为高电平。一方面通过 C_2 触发音乐集成电路 IC_3，使其工作，驱动扬声器 BL 发出"叮咚"声；另一方面使 IC_1 的 CK 端由低电平变为高电平，使 IC_1 内相应的触发器动作，相应的输出端输出高电平并被锁存。此高电平经 IC_2 译码处理后，驱动 LED 数码显示器显示相应的数字（若按动按钮 S_8，则 IC_1 的 D_8 和 Q_8 端均变为高电平，LED 数码显示器显示数字"8"）。

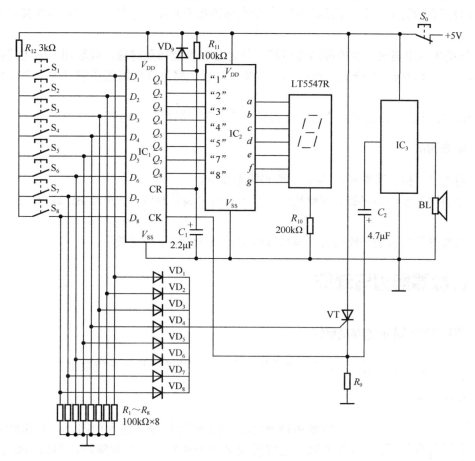

图9-12 8路抢答器电路

一旦电路被触发工作后，再按其他各抢答开关时，均无法使 IC_1 的输出数据再发生改变，LED 数码显示器中显示的数字也不会变化，扬声器 BL 也不会发声，从而实现了优先抢答。只有在主持人按动复位按钮 S_0 后，电路将自动复位，LED 数码显示器上的数字消失，才能进行下一轮抢答。

3. 元器件选择

① 集成芯片 IC_1 74LS273，IC_2　　CH233，IC_3　KD9300　　　各1片

② 电阻　选用 1/4 W 碳膜电阻器 $R_1 \sim R_{11}$　100kΩ，R_{12}　3kΩ　　各1个

③ 电容：C_1　2.2μF/16V，C_2　4.7μF/16V

④ 扬声器：0.25W，8Ω电动式扬声器　　　　　　　　　1个

⑤ 按钮开关：S_0 动断型按钮，$S_1 \sim S_8$ 选用动合型按钮

4. 电路安装

① 元器件检测。

② 电路安装。

a. 将检测合格的元器件按照图 9-12 所示电路连接安装在面包板上，也可以焊接在万能电路板上。

b. 插接集成电路时，先校准两排引脚，使之与底板上插孔对应，轻轻用力将电路插上，然后在确定引脚与插孔吻合后，稍用力将其插紧，以免将集成电路的引脚弯曲、折断或者接触不良。

c. 电路安装完后，要仔细检查电路连接，确认无误后再接入电源。

5. 电路调试

① 通电后，按下清零开关 S_0 后，数码管不显示。

② 分别按下 $S_1 \sim S_8$ 各键，观察数码管显示是否与编号对应，扬声器 BL 是否发出"叮咚"声。

③ 当数码管显示某一数码时，再按其他键，正常情况下应无效。

9.5 计数器应用与制作

9.5.1 随机数字显示器的制作

随机数字显示器一般用于摇奖、抽奖等场合，要求能随机显示一位数字。

1. 电路组成

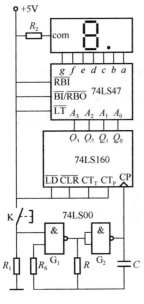

图 9-13 随机数字显示器

如图 9-13 所示，为 1 位随机数字显示电路，74LS00 的与非门及电阻、电容组成多谐振荡器产生方波脉冲，74LS160 计数器进行随机出数，74LS47 作为数码管的译码驱动电路，驱动数码管显示数码。

2. 工作原理

G_1、G_2 组成多谐振荡器，产生方波脉冲由计数器 74LS160 计数输出 BCD 码，再由 74LS47 驱动数码管显示数码。

图中的按键 K 用于控制多谐振荡器，K 按下时，多谐振荡器振荡，LED 数码管快速更换显示值，K 释放时，多谐振荡器停振，LED 数码管保持最终计数数值。

74LS47 为译码驱动显示电路，反码输出，LED 数码管为共阳极数码管，$\overline{RBI}$、$BI/\overline{RBO}$ 为消隐有关的控制端，此处不接高电平，$\overline{LT}$ 为灯测试端，$\overline{LT}$ =1，不测试。74LS160 为十进制计数器，CP 为脉冲输入端，$Q_0 \sim Q_3$ 为计数输出端，接 74LS47 译码数据输入端 $A_0 \sim A_3$，$\overline{LD}$ 为置数端，$\overline{LD}$ =1，不置数；$\overline{CLR}$ 为清零端，$\overline{CLR}$ =1，不清零。CT_T 与 CT_P 为计数控制端，$CT_T = CT_P = 1$，允许计数。

3. 元器件选择

① 集成芯片 74LS47、74LS00　　　　　　　　　各 1 片
② LED 数码管　　共阳极　　　　　　　　　　　1 个
③ 电阻 R_1 2kΩ, R_2 100Ω, R 470kΩ　　　　各 1 个
④ 电容 C 0.1μF　　　　　　　　　　　　　　1 个

4. 电路安装

① 元器件检测。
② 电路安装。

将检测合格的元器件按照图 9-13 所示电路连接安装在面包板上，也可以焊接在万能电路板上。

插接集成电路时，先校准两排引脚，使之与底板上插孔对应，轻轻用力将电路插上，然后在确定引脚与插孔吻合后，稍用力将其插紧，以免将集成电路的引脚弯曲、折断或者接触不良。

电路安装完后，要仔细检查电路连接，确认无误后再接入电源。

5. 电路调试

通电后，按下开关 K 后，数码管快速更换显示值。K 释放时，多谐振荡器停振，LED 数码管保持最终计数数值。

9.5.2　数字电子钟的制作

数字电子钟是采用数字电路对"时、分、秒"数字显示的计时装置。与传统的机械钟相比，它走时准确、显示直观、无机械传动等优点，得到广泛应用。

要求信号发生电路产生稳定的秒脉冲信号，作为数字钟的计时基准；具有"时、分、秒"的十进制数字显示；小时计时以一昼夜为一个周期（即 24 进制），分和秒计时为 60 进制；具有校时功能，可在任何时候将其调至标准时间或者指定时间。

1. 电路组成

如图 9-14 所示为数字电子钟的组成框图。该数字钟由秒脉冲发生器，六十进制秒、分计时计数器和二十四进制时计数器，分时秒译码显示器，校时电路等组成。

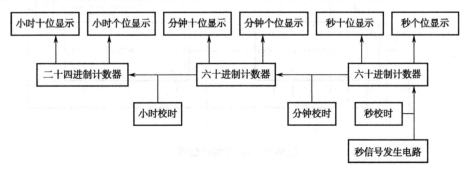

图 9-14　数字电子钟组成框图

2. 电路原理

（1）秒信号发生电路

秒信号发生电路产生 1Hz 的时间基准信号，数字钟大多采用 32 768（2^{15}）Hz 石英晶体振荡器，经过 15 级二分频，获得 1Hz 的秒脉冲，秒脉冲发生器电路如图 9-15 所示。

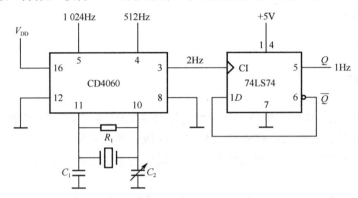

图 9-15　秒脉冲发生器

该电路主要应用 CD4060，CD4060 是十四级二进制计数器/分配器/振荡器，它与外接电阻、电容、石英晶体共同组成 2^{15}=32 768Hz 振荡器，并进行 14 级二分频，再外加一级 D 触发器（74LS74）二分频，输出 1Hz 的时基秒信号。

CD4060 的引脚排列如图 9-15 所示，R_1 是直流负反馈电阻，可使 CD4060 内非门电路工作在电压传输特性的过渡区，即线性放大区。R_1 的阻值可在几兆欧到几十兆欧之间选择，一般取 22MΩ，C_1、C_2 起稳定振荡频率作用，其中，C_2 是微调电容，可将振荡器的频率调整到精确值。

（2）计数器电路

计数器的秒、分、时的计数均由集成电路 74LS160 实现，其中，秒、分为 60 进制，时为 24 进制。

秒、分计数器完全相同，将一片 74LS160 设计成十进制加法计数器，另一片设计成六进制加法计数器，当计数到 59 时，再来一个脉冲变成 00，然后再重新开始计数，如图 9-16 所示。

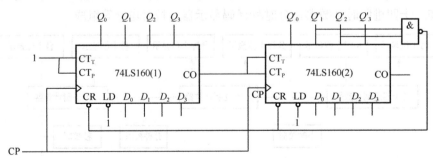

图 9-16　60 进制计数器

时进制数为 24 进制计数器，如图 9-17 所示。

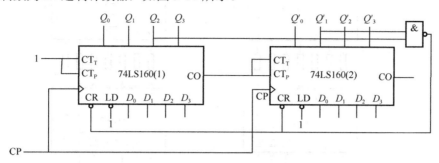

图 9-17 24 进制计数器

（3）译码、显示电路

译码、显示电路采用共阳极 LED 数码管 SM4105 和译码器 74LS247，74LS247 是集电极开路输出，为了限制数码管的导通电流，在 74LS247 的输出与数码管的输入端之间应串联限流电阻。秒、分计数显示电路如图 9-18 所示。时计数显示电路如图 9-19 所示。

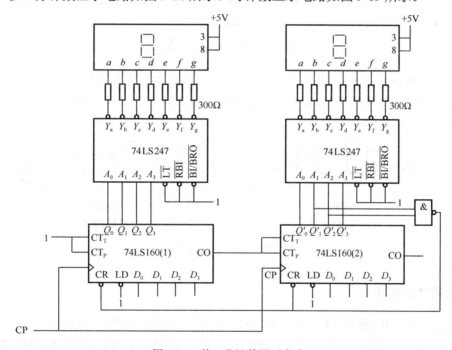

图 9-18 秒、分计数显示电路

（4）校正电路

① 秒校正电路。秒校正信号取自 CD4060 的 3 脚，是对石英晶体进行十四级二分频，2Hz 的脉冲信号，如图 9-20 所示。S_1 接到 2 端，2 端输出 2Hz 的脉冲，比秒脉冲计数时快一倍，待秒显示与实际时间相同时，迅速将 S_1 接 1 端，进入正常秒计时。

② 分校正电路。将 S_2 接到 2 端（+5V），秒基准脉冲能通过与非门 G_6、G_7 直接加到分个位计数器的 CP 端，待分显示与实际时间相符时，迅速将 S_2 拨向 1 端，转入正常分计时。分校正电路如图 9-20（a）所示。

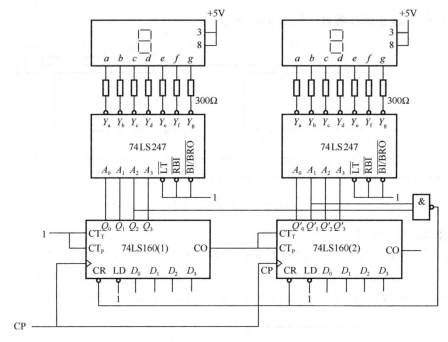

图 9-19　时计数显示电路

③ 时校正电路。将 S_3 接到 2 端（+5V），秒基准脉冲能通过与非门 G_4、G_5 直接加到时个位计数器的 CP 端，待分显示与实际时间相符时，迅速将 S_2 拨向 1 端，转入正常时计时。分校正电路如图 9-20（b）所示。

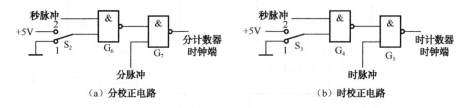

图 9-20　分、时校正电路

3. 元器件的选取

集成电路 $IC_1 \sim IC_6$ 选取 74LS247，$IC_7 \sim IC_{12}$ 选取十进制计数器 74LS160，IC_{13}、IC_{14} 选取 2 输入端 4 与非门 74LS00，IC15 选取 CMOS 集成芯片 CD4060，IC_{16} 选取 74LS74。数码显示管选取共阳极数码管 SM4105。晶振选取振荡频率为 32 768Hz 的石英晶体。

电容 C_1 选取瓷片电容 22pF/63V，C_2 选取可微调瓷片电容 30 pF/63V。电阻 R_1 选取 22MΩ，数码管限流电阻选取 $R=300Ω$。

元件型号、数量明细表见表 9-2。

表 9-2　元件型号、数量明细表

元 件 类 型	型　　号	数　　量
IC 芯片	CD4060	1

元 件 类 型	型　　号	数　　量
IC 芯片	74LS160	6
IC 芯片	74LS74	1
IC 芯片	74LS247	6
IC 芯片	74LS00	2
数码管	SM4105	6
晶振	32768Hz	1
电阻	300Ω	44
电阻	22MΩ	1
电容	22pF/63V	1
电容	30 pF/63V	1
开关	单刀双掷	2
面包板		1
导线		若干

4. 电路安装

（1）元器件的检测

① 电阻、电容的检测。使用万用表欧姆挡根据测量阻值的方法判断其好坏。

② 数字集成电路的检测。安装之前，先用万用表非在路检测，正常情况下，集成电路的任一引脚与其接地脚之间的阻值不应为 0 或无穷大（空脚除外），且大多数情况下具有不对称电阻，即正反向电阻值不相等。具体方法是：正向电阻测量时，用万用表 $R×1kΩ$ 或 $R×100Ω$、$R×10Ω$挡，先让红表笔接集成电路的接地脚，且在测量过程中不变，然后，利用黑表笔从第一脚开始，按顺序依次测量出对应的电阻值，如果某一引脚与接地之间存在短路阻值为 0 或∞，或者其正反向电阻相同，则说明该引脚与接地之间存在有短路、开路或击穿等故障。反向电阻测量时，将万用表的红黑表笔对调后测量即为其反相电阻。集成电路引脚的正反向阻值可查阅相关资料。

③ 晶振和分频电路检测。用示波器测量晶振的输出信号波形和频率是否正常，晶振的输出频率是 32 768Hz。

（2）连接电路

① 按图 9-21 所示，连接秒信号发生电路。

② 按图 9-21 所示，连接分、秒显示电路。

③ 按图 9-21 所示，连接时显示电路。

④ 按图 9-21 所示，连接秒、分、时校正电路。

⑤ 将秒信号发生器，分、秒、时计数显示电路，以及秒、分、时校正电路连接起来，构成数字钟电路。

连接时，集成电路芯片插装要认清方向，找准第一脚，所有 IC 的插入方向应保持一致。元件的连接应去除元件引脚氧化层。为检查电路的方便，导线选用不同的颜色，一般习惯是正电源用红线，负电源用蓝线，地线用黑线，信号线用其他颜色的线。电路要布局合理，整齐美观，便于调试和检测故障。

5. 电路调试

电路调试前要仔细检查电路连接是否正确，用万用表检查电路是否有短接或接触不良等现象，确定电路无误后接通电源，逐级调试。

① 秒信号发生电路的调试。测量晶体振荡器的输出频率，调节微调电容 C_2，使振荡器频率为 32 768Hz，再测 CD4060 的 Q_4、Q_5 和 Q_6 等脚的输出频率，检查 CD4060 是否正常。

② 计数器的调试。将秒信号脉冲送入秒计数器，检查秒个位、十位是否按 10 秒、60 秒进位。采用同样的方法测量分计数器和时计数器。

③ 译码显示电路的调试。观察 1Hz 的秒信号作用下，数码管的显示情况。

④ 校正电路的调试。调试好时、分、秒计数器后，通过校正开关，依次校准秒、分、时，使数字钟正常走时。

9.6　555 定时器应用与制作

9.6.1　触摸式防盗报警器的制作

555 定时器可以构成多种实际应用电路，广泛应用于检测电路、自动控制、家用电器及通信产品中。

用 555 定时器制作的触摸式防盗报警器，当人触摸到报警装置时，报警器发出报警声音。

1. 电路结构

防盗报警器电路如图 9-22 所示。

2. 电路分析

555 集成电路与 R_1、C_1、C_2、C_3 组成单稳态触发器。接通电源开关 S_1 后，再断开 S_2，电路启动。平时没人接触金属片 M 时，电路处于稳态，即 IC_1 的 3 脚输出低电平，报警电路不工作。一旦有人触及金属片 M 时，由于人体感应电动势给 IC_1 的 2 脚输入了一个负脉冲（实际为杂波脉冲），单稳态电路被触发翻转进入暂稳态，IC_1 的 3 脚由原来的低电平跳变为高电平。该高电平信号经限流电阻 R_2 使三极管 VT_1 导通，于是 VT_2 也饱和导通，语音集成电路 IC_2 被接通电源而工作。IC_2 输出的音频信号经三极管 VT_3、VT_4 构成互补放大器放大后推动扬声器发出报警声。由于单稳态电路被触发翻转的同时，电源开始经 R_1 对 C_2 充电，约经 $1.1R_1C_2$ 时间后，单稳态电路自动恢复到稳定状态，3 脚输出变为低电平，报警器停止报警，处于预报警状态。

3. 电路元件

集成电路 NE555 、 KD9561	各 1 片
三极管 S9013　3 只， 3AX81	1 个

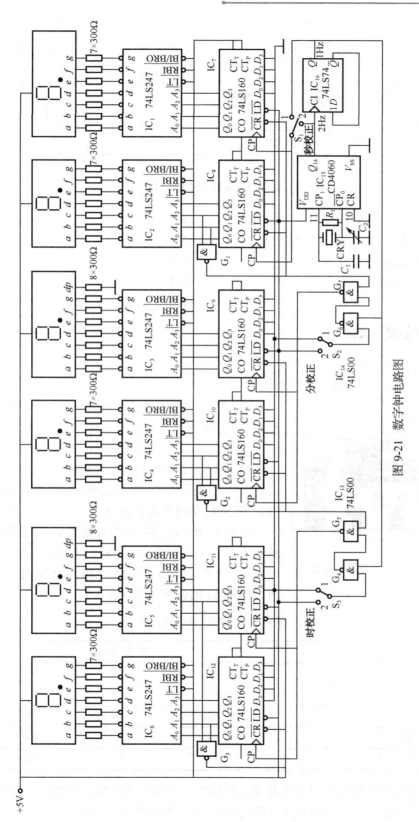

图 9-21　数字钟电路图

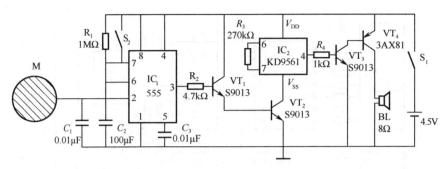

图 9-22　防盗报警器电路图

扬声器　0.5W　8Ω	1 个
电阻　1kΩ、270 kΩ、4.7 kΩ、1MΩ	各 1 个
电容　0.01μF　2 只，100μF	1 个
开关　SS12D00	2 个
触摸金属片	1 个

4. 电路安装与调试

1）元器件的检测

（1）555 集成定时器的识别与检测

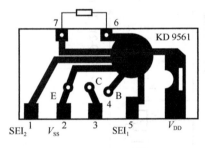

图 9-23　四音模拟声报警集成电路

用 555 定时器组成多谐振荡器对 555 定时器进行初步检测。观察波形信号正常即可判定 555 正常。

（2）语音芯片的识别与检测

KD9561 是四音模拟声报警集成电路，如图 9-23 所示。它有四种不同的模拟声响可选用，模拟声音种类由选声端 SEL_1 和 SEL_2 的电平高低决定。

当 SEL_1 和 SEL_2 悬空时，发出警车声；当 SEL_1 接电源，SEL_2 悬空，发出火警声；当 SEL_1 接电源负极，SEL_2 悬空，发出救护车声；SEL_2 接电源，SEL_1 可任意接，发出机关枪声。KD9561 的四声功能见表 9-3。

表 9-3　KD9561 的四声功能

音　效	连　接　方　法	
	SEL_1	SEL_2
警车声	悬空	悬空
火警声	V_{DD}	悬空
救护车声	V_{SS}	悬空
机关枪声	任意	V_{DD}

对 KD9561 可采用图 9-24 所示电路进行检测，当 SEL_1 和 SEL_2 悬空时，发出警车声，说明 KD9561 基本正常。改变 SEL_1 和 SEL_2 接法，可检测其他声效功能。

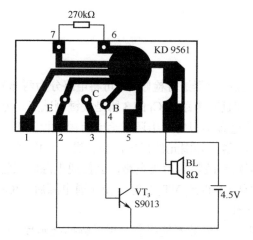

图 9-24　KD9561 接线图

2）电路安装

① 将检测合格的元器件按照图 9-22 所示电路连接安装在面包板或万能电路板上。

② 插接集成电路时，先校准两排引脚，使之与底板上插孔对应，轻轻用力将电路插上，然后在确定引脚与插孔吻合后，稍用力将其插紧，以免将集成电路的引脚弯曲、折断或者接触不良。

③ 导线应粗细适当，一般选取直径为 0.6～0.8mm 的单股导线，最好用不同色线以区分不同用途，如电源线用红色，接地线用黑色。

④ 电路安装完后，要仔细检查电路连接，确认无误后再接入电源。

3）电路调试

① 仔细检查电路与元件连接。

② 先闭合 S_2，再闭合 S_1，接通整机电源。

③ 断开 S_2 开启报警器，使报警器处于待报警状态。

④ 用手触碰金属片，扬声器应发出报警声。

M 可用钢片或铝片，中间钻一小孔，接到任何需要防护的金属部位。

IC_2 的外围元件只有一只振荡电阻 R_3，取值可在 180～510kΩ，R_3 越小，报警节奏就越快，反之就越慢。

5. 故障分析与排除

（1）故障分析

本电路常见的故障现象有接通电源即报警或接通电源不报警等。

接通电源即报警的主要原因有：

● 开启电源前，报警启动开关未闭合；

● 555 集成定时器损坏；

● 三极管 VT_1、VT_2 击穿损坏等。

开启电源后不报警，常见的原因有：

● 开启电源后，报警启动开关未断开；

● 555 定时器损坏；

● VT₃、VT₄ 损坏等。

（2）故障检修

对采用 555 定时器的触摸报警器进行检修时，可将电路分为两部分，一部分是由 555 定时器和外围元件组成的触发控制和延时电路，IC₁ 的 3 脚是关键测试点。另一部分是报警发声电路。

例如，故障现象为接通电源即报警，用逻辑笔或万用表检测 IC₁ 的 3 脚，若为高电平，则为前级的故障，即 555 定时器及外围元件损坏，通过进一步检测可找到故障元件，如检测到 IC₁ 的 3 脚为低电平，则可判断故障为后级电路，因接通电源即报警，说明语音报警芯片 IC₂ 正常，显然故障原因是三极管 VT₁ 或 VT₂ 击穿，使接通电源后，IC₂ 的 V_{SS} 相当于接地，即通电后报警发声电路就开始工作。

同样。若故障现象为开启电源后不能报警，用手触摸金属片 M 的同时检测 IC₁ 的 3 脚状态，若为低电平，说明前级部分电路异常，应检查前级电路，即 555 定时器电路及外围元件，否则，应检查后级电路，即检查 IC₂ 和三极管 VT₁～VT₄ 是否正常。

9.6.2 声控自动延时灯的制作

用 555 定时器设计一个声控自动延时灯，轻拍手掌，它就会点亮，而过一会儿，又会自动熄灭，方便夜间使用。

1. 电路图

本电路使用 1 片 555 时基集成电路。图 9-25 所示是声控自动延时灯的原理图。

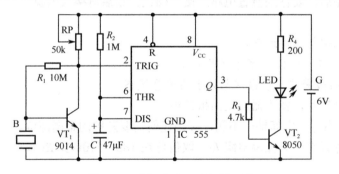

图 9-25 声控自动延时灯原理图

2. 原理分析

压电陶瓷片 B 与晶体三极管 VT₁、电阻 R_1、可变电阻 RP 组成了声控脉冲触发电路，555 时基集成电路与电阻 R_2、电容 C 组成了单稳态延时电路。平时，晶体三极管处于截止状态，555 时基集成电路的低电位触发端（2 脚）处于高电平状态，单稳态电路处于稳态；555 时基集成电路的（3 脚）输出低电平，发光二极管 LED 灯不亮。

当在一定的范围内轻拍一下手掌，声波被压电陶瓷片 B 接收并被转换成电信号，经晶体三极管放大后，从集电极输出负脉冲，555 时基集成电路的低电位触发端（2 脚）获得低电平触发信号，单稳态电路进入暂稳态状态（即延时状态），555 的基集成电路的（3 脚）输出高电平信号，发光二极管发光。

与此同时，电源 G 通过电阻 R_2 开始向电容 C 充电，当电容 C 两端的电压达到 555 时基集成电路的高电位触发端（6 脚）电位时，单稳态电路翻转恢复稳态，电容 C 通过 555 时基集成电路的放电端（7 脚）放电，其（3 脚）重新输出低电平信号．发光二极管自动熄灭。

电路中的 R_4 为发光二极管的限流电阻。

3. 元器件

集成电路　　555 定时器芯片　　　　　　　　1 片

电阻　　R_1　10MΩ，1 个；R_2　1MΩ，1 个；R_3　4.7kΩ，1 个；R_4　200Ω，1 个；RP　50kΩ，1 个

电容　　C　4.7μF，1 个

晶体管　　VT$_1$　9014；VT$_2$　8050，　　　　各 1 个

发光二极管　　白色高亮度 LED　　　　1 个

声传感器　　压电陶瓷片　　　　　　1 个

开关　　1×2 拨动开关　　　　　1 个

电源　　5 号电池　　　　　　4 节

4. 电路安装

（1）元件检测

检测电路所用元器件，合格后再进行安装。

（2）电路安装

① 将检测合格的元器件按照图 9-25 所示电路连接安装在面包板或万能电路板上。

② 插接集成电路时，先校准两排引脚，使之与底板上插孔对应，轻轻用力将电路插上，然后在确定引脚与插孔吻合后，稍用力将其插紧，以免将集成电路的引脚弯曲、折断或者接触不良。

③ 导线应粗细适当，一般选取直径为 0.6～0.8mm 的单股导线，最好用不同色线以区分不同用途，如电源线用红色，接地线用黑色。

④ 电路安装完后，要仔细检查电路连接，确认无误后再接入电源。

5. 电路调试

调试时可将声控自动延时灯的电源开关闭合，在离其 3～5m 处轻拍一下手掌，以检验电路的工作性能，并可通过以下所述的方法，改变电阻等元器件的数值，调整延时点亮的时间或声控的灵敏度。

本电路发光二极管每次延时点亮的时间长短，取决于单稳态延时电路中电阻 R_2、电容 C 的时间常数。若要想缩短延时点亮的时间，可适当减小电阻 R_2 的数值来加以调整；反之，增加电阻 R_2 的数值可延长延时点亮的时间。

另外，改变可变电阻 RP 的阻值，可调整 555 时基集成电路的低电位触发端（2 脚）电位的高低，可以控制声控的灵敏度。若觉得声控的灵敏度不高，可适当增加可变电阻 RP 的阻值，反之，减小可变电阻 RP 的数值可降低声控的灵敏度。

9.7 D/A、A/D 转换器应用与制作

9.7.1 锯齿波发生器的制作

在电子工程、通信工程、自动控制、遥控控制、测量仪器、仪表和计算机等技术领域，经常需要用到锯齿波形发生器。随着集成电路的迅速发展，用集成电路可很方便地构成锯齿波发生器，其波形质量、幅度和频率稳定性、可调性都能达到较高的性能指标。

1．电路图

锯齿波是常用的基本测试信号，在实际中有广泛的应用，以 DAC0832 为核心组成的锯齿波发生器的电路图如图 9-26 所示。

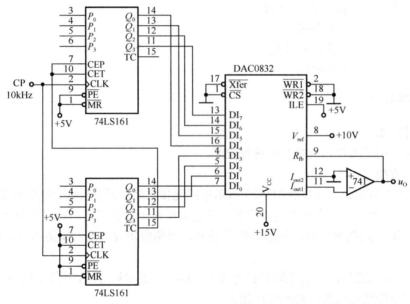

图 9-26 锯齿波发生器电路图

2．电路结构与原理

图 9-26 是以 DAC0832 为核心组成的锯齿波发生器，两片 74LS161 构成 8 位二进制计数器，随着计数脉冲的增加，计数器的输出状态在 00000000～11111111 之间变化。计满 11111111 时，又从 00000000 开始。

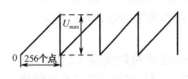

图 9-27 锯齿波波形

DAC0832 将计数器输出的 8 位二进制信息转换为模拟电压，在电路中它的两个缓冲器都接成直通状态。当计数器全为 1 时，输出电压 $u_o=U_{max}$；下一个计数脉冲，计数器全为 0，输出电压 $u_o=0$。显然，计数器输出从 00000000～11111111，数模转换器有 $2^8=256$ 个模拟电压输出。用示波器观察到的输出波形如图 9-27 所示。

输出锯齿波的频率 f_0 和计数脉冲频率 f_{cp} 的关系为：$f_0=f_{cp}/256$。因为每隔 256 个 CP 脉冲，计数器从 00000000～11111111 变化一次，输出模拟电压就从 0 到 U_{max} 变化一次，所以两者具有上述关系。

外接的运放 LM741 将 DAC0832 转换后的电流输出转换为电压输出，输出电压与参考电压 U_{REF} 成正比。当升高 U_{REF} 时，锯齿波的幅度也随之增大，反之亦然。

3. 电路元器件

① 集成电路 74LS161	2 片	
DAC0832	1 片	
LM741	1 片	
② 直流稳压电源 （+15V、+10V、+5V）	1 台	
③ 实训用面包板	1 块	
④ 导线	若干	

4. 电路安装

① 将检测合格的元器件按照图 9-26 所示电路连接安装在面包板或万能电路板上。

② 插接集成电路时，先校准两排引脚，使之与底板上插孔对应，轻轻用力将电路插上，然后在确定引脚与插孔吻合后，稍用力将其插紧，以免将集成电路的引脚弯曲、折断或者接触不良。

③ 导线应粗细适当，一般选取直径为 0.6～0.8mm 的单股导线，最好用不同色线以区分不同用途，如电源线用红色，接地线用黑色。

④ 电路安装完后，要仔细检查电路连接，确认无误后再接入电源。

5. 电路调试

① 在 74LS161 的脉冲输入 CP 端接信号源，将信号源的频率调为 10 kHz 左右，幅度大于 2V。用示波器的一个探头测量 CP 信号，另一个探头依次测量 DAC0832 的 $DI_0～DI_7$ 的波形，观察示波器上显示的两个波形的频率关系。DI_0 信号波形的频率应为 CP 的二分频，DI_1 的频率为 CP 的四分频，DI_2 为 CP 的八分频，依次类推。测试正确，说明由两片 74LS161 构成的八位二进制计数器工作正常。

② 用示波器测量运放 LM741 的输出信号，记录输出波形的形状、频率和幅度。如果电路工作正常，其输出应为一个锯齿波。

③ 改变输入脉冲 CP 的频率，观察输出波形的频率变化；改变数模转换器 DAC0832 第 8 脚 U_{REF} 的大小，观察输出波形的幅值变化情况。

9.7.2 数字电压表的制作

数字电压表是以数字形式显示被测直流电压的大小和极性的测试仪表，由于测试准确、灵敏、快速和使用方便等优点，获得了十分广泛的应用。制作要求如下。

用集成 A/D 转换器 MC14433 制作数字电压表。要求两挡直流电压测量量程为 0～1.999V，0～199.9mV，$3\frac{1}{2}$ 位数字显示。

1. 电路组成

数字电压表电路主要由模数转换器、锁存/七段译码驱动器、发光数码管等器件组成，电路如图 9-28 所示。

MC14433 为 A/D 转换电路，将输入的模拟信号转换成数字信号。

MC1403 为基准电压源电路，提供基准电压，供 A/D 转换器作为参考电压。

CC4511 为译码驱动电路，将二-十进制 BCD 转换成七段信号，驱动显示器的 a、b、c、d、e、f、g 七个发光段，使发光管显示。

MC1413 为 7 组达林顿反相驱动电路，$DS_1 \sim DS_4$ 信号经 MC1413 缓冲后驱动各位数码管的阴极。

LED 显示器：将译码器输出的七段信号进行数字显示，读出 A/D 转换结果。

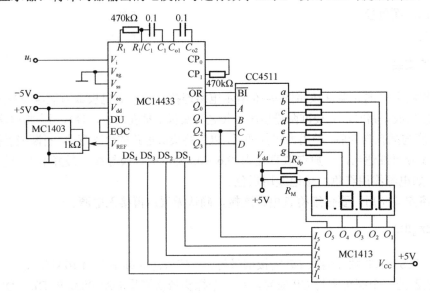

图 9-28 数字电压表电路图

2. 电路的工作过程

MC1403 的输出接 MC14433 的 V_{REF} 输入端，为 MC14433 提供精准的参考电压，被测输入电压 V_x 信号经 MC14433 进行 A/D 转换，MC14433 把转换后的数字信号采用多路调制方式输出的 BCD 码，经译码后送给 4 个 LED 七段数码管。4 个数码管 $a \sim g$ 分别并联在一起，MC1413 的 4 个输出端 $O_1 \sim O_4$ 分别接 4 个数码管的阴极，为数码管提供导电通路，它接收 MC14433 的选通脉冲 $DS_1 \sim DS_4$ 信号，使 $O_1 \sim O_4$ 轮流为低电平，从而控制 4 个数码管轮流工作，实现扫描显示。

采用三个数码管分别用来显示输入电压的十位、个位、小数点后一位，一共只要显示三个十进制数字，所以，只需要 MC14433 上的 DS_1、DS_2、DS_3 就能满足要求，DS_4 不用，小数点直接由 +5V 电源供电。

电压极性符号 "−" 由 MC14433 的 Q_2 端控制。当输入负电压时，$Q_2=0$，"−" 通过 R_M 点亮；当输入正电压时，$Q_2=1$，"−"熄灭。

小数点由电阻 R_{dp} 供电点亮。当电源电压为 5V 时，R_M、R_{dp} 和 7 个限流电阻阻值为 270～390Ω。

当参考电压 V_{REF} 取 2V 和 200mV 时，输入被测模拟电压的范围分别为 0～1.99V 和 0～199.9mV。由于 MC14433 量程电压输入端的最大输入电压不超过 1.999V，若被测输入电压范围超过 1.999V，如在 0～20V 范围，被测输入电压经过分压才能输入，被测电压输入端前经电阻分压和限流，使输入电压为原来的十分之一，与 2V 参考电压匹配。

3. 电路元器件

① 集成芯片 MC14433、MC1413、MC1403、CD4511   各 1 片
② 七段数码管显示器 BC201   4 块
③ 电阻   470kΩ、100kΩ、300kΩ 各 1 只，200Ω   2 个
④ 电位器 10kΩ   1 个
⑤ 电容器 0.1μF/60V   2 个

4. 电路安装

① 将检测合格的元器件按照图 9-28 所示电路连接安装在面包板或万能电路板上。

② 插接集成电路时，先校准两排引脚，使之与底板上插孔对应，轻轻用力将电路插上，然后在确定引脚与插孔吻合后，稍用力将其插紧，以免将集成电路的引脚弯曲、折断或者接触不良。

③ 导线应粗细适当，一般选取直径为 0.6～0.8mm 的单股导线，最好用不同色线以区分不同用途，如电源线用红色，接地线用黑色。

④ 电路安装完后，要仔细检查电路连接，确认无误后再接入电源。

5. 电路调试

① 插上 MC1403 基准电源，检查输出是否为 2.5V，调整 10kΩ 电位器，使其输出电压为 2.00V。

② 将输入端接地，接通+5V，−5V 电源（先接好地线），显示器将显示"000"，如果不是，应检测电源正负电压。用示波器测量、观察 DS_1～DS_4，Q_0～Q_3 波形，判别故障所在。

③ 用电阻、电位器构成一个简单的输入电压调节电路，调节电位器，3 位数码将相应变化，再进入下一步精调。

④ 测量输入电压，调节电位器，使 $V_X=1.000V$，这时被调电路的电压指示值不一定显示"1.000"，应调整基准电压源，使指示值与标准电压表误差个位数在 5 之内。

⑤ 改变输入电压 V_X 极性，使 $V_i=−1.000V$，检查"−"是否显示，并按上一步方法校准显示值。

⑥ 在+1.999V～0，0～−1.999V 量程内再一次仔细调整基准电源电压，使全部量程内的误差均不超过个位数，在 5 之内。

至此，一个测量范围在 ±1.999 的 $3\frac{1}{2}$ 位数字直流电压表调试成功。

参 考 文 献

[1] 牛百齐. 数字电子技术大讲堂[M]. 北京：中国电力出版社.2014.

[2] 何希才.常用集成电路应用实例[M]. 北京：电子工业出版社.2007.

[3] 张志良.电子技术基础[M].北京：机械工业出版社，2011.

[4] 赵永杰，王国玉.Multisim10 电路仿真技术应用[M].北京：电子工业出版社，2012.

[5] 聂典. Multisim10 计算机仿真在电子电路设计中的应用[M]. 北京：电子工业出版社，2009.

[6] 李玲. 数字逻辑电路测试与设计[M]. 北京：机械工业出版社，2009.

[7] 吴慎山.数字电子技术实验与实践[M]. 北京：电子工业出版社，2011.

[8] 邓木生，张文初. 数字电子线路分析与应用[M]. 北京：高等教育出版社，2008。